上海大学出版社
2005年上海大学博士学位论文 42

20世纪无锡地区望族的权力实践

● 作者：徐　新
● 专业：家庭社会学
● 导师：邓伟志

Shanghai University Doctoral
Dissertation (2005)

The Power Practice of the Wuxi's Distinguished Families in the 20th Century

Candidate: XU Xin
Major: Sociology of Family
Supervisor: DEN WeiZhi

Shanghai University Press
· Shanghai ·

摘　要

望族的演变一直是学术界十分关注的问题，但以往的望族研究往往集中在门阀望族的研究上，而对其他时期的望族，特别是明清以来的望族的历史命运的研究，相对薄弱，缺乏全面系统的分析研究。

本论文把无锡地区明清以来的市镇望族作为一个整体来进行考察，以近现代化的社会变迁为研究背景，在微观权力理论的框架内，采用访谈、个案分析等方法，结合对无锡地区历史资料的分析，从望族的历史演变、发展环境、结构与功能、社会特性以及日常生活中的权力运用等方面入手，静态描述与动态分析相结合，探讨城市望族在急剧的社会变迁过程中发展演变的动因、类型、机制及其规律，展示望族的生活场景，揭示社会变迁与望族演变的互动关系，力求科学准确地评价望族的历史地位和作用。

通过权力研究分析望族的演变是本文的逻辑起点，本研究中的权力并不是仅仅指由制度化的科层组织提供的合法性权力，而是指在占有、分配各种机会和资源过程中所形成的不同势力之间的关系，这种关系存在于一系列事件之中，并通过这些事件在互动过程中凸显。所以，望族的发展演变过程，就是权力的运作过程，也就是权力资源资本化的过程。

本文的研究重点是，分析望族在角色转换与地位提升过程中的各种权力策略与技术：① 以钱氏的生活经历考察，再现望族以知识、社会关系本为主的权力运作;② 以秦氏故居的变迁,再现以声望、文化资源为主的权力运作;③ 以唐氏家族企业的发展,再现以经济资源为主的权力运作;④ 以义庄、祠堂和族谱为线索,再现象征资本的循环过程。

作为一种文化型家族,望族的特色就在于它的人文性。一方面,重视文化的积累和传承,使得望族能够维持家族的认同感;另一方面重视人才的培养,使得望族能够保有人才的优势,两者有机结合,为望族的自我延存提供了无穷的动力。

望族是特定历史阶段的产物,必然有兴盛和衰落的轨迹,但作为行动者,望族有着强大的适应能力和应变能力,科举的废除和辛亥革命的爆发,冲击着古老的名门望族,迫使其走上了应变、自变的道路,一定程度地克服宗法性。而新中国成立以来,中国共产党所进行的种种社会主义实践,使望族受到了前所未有的冲击。然而,财产的剥夺,只能从形式上将其打垮,只有其精神大厦的倒塌才是致命的。“三反”“五反”、“反右斗争”以及“文化大革命”等等历次运动,将传统的文化结构进行了彻底的摧毁,预示着家族的衰落。然而望族权力资源的传递模式是相对稳固的,这就促使望族在由传统的农耕社会向现代的工业社会的转型过程中,保有传统优势和强大的应变能力,以至在改革开放的今天,其后代至今在政治上有地位、经济上有实力、社会上有影响、学术上有造诣、事业上有成就的,不乏其人。

综合以上分析,无锡地区的望族在20世纪无锡社会中的地位是重要的,他们是历史的参与者和创造者,尽管社会的两次变革,预示着望族分崩离析的命运不可避免,但望族的传统优势和其对环境的适应能力与应变能力实际上要比我们所认为的强大得多。望族通过内部权力资源的不断转移,以及实践策略的不断丰富,仍会维持或提升其社会影响力。特别是随着市场经济体制的不断完善,民间力量的逐渐加强,以及私人财产的再度被承认,无锡地区不仅会产生新的望族,而且原有的望族将更容易东山再起。

关键词 望族,社会变迁,权力,资本的生产与再生产,策略

Abstract

The evolvement of distinguished families is all along a hot topic in the academe, but the former researches tend to concentrate on aristocratic families rather than other contents in other periods, especially the historical destiny of the urban distinguished families since the Ming and Qing Dynasty.

The thesis just focuses on such distinguished families in Wuxi as an object in the frame of the theory of capital, with the context of the social change of modernization and the methods of typical survey and case analysis together with the study of historical data of Wuxi. It starts with four aspects of urban distinguished families including their structures, functions, social characteristics and power in daily life, with combination of static description and dynamic analysis, so as to discover the cause, style, mechanism and rule of their evolvement in the background of rapid social changes, to display the scenes of their life, to reveal the interactive relation between their evolvement and social changes, finally to evaluate their historical status as scientifically as possible.

It is the logical starting point of this thesis to study the distinguished families through the analysis of power, which is not only limited to the legal power approved by systemized organizations of bureaucracy, but also a kind of relation among different forces formed in the possession and allocation of opportunities and resources. The relation exists in a series of events and rises from the interactive process of these events. Therefore the course of development of the distinguished families is as a matter of fact the course of their power exercise, as well as the course of capitalization of the resources for power.

In order to study their strategies and techniques for role-transforming and position-raising, this thesis puts emphasis on the depictions of some events in the families: 1) through reviewing Family Qian's living practice, to demonstrate the strategies for living, education and wedding etc. in the distinguished families; 2) through reviewing the changes of Family Qing's residences, to demonstrate the circulation of cultural capitals; 3) through reviewing the development of Family Tang's great fortune, to demonstrate the circulation of economic capitals; 4) through sticking to the clue of ancestral hall and genealogy, to demonstrate the circulation of symbolic capitals.

The most obvious feature of the distinguished families is culture and humanism. Paying full attention to the accumulation and succession of culture contributes to maintaining the sense of self-identity of family members. Furthermore, devotion to fostering talents produces their superiority in elite class which make their self extension full of motility.

Distinguished family, as the outcome of certain historical period, inevitably follows the track from flourish to decline.

However, as actors, they have strong capabilities in adapting themselves to the transform from agricultural society to industrial society. The old traditional distinguished families were forced to reform in order to meet the change when imperial examination system abolished after Xinhai Revolution. Some of them succeeded in removing patriarchal clan system to some extend and turning into modern social parties. After the establishment of New China, almost all the distinguished families had experienced unprecedented strikes from several socialistic practice one after another, but despite the deprivation of families' fortune and the elimination of families' form, their successive system of power resources still seemed to be stable provided the cultural fundament not destroyed. That is the reason why we could find their offspring nowadays who had made varied achievements in the domains of politics, economy, culture, business, academy and so on.

Generally speaking, as one of the participators and creators of history, the urban distinguished families have an important position in local society of Wuxi within 20th century. Although they were heavily impacted by two remarkable social changes in the past one hundred years, which seemed to forecast their final collapse in the future, their traditional superiorities and capabilities of adaptation far beyond our consideration are so powerful that might still give them some chance for self-renovation, especially in the surrounding of new era when nongovernmental forces are strengthened and private wealth are approved.

Key words distinguished family, capital production and reproduction, power, social transformation, strategy

目 录

前　言

城市中的名门望族在过去的时代，对该地的经济、文化、政治都会产生很大的影响，而一般的观点认为，过去那些城市的名门望族，实际上到辛亥革命以后，就基本上烟消云散了，因而相对来说，学术界对中国广大地区农村的家族研究较多，著述甚丰，而对城市中的名门望族则较少关注，尤其是对近代及现代的这些名门则更少关注。

笔者认为，在近代及现代，城市中的名门望族并未就此湮灭，由于地缘的、社会的各种复杂因素，即使到了辛亥革命以后乃至民国年间，有些地方的名门望族仍得以顽强地存活下来，甚至还有所发展，而对无锡地区的政治、经济、文化教育影响深远至今的一些名门望族就是典型的例子。

其实，把无锡地区的名门望族作为研究对象还有年少时期的情结。从笔者记事起，就置身于幽幽深巷，也经常听到祖辈、父辈讲一些名门望族的趣事、逸事，尽管到笔者读书时，一起从大宅深巷出来的同龄人，早已物是人非，但毕竟还是能够发现一些是豪门后代的，其中就有笔者的好友，他们多少显得与众不同，因而，那些豪门大宅的过去，透出相当的神秘感，这些就成了笔者很久以来挥之不去的记忆，为了满足儿时的好奇，也许这也就是笔者下决心研究无锡地区名门望族的缘由之一吧。

无锡地区，山清水秀，水网交织，交通便利，又紧靠上海，地缘的优势，加上众多为无锡发展作出巨大贡献的名门望族的精英们几代人的努力，结合无锡地区悠久的发展历史，在近代及现代无锡有了飞速的发展，早就有了“小上海”的美誉，精英们推动了无锡的发展，而发达的经济、文化又为产生精英创造了优良的环境和条件，也就是说，名门望族在过去的时代中，实际上与无锡是共荣共衰、互为影响的。当然，在当代，由于客观原因，这些名门望族的后代，稍具实力者，大多远离家乡，有的到了外地，有的流落海外，加上新时代人民当家做主，过去几乎只有名门望族子女才能接受的高等教育，走向了大众，平民子弟很多都接受了高等教育，他们在各行各业发挥着各自的作用，为家乡的建设作出了显著的贡献，而那些名门子弟们，尽管仍有相当的文化、科技的精英，他们为祖国的发展作出的贡献是巨大的，但相对来说，对无锡城市发展的作用就不如过去来得那么显著和直接了。作为一名无锡人，了解名门望族在无锡地区过去发展中的地位和作用、经验及教训，以便借鉴他们的经验，吸取他们的教训，把无锡建设得更好，这也是笔者的一份责任。

然而，搜集材料是十分困难的。要写好无锡地区的名门望族，还其历史的面目，就必须占有翔实的材料，并对材料进行认真的鉴别。

首先，城市望族的衰败过程不像农村的家族。农村的家族由于其特有的封建性，在解放初期的土地改革等运动中，一下子被剥夺了一切特权，并被彻底地扫地出门，而且其中的首要分子，大多被镇压了，可以说，它们的衰败乃至形式上的消亡是个突变过程（当然，由于血缘、地缘等的关系，某些精神方面的纽带还是客观存在的，所谓藕断丝连），而城市中的名门望族，尤其是无锡地区的名门望族，由于它们大都与工商文化等方面有密切关系，由于当时党的政策，他们中的相当一部分家族的某些特权，还是被较为完整地保存了下来，即使随着一次次以政治运动为手段的社会变革，尤其是"文化大革命"的冲击，它们终于彻底衰败了，但它们的衰败、消亡是一个缓慢的过程，尤其是在精神文化方面。由于城市的特定环境，因此，这种衰败比农村要广泛、深入而彻底。经过"文化大革命"的浩劫，城市中名门望族的家谱等各方面材料，除了国家馆藏（图书馆、档案馆）还留存一些，私家藏有的材料，除了尚还健在的一些年长的当事人，他们尚能记起一些往事以外，几乎散失殆尽。

有些年长的当事人，由于他们在历次政治运动中受到过冲击，尤其是在"文化大革命"中受到长期的折磨，对那段往事，往往心有余悸，真所谓往事不堪回首，也不愿回首，经过一次次造访，加之政府的政策日益开放，社会进步神速，始能打消顾虑，提供家族流传的或自身亲历的材料，有些评价不完全统一，有些则因为政治方面诸多因素，怕带来某些麻烦，因而也不愿谈及先人之事、家族之事，这就为材料搜集工作带来很多不利。

有些名门后代，由于种种原因，他们家族中的许多关键人物，或举家外迁，或定居海外，尽管有些线索，但人员分散，路途遥远，由于时间精力有限，很难一一访谈。

尽管困难重重，但由于父母的关系，因此那些家族的后人、一些家族中的长者，仍十分支持笔者的工作，有些拿出好不容易留存下来的宝贵资料，有些慨然长谈。另外，市图书馆、档案馆等一些单位和部门也对于笔者的工作给予支持，才能使笔者获得较为翔实的资料。

本文全方位地概述了无锡地区名门望族的历史渊源，及在无锡地区生根发芽的历史过程，描述了他们聚族而居的日常生活，以及各个家族之间共衰共荣的情景，探求其权力演变的各种相关因素。

文章着重描画了这些望族的社会特性以及他们在寻求生存发展中运用的技术和策略，分析了他们在长期的发展历程中逐步形成的特有的家族文化链，正是这些文化链使得有些家族能长存而不衰。

囿于时间、精力以及知识储备的有限性，本研究并未涉及无锡望族与周边地区望族的比较，因此，本文的结论不具有普适性。而且望族的相关题材内容丰富而庞杂，期待能在以后的研究中逐步深入和完善。

绪　论

江南好，真个到梁溪。一幅云林高士画，数行泉石故人题。还似梦游非。　　江南好，水是二泉清。味永出山那得浊，名高有锡有谁争。何必让中泠。　　新来好，唱得虎头词。一片冷香惟有梦，十分清瘦更无诗。标格早梅知。

——纳兰容若

山温水暖的无锡，一块古老而富于灵性的土地。在其千百年的发展历程中，由于地域、经济、政治、文化等综合因素的作用，无锡地区形成了许多的名门望族。他们是无锡历史发展的重要动力，也是无锡社会的重要象征。因此，研究无锡地区的发展历程，不能不对望族给予充分的关注。

1997 年，笔者参与了沈关宝教授主持的《长江三角洲居民生活史研究》课题组，有关望族成员的生活题材陆续进入了笔者的视野，引起了笔者的关注。以后在搜集、梳理生活史资料的时候，萌生了研究的愿望。2001 年 12 月至 2003 年 5 月，为研究无锡社会的变迁过程，笔者对无锡地区原有的名门望族进行了为期一年多的考察。这次田野工作分为两个阶段：第一阶段广泛了解无锡地方望族的史料，并根据已有的理论准备，确定个案调查方案。选取标准以《无锡县志》、《金匮县志》以及《无锡市志》的记载为准。第二阶段以无锡市区的望族为研究重点，以不同类型的望族为分析样本，进行社会背景、日常生活、身份转换以及权力转移等的考察。

本论文就是在这些考察和研究的基础上，以无锡望族为表述对象而建立的有关地方望族权力建构的分析模型，旨在说明望族这一传统的客观文化存在与特定的地理环境、社会制度以及该社区的社会结构变迁的关系。同其他地区的望族一样,无锡的望族经历了巨大的变迁过程。因此,本论文还将说明这些望族的新陈代谢以及所面临的问题。

一、研究前提

"政权和财富通过血缘家族联系起来,这可以说是中国社会面貌最重要的特征之一"①。家族是透视中国社会变迁的窗口。当前,在市场转型渐趋深入、家族意识抬头的背景下,家族研究的重要性日益凸显。

1. 问题缘起

家族是中国传统社会结构的基础。在漫长的历史变迁中,传统的家族组织以血缘关系为纽带、以父子关系为中心、以孝和服从为规则形成了一个有机系统。这种基层的系统,一方面通过建立宗法伦理秩序,构建了与封建政治和礼教相衔接的乡村"自治"社会,另一方面通过家族内的互助协作以及基层公共事务的协调,发挥着某种社会整合的作用。而望族在传统社会生活中的作用,无论正面的还是负面的都相当突出,"其耳目好尚,衣冠奢俭,恒足以树齐民之望而转移其风俗"②。

无锡地区地域辽阔,望族繁多。明清时期,这些望族的兴衰更替大多与科举致仕有关。进入近代以来,情况大为改观,中国社会发生了前所未有的震荡,望族被纳入了一条不寻常的发展轨道,望族成员也开始寻求不同的出路。那么,在曲折的近现代化进程中,名门望族的地位、命运究竟是"沉"还是"浮"?面对整个社会变革的冲击,它们所采取的应对策略是怎样的?这些策略对于地方社会的变革过程与结局又具有何种作用与意义呢?

---

① 巴林顿·摩尔:《民主和专制的社会起源》,北京:华夏出版社,1988年版。
② 张海珊:《聚民论》,《皇朝经世文编》卷58。

最终，笔者把研究焦点集中在望族的权力实践这一视角上，即考察望族在社会变迁中是如何创造、维持或转换其权力，进而维持或提升其在社会中的位置的？这就有必要通过考察望族行动的“场域”结构，了解地方望族的权力来源以及实现主体角色的动态过程，从而把握望族力量与地方社会及其变迁的种种关联性。

2. 简略回顾

家族事关对中国社会整体的认识，家族研究一直是人类学、社会学、历史学的重要研究领域，而且硕果累累。早在20世纪初中叶，对中国宗族、家族的分析已成为探讨中国社会结构变迁的重要内容之一。这些早期的研究存在着两种不同的研究路径。

一条路径是以西方学者弗里德曼为代表的宗族理论检定和实证研究，以村落层次为对象，侧重于宗族与国家的关系。

弗里德曼通过对中国乡村社区研究，探讨了宗族组织的社会经济基础、等级制度、宗族内部的社会分化、宗族之间的关系和跨宗族的关系，比较详尽地回答了宗族如何适应中国社会的现实，并如何在中国社会的构造过程中扮演角色，中国宗族的结构和功能是什么等问题，揭示宗族作为地方乡土社会的基本形式同国家之间的关系（弗里德曼，1986）。在他看来，家族的成立在于财产关系，不平均的制度正是中国宗族存在的原因。而且中国的家族与房支等社会形式是一种组织方式和社会控制方式。宗族内部精英的存在，是国家与宗族并存的机制，虽然传统中国的政治体制是集权制，但是它充分允许了地方社区的自主性。处于中介地位的地方精英阶级，使国家与地方处于并存的状态（弗里德曼，2000）。尽管弗里德曼的家族研究缺乏历时性概念，如王铭铭认为弗里德曼忽视了汉人家族在明清时期可能已经经历了基层化与地方化的过程（王铭铭，1997），但他在国家—社会框架下的研究，将中国的家族研究推上了高峰。因为家族的形成和功能的发挥，涉及人类用何种方式来组织自己的社会生活的问题。将家族研究置于宏观环境中来分析无疑是一个可供选择的视角。许多学者在此作了较为深入的研究，其中杜赞奇的研究将华北宗族提升到了类似于弗里德曼华南宗族的位置上来。

杜赞奇以华北乡村为对象，从宗族对村落政治的介入以及地缘组织与血缘组织的重合来讨论华北宗族的结构与功能，并把“权力的文化网络”作为传统华北农村社会结构的基础。他除了强调权力的文化网络在乡村建设中的实际作用和象征意义外，还提出了“国家政权内卷化”的概念以强调伴随国家政权建设而来的对乡村原有稳定机制的压制和破坏性的攫取，并进一步把乡村和国家政权之间的关系称为一种经纪关系，在他笔下，经纪人是指那些身处传统官僚体制之外，但却帮助国家实施对乡村社会汲取与治理的一个社会群体，这个群体居于国家与社会之间，他们在帮助国家的同时，也实现了自己的利益。他又进一步把经纪人区分为营利型经纪（即指借助政府力量谋利者）和保护型经纪（即指在政府打交道过程中维护社区人民利益者）两种类型（杜赞奇，1996）。这种经纪模式强调了地方精英作为身处国家和基层社会之间的中间者的独立性和行动者的地位，有助于引导我们去关注这样一个问题，即作为一个社会群体，家族是如何应对各种问题的，是如何处理各种关系的，这些对家族生存具有的实质性的意义。显然，家族的实际作为是广泛的，它不仅是仪式性的活动，还包括关系的协调、竞争与冲突的解决等。

可以说，在弗里德曼宗族理论指导下的宗族研究是认识中国社会特别是汉族社会的重要基础（麻国庆，2001）。这些研究具有以下特点：第一，研究主题主要集中在国家与社会、政治权力与民间力量的互动关系等问题上，偏重于宏观层面而较少涉及基层社会的研究；第二，研究方法上注重社会分析，或强调宗族组织的自在功能，或强调国家的控制地位，缺乏对国家与社会、大传统与小传统互动关系的进一步研究；第三，资料搜集上远离田野调查，要么依赖典籍文献，要么从华人国家或地区推及中国本土的状况，难免以偏概全。事实上，宗族研究是不能脱离国家力量与地方性知识的互动的。

另一条路径是中国学者的本土研究，以家为起点，侧重于结构功能分析。

费孝通从家推及到社会生活的各个方面，将以家为基础的社会结构和以家为基础的经济关系，在土地关系上结合了起来，并把小家族看作是乡土社会的基本社群，其基层结构是“差序格局”（费孝通，1998）；而农村社会的村落权力只是家族权力的泛化和延伸。林耀华受功能主义影响，从学术兴趣出发对福建义序黄姓宗族进行了田野调查，开辟了认识中国宗族的新视野。他从探讨家族到宗族的结构把握宗族，并在人际关系的运作中，研究家族背景下的个人生活，以认识个人地位和家族结构甚至和宗族的关系（林耀华，2000）。许烺光则从文化层面对中国的宗族社会进行了跨文化比较，在他看来，具有情境中心和相互依赖处世观的中国人，倾向于在家庭这个人类初级社会群体中来解决他生活中的问题（许烺光，1990）。由此我们可以进一步推论：家族的意义不仅仅是经济领域的，更为深层次的是文化心理的价值。因而，在信任机制尚不完善的现代社会中，在人类本体性的安全感以及无法摆脱的焦虑感的作用下，有可能激活家族生长的一些因素，家族文化、家族精神也可能是家族凝聚力之所在。

总之，在西方结构功能主义的影响下，中国早期的社会人类学者相信，透过社区，可以了解中国的整体社会结构，至少是基层的社会结构，由此带来了家族研究的高潮，他们所建构的思路和框架深化了近代家族研究，也深刻影响了当代的家族研究。

由于种种历史原因，中国的家族研究曾沉寂了一段时间。直到20世纪80年代中后期，伴随着农村宗族势力的迅速发展，掀起了家族研究的新高潮。这一时期的家族研究呈现出以下特征：一是从静态的，如对当代家族的结构、功能研究等扩展到动态的过程分析；一是从传统的结构—功能分析法到历史学、人类学等研究方法的引入，改变以往的宏观叙事，转而从地方生活世界和微观的视角来考察家族。具体而言：

（1）从功能论到策略论。

王沪宁在《当代中国村落家族文化——对中国社会现代化的一

项探索》中，以结构—功能为前提，考察了村落家族作为一个完整系统是如何起作用的，如何保持家族文化的绵延，保证族员的情感认同和向心的，他将村落家族文化的基质归纳为血缘性、聚居性、等级性、礼俗性、农耕性、自给性、封闭性和稳定性等方面，并指出，在现代中国，家族的消解是历史趋势，反复是特定现象（王沪宁，1991：147）。显然，王沪宁试图从经济、文化、政治、心理等因素来挖掘家族消解与反复的动因，但他过于关注完备的家族组织结构，反而忽视了家族的内在能动性。

为此，唐军在《蛰伏与绵延——当代华北村落家族的生长历程》中，以华北村落为文本，以"家族行动"为框架，修正了家族研究中对结构的偏重，转而则从行动的角度，以非正式化的家族组织为研究对象，来考察家族的生长脉络和意义。他提出了"新家族主义"这一理念型概念来描述和界定当前北方农村的家族活动和家族文化，并从观念意识、关系模式、组织方式三个层面予以阐发。同时他也清醒地看到这种新家族主义，既可能为村落社区的社会发展提供某种促动，也可能影响到社区的均衡发展。（唐军，2001）无疑，从农民的日常生活世界出发，以家族成员的主体性行动的聚合，来透视家族的实际运转推动了农村家族研究方式的转换。

（2）人类学的介入。

庄孔韶的《银翅：中国的地方社会与文化变迁》具体考察了福建地区较流行的"轮值家族"和"反哺家族"，提出了"中国式准—组合家族"理论。他认为中国大家族的模式不是单一的，其不同社区有家族形态的多元变异。因此，仅依靠人类学核心、主干、扩大家族等术语，分析若干变通形态的中国家族，只能表明某一时间断面的家族形态，而不能透视家族成员关系之动态过程，因而，人类学通行术语在特定文化的使用中应作必要的修订。于是他将上述三类家族合称为中国式准—组合家族形态，指明准—组合家族形态可作为中国家族结合方式变迁研究的着眼点。这一理论可以使中国人实践大家族理念的过程得到逼真的反映。与此同时，庄孔韶强调了家族的文化功能，认为中国人的宗谱和祭祖是强化血缘的宗家理念的潜移默化行为，与财产继承无关，当代中国族群认同及其理念仍超乎功利的目的。父子宗祧继承的家族文化体系，是亲缘关系与人伦哲学、社会秩序整合的结晶(庄孔韶，2000)。这样，庄孔韶较为成功地将家族范畴纳入文化人类学有待补充、完善的领域，并在具体研究中打通了学科的壁垒，从而使家族理论有所创新。

同样，钱杭在家族研究方法上也作出了重大改革，他运用社会人类学田野调查、主位研究的方法，重新诠释了宗族制度。在《中国宗族制度新探》一书中，钱杭彻底改变了以往宗族研究功能探讨为本的研究方法，指出从宗族派生的历史感、归属感、道德感和责任感这四种心理需求是汉族宗族存在的根本原因。他和谢维扬在对江西泰和农村地区的田野调查基础上，进一步从文化心理层面挖掘了家族重建的制度基础，他们认为，当代以土改和破四旧为典型代表的政治运动对农村家族的冲击实际产生了两种矛盾的结果：一方面，这些运动扫荡了旧宗族物质遗产，形式化的宗族被彻底铲除了；另一方面，在这些运动完成后，人们顺理成章地认为封建宗族已基本消亡了。为此，他们得出的结论是：家族重建的心理基础表现为家族成员的某种心理倾向，而家族重建的制度环境则表现为党政官员的某种心理倾向(钱杭，1995)。这一认识对20世纪80年代农村家族的复兴起到了某种支持作用。

尽管他们认识到了家族重建的心理因素和制度基础，但他们的分析过于倾向于个体的本体性需求。为此，郭于华在《农村现代化过程中的传统亲缘关系》中指出，在说明人们选择家族这一社会组织形式的原因时，不应简单考虑如钱杭所强调的本体需求，而更应考虑人们具体的和实际的利益要求以及家族的功能实现(郭于华，1994)。于是，她提出了“亲缘关系”概念解释了家族势力复苏的原因。她认为，在农村新的经济结构的启动和发育过程中，亲缘关系是信任结构建立的基础，也是实际获得资源的重要途径。实际上，在城市化的进程中，亲缘关系也起着某种不可忽视的作用。

(3)社会史倾向。

郑振满从家庭与宗族组织的互动关系出发,把中国传统家庭和宗族纳入了同一分析框架。在《明清福建家族组织与社会变迁》一书中,他着重考察了福建地区家族组织在户籍管理和赋役征派体系中日益强化的功能,认为儒家伦理和宗族群居规则的庶民化,实际上加强了明清基层组织的自治能力。基层社会的自治化必然导致家族组织的政治化和地域化(郑振满,1992)。在郑振满那里,家族组织是一种政治性的社会组织。尽管郑振满考察的是明清时期的家族,但其自下而上的政治视角对于研究当代家族还是有启示作用的。

同样,赵力涛也从政治视角来研究家族。他在对河北某村进行了多次的实地调查后,否定了改革前家族趋亡、改革后家族逐渐复兴的简单看法,提出家族的长期性,而且它通过塑造的村庄权力格局,对改革后的村庄社会经济格局产生了深远的影响。他认为,国家权力进入基层并没有消除家族意识和家族现象,家族现象反而在国家开辟的政治领域里表现了出来。之所以出现这种情况,是因为对大多数人来说,他们并没有政治经验,面对国家开创的这个新的活动领域,需要动用传统智慧,其主要内容便是家族意识。另一方面,当时的政治表现出来的与身体暴力的某种亲和性,使得人们体认到保护个体安全的需要,而他们能够信任的保护者不是正式的政治组织,而是传统的关系网络,即家族网络,因而造成了家族意识在政治领域的强化。为此,家族的维持机制有两个:一是家族仪式,它在确认家族结构、明确家族规范方面起着重要作用;一是日常实践(赵力涛,1998)。毫无疑问,日常实践是一个很有潜力的理论概括,它将引导我们透过结构,从事件所展示的动态过程中来把握家族逻辑。

可以说,家族研究的资料汗牛充栋,而且也达到了相当的深度,这不仅拓展了对于家族历史的认识,也在研究方法上取得了一定的突破,结构功能论、个案研究、社区分析等代表了当前研究的趋势。然而,其间仍留有可供我们挖掘的缺漏:一是缺少对望族尤其是苏南望族的专门研究,这将影响到我们对家族的地域特征乃至近现代化进程的全面认识。二是缺少研究家族在近现代的际遇，特别是家族成员在独特的社会文化背景下的实际生活、地位和社会境遇的研究，这将影响我们对家族变革的深入理解。因此，在肯定成果的同时，我们也应保持清醒，正视研究中的缺漏和不足之处。

第一，要注意动静结合。目前，国内学者的研究框架主要有两种：结构/制度分析和过程/事件分析。结构分析往往会特别重视具体事件所反映的社会关系，认为行动是为制度所刺激、鼓励、指引和限定的，事件是现时各种制度、社会关系（结构）复杂作用的产物①。过程分析则强调只有在一种动态的过程中，事物本身的特征、事物内部不同因素之间的复杂关联以及该事物在与不同情境发生遭遇时所可能发生的种种变化才可能逐步展现出来。力图将所要研究的对象由静态的结构转向由若干事件所构成的动态过程，将过程作为一个相对独立的解释源泉或解释变项②。具体到家族研究，即从原有的注重静态的结构、形态转向了注重家族在应对面前各种问题的时候的实际作为，并对这些作为的意义进行阐释，因而家族研究几乎覆盖了社会成员生活的全部。

第二，要注意宏观与微观结合。目前家族研究的难题在于，宏观理论的薄弱导致微观研究的困境。表现之一，缺乏严格的学术规范，以个案研究为例，随意性较大，有的只是家族材料的汇编，难以归纳出具有共性的结论，给人以琐碎的感觉。表现之二，滥用概念，引入其他学科的新概念和研究方法，却缺乏内在的逻辑联系，难以构建有说服力的理论框架，在家族材料分散、分析难度大的前提下，得出的结论往往空洞无物。因而，研究中力求使两者结合，以达到全面，即如年鉴学派所说的，研究所有的活动，并非力求包含一切琐碎的细节。

第三，要注意发现生活。生活的影响无处不在，它所展现的时代

① 张静：《基层政权——乡村制度诸问题》，杭州：浙江人民出版社，2000年版，第1～10页。

② 孙立平：《"过程—事件"分析与当代中国国家—农民关系的实践形态》，《清华社会学评论》，鹭江出版社，2000年版，第1～20页。

风云、社会变迁和思潮起伏，提供了取之不竭的研究资源。正如米尔斯所言，在社会学想象力的积极鼓舞下，在社会学发展的过程中，只有将社会各群体的日常生活模式和重要的社会变迁事件联系在一起之后，才可使它们变得清晰而具有意义。因此，有必要把日常生活纳入家族研究的框架，保持学者的感悟能力。

第四，要注意城市生活中的家族影响。在以往的研究中，人们的兴趣点大多放在了农村，把家族看作是农民日常生活中不可缺少的一部分。实际上，在开放性、流动性强的城市中，家族的影子仍依稀可见，特别是那些名门望族，他们有着与乡绅不同的发展路径。以往的望族研究往往集中在门阀望族的研究上，而对其他时期的望族特别是明清时期的望族研究，相对薄弱，比较突出的有，潘光旦的《明清两代的嘉兴望族》、吴仁安的《明清时期的上海望族》、王育济和党明德主编的《中华名门望族丛书》以及江庆柏的《明清苏南望族文化研究》等，至于望族在社会变迁中的命运则很少涉猎，这将影响到我们对地方社会变迁过程及其特征的全面认识。

3．研究意义

名门望族是无锡城市特有的无形载体和文化资源，也是营造无锡特有的文化氛围、提高城市文化品位的重要构件。因此，研究这些望族的兴衰过程、生存策略，无疑具有极其重大的现实意义。

从学理上讲，研究望族，对于了解无锡乃至江南社会、理解中国的思想文化都是不可或缺的。其学术意义具体表现为：

（1）有助于深化地方史的研究。20世纪80年代以来，伴随着改革开放的步伐，国家行政权力逐渐从经济、社会领域退出，不被体制所控制的民间社会逐渐崛起，民间力量逐渐恢复生机，因此，宗族史、家族史、区域社会史研究的勃兴正是与这种“地方的觉醒”密切相关的。望族研究是地方史研究中的重要课题。缺少了对它的研究，地方史研究就不全面，整个过程就无法得到全面的反映。而且，鉴于望族中的一些人物，曾对中国的政治、经济、文化产生重要影响，其学术价值又不再囿于地方一域。

(2) 有助于开辟家族研究新途径。随着现代化进程的加速所导致的社会分层,随着市场经济的文化渗透,在20世纪90年代的社会语境中,马克思的实践概念得到了充分的演绎,其实践观也被进一步阐释为现实生活世界观,由此带来了学术研究的实践转向。将生活世界引入望族研究,无疑具有积极意义:一方面,在动态过程中把握结构,克服静态结构不可见性带来的解释上的模糊,实现家族研究方式的转换;另一方面,突出人的主体性作用,回应潘光旦先生新人文思想,避免研究中"见结构不见人"的褊狭。

(3) 有助于促使家族研究的精细化。通过实地考察而获得的个案资料,可以向人们展示无锡地区望族群体在急剧的社会变迁中的真实的生存状态。同时,口述资料又可以成为望族研究的基点。因为,口述不仅仅是一种方法,也是一种历史制造,需要人们去认识和理解,从而避免家族研究流于形式,过于空泛。

二、研究主旨

综上所述,本论文以无锡地区望族群体在日常生活中的种种权力实践为切入点,通过一些关键性个案的研究,全面考察无锡地区望族在20世纪的兴衰沉浮,揭示社会与望族如何在调适过程中共同发展。

1. 研究地域的界定

公元前两千多年前,无锡一带被称为荆蛮之地,夏朝时隶属扬州,殷商末期,泰伯、仲雍为让王位,在无锡东部梅里,"断发文身",建造了泰伯城,自号勾吴国。据史籍记载,这座吴国的最初都城是以《周礼》有关侯国之城的规制布局建造的,"泰伯城周围三里二百步,外廓三百余里"[①]。《后汉书·郡国志》刘昭注:"去(太伯)墓十里有田

① 《吴越春秋·吴太伯传》。

宅、井犹存。臣昭以为即宅为置庙。”这一规模比之汉代设无锡县后建造的县城还要宏大得多，大约包括今苏州、无锡、常州、镇江一带地域。周朝封泰伯、仲雍之后周章为吴国君，遂称吴国。从泰伯到其十九世孙寿梦，吴国共有19位君王以梅里为都，在此父了相继。① 这是无锡唯一一次作为国都的辉煌标志。

公元前514年阖闾夺得吴王位后，正式大兴土木，建都于苏州。春秋战国时期，吴国与越、楚等国长期争霸，战火连连，吴国灭亡后，无锡归属越国，楚国吞并越国后，无锡又辖属楚国。公元前333年楚王封黄歇筑春申君城。公元前221年秦始皇统一六国后，把全国划分为36郡，无锡属于会稽郡。

无锡建县于西汉高祖(公元前202年)，无锡作为县的名称，首次载入《汉书·地理志》。据《越绝书》记载：无锡城周二里十九步，高二丈七尺，门一楼四，其郭周十一里二十八步，墙一丈七尺，门皆有屋。此后历代虽有分合变化，但基本保持了县级城市的格局。如西汉初年，无锡先后成为楚王韩信、荆王刘贾和吴王刘濞的封地。汉武帝元封元年(公元前110年)，无锡被封为侯国，仅存21年就废侯国复为无锡县。新莽时，曾经一度改名有锡县。东汉光武帝即帝位时，仍复称为无锡县。三国时，吴国撤销无锡县，分无锡以西一部分设置毗陵典农校尉。晋太康元年恢复无锡县的名称，隶属毗陵郡，毗陵郡后改为晋陵郡。隋朝时地方行政建置改为州县两级制，无锡县属于常州府。唐代划全国为十五道，无锡先后分属江南道、江南东道和浙江西道。宋代改道为路，无锡隶属两浙路之浙西路常州。元代设中书省，无锡县曾升格为无锡州。明代又降为无锡县。清代无锡仍属常州府，并于雍正年间分无锡县为无锡、金匮两个县，出现了一城之内设有两座县衙的景观。直到1911年辛亥革命发生，国民党人在无锡成立锡金军政分府，并于1912年锡金军政分府合并为无锡县。从此，一直到

① 据《史记·吴太伯世家》记载，吴国君依次为：太伯、仲雍、季简、叔达、周章、熊遂、柯相、疆鸠夷、余桥夷吾、柯卢、周繇、屈羽、夷吾、禽处、转、颇高、句卑、去齐、寿梦。

1949年解放,无锡县的行政建置没有变化。

无锡设市是在1949年中华人民共和国建立以后。当时无锡地方仅限于无锡市区和它的郊区。广大的农村仍沿用原来的名称无锡县,在行政上无锡市由苏南行政公署直辖并为其驻地,无锡县则属苏南行政公署辖下常州地区。1953年,苏南行政公署撤销,无锡市为江苏省直辖市,无锡县则归苏州地区,这是最狭义的无锡。1983年,建立市管县的行政体制,无锡县划归无锡市领导,改称锡山市,虽然在行政上保持市县两级的划分,但经济上已属一体化,恢复了解放以前的无锡县范围,北面的江阴和西面的宜兴也划归无锡市领导,这样无锡市就包括一市三县,无锡市的面积从50多平方公里扩大到600多平方公里,人口从原来的60多万人扩大到430多万人,这是较大意义上的无锡概念。2000年,无锡开始建设特大型城市,撤销了锡山市(原为无锡县),分设锡山和惠山两区,并将原马山区、郊区和锡山南片的数个乡镇合并为滨湖区,加上以高新技术开发区为主体的新区以及原有的崇安、南长、北塘区,形成了下辖七区两市的大无锡。

这些虽是沿革上的变动,但如果在概念外延上不加以设定,多少会给研究带来不必要的混乱。按照本论文的目的和要求,第一,不以1949年后的无锡市为研究的对象范围,一则它不属于近代的范围,而望族的变迁主要发生在近代以后,再则局限性太大,无锡自明清时期就已形成城乡经济生活一体发展程度较高的地区,虽然望族生活在城市,但其辐射范围一直到四乡。第二,也不以当今的大无锡为对象,从历史上看,江阴和宜兴与无锡在自然和人文条件上有一定的差距,而且客观上也没有时间和精力来理出一个头绪进行研究。

因此,本研究仅以解放前的无锡县,或是辛亥革命前的无锡、金匮两县为范围,换言之,无锡望族的研究,是关于解放以前的无锡县望族或辛亥革命前的无锡、金匮两县的望族研究。

之所以选择无锡地区作为研究样本,有以下理由:

从历史上讲,作为吴中之地的无锡,地处苏南平原中心,濒湖临江,人杰地灵,历来有“财赋之薮”、“人文之薮”的美誉,况且有关无锡地区的历史、文化、经济发展的研究整体水平比较高，而对家族的研究，特别是望族的研究则还不够，缺乏专门性的探讨。因此，本论文所选取的角度，如日常生活、地位变动、应变策略等，都是以往研究中涉及较少或尚处于空白的内容，具有学术价值。

从现实方面来讲，进入近代以后，旧的望族有的衰亡，有的则顺应潮流，成为新的望族，并对地方社会产生深刻影响。研究望族在此阶段的角色转换，以及与此相伴随的整个社会的历史文化变迁，无疑具有特殊意义。而且，无锡地区作为工商业都市，工商世家的崛起对于研究当前江南地区的社会发展动因具有代表性。

从主观方面来讲，笔者是无锡人，就不必花费时间学习方言，同乡感情以及家庭的关系，可以获得这些望族后代的信任，也容易使笔者能进一步深入到他们的日常生活中去，使得调查得以顺利进行。

2. 研究主题的含义

本研究旨在描画望族的权力现象、技术及其实际运作，从而深化对望族自我延存能力的认识。权力普遍存在于各个社会，对于权力历来有许多不同的看法，其中奠基性的主张主要有以下两种：

一种是结构主义的权力观，以马克思和批判结构主义为代表。把权力看成是一种关系性的，是群体而非个体的一个面相。马克思认为，人类历史就是一种围绕着资源的斗争，物质资源与权力获得之间是一种循环式的关系。受其影响，在批判结构主义那里，权力主要包括两层含义：① 唯一真实的权力形式涉及各经济阶级围绕所有权的斗争；② 诸如国家或政治这样明显的权力复合体也可以化约为这种阶级斗争。换言之，权力是无所不在的，社会本质上是从权力的角度组织起来的。这一权力观的缺陷在于：否认了阶级利益的相对独立性，夸大了经济资源的作用，在现实社会中，一个阶级在经济领域中的控制能力，并不决定其在政治、思想领域中的特定权力能力，因此，权力不能简单地化约为经济所有权或者说是物质结构，也不能把它当作这些关系的一个面相[1]。

一种是建构主义的权力观，以韦伯和经典精英论者为代表，把权力看成是意向性的，源于个体的行动。韦伯认为“权力意味着在一种社会关系里哪怕是遇到反对也能有贯彻自己意志的任何机会，不管这种机会是建立在什么基础之上”[2]。在韦伯看来，① 权力是有意图的，如果说，某个人或某个事物是有权力的，那是因为它们，或是它，能够界定一个行动或目标，并且有强迫或创造那个行动或目标的能力；② 当权力被作为一项所有物来加以理解时，必须要有阻力；③ 如果权力是关乎克服阻力的能力，那么权力的稳定模式便能等同于统治形式。这一权力的理解在帕森斯看来，具有两大缺陷：一是强调了权力的冲突与对抗，忽略了权力关系可以是一种互惠关系的可能性；二是把权力相互作用、相互联系的属性转换为某个行动者的一种属性。韦伯在此不是给权力下定义，而是为比较行动者的特性提供了依据[3]。固然权力能够被理解成为是一项所有物，并且只有在行动中才表现出来，但权力的实质仍然是某种关系的属性。

实际上，上述两种权力观都停留在宏观抽象层面，把权力视作一种压制性的力量，并没有深入分析权力的内在机制，而福柯站在高度个人化的视野，从经验层面上发展出一种因结构主义的政治匮乏而要求的权力理论。

在福柯早期的作品中，权力关系的模式本质上是否定的，权力总是表现为压制和排斥。在《疯癫与文明》中，福柯将理性同权力和利益结合起来，认为理性充斥着权力素质，而疯癫的知识正是理性权宜之计的排斥效应。“在蛮荒状态不可能发现疯癫，疯癫只能存于社会之中”，只能存在于理性的视野中。这样，疯癫就不再归属于自然现

① 参见马尔科姆·沃特斯：《现代社会学理论》，北京：华夏出版社，2000年版，第242～243页。

② 马尔科姆·沃特斯：《现代社会学理论》，北京：华夏出版社，2000年版，第235～236页。

③ 李友梅：《组织社会学及其决策分析》，上海：上海大学出版社，2001年版，第145～146页。

象，疯癫以一种可变的知识形态出现。由此，福柯预示了他日后的一套权力—知识的理论图式：权力制造知识，任何知识都预先假定并同时构成权力关系；同时权力依赖于知识，没有知识领域的相关构成，就没有权力关系①。此时的权力被看作是在其“法律形式”中运作于否定性战略范围内的一种压制力量，如排斥、拒绝、否定、障碍等。

从 20 世纪 70 年代起，福柯从考古学方法转向系谱学方法，由此认为权力既不能按照意向性来加以分析，如“谁拥有权力以及他在想什么”，也不能够完全集中于合法的、机构化的权力中心，如国家机构，而开始在非总体化、非表现性和反人本主义的框架下重新思考权力及其实现的形式：结构关系、机构、战略位置、策略和技术。他把这种权力研究称为权力的微观物理学，其原则包括：① 不要在它们中心，在可能是它们的普遍机制或整体效力的地方，分析权力的规则和合法形式……应在权力运转远离法律愈来愈远的极端处把握权力。因为，现代社会中的权力效应是沿着一个渐进的细微渠道流通的，它抵达了个人本身、抵达了他们的身体、他们的姿态、他们的全部日常行为。② 不要在意图或决定的层面上分析权力，不要试图从内部分析……而应当研究完全现实的实际运行中的权力的意图，从权力的外部方面研究权力。③ 不要把权力当做统治整体的单质现象，权力应当作为流动的东西，或作为只在链条上才能运转的东西加以分析……权力运转着，以网络的形式运作，在这个网上，个人不仅在流动，而且，他们总是既处于服从的地位又同时运用权力。④ 不应当对权力进行推演，从其中心出发，试图去看它在下层延伸直至何处，在什么范围内它被再生产，被重新带到直至社会最原子的要素，应对权力作上升的分析，即从最细微的机制入手，它们有自己的历史、自己的轨迹、自己的技术和战略，然后再观察越来越普遍的机制和整体的统治形式怎样对权力机制进行投资、殖民、利用、转向、改变、移位、展开……应当在最底层分析权力现象、技术和程序运行的方法。⑤ 庞

---

① 所谓知识，在福柯看来，是一种诀窍(know-how)，技术和策略都必须依赖的诀窍。

大的权力机器会伴随着意识形态的生产[①]。他的这些思想主要体现在《规训与惩罚》和《性史》等著作中。

在《规训与惩罚》中，福柯描述了历史上从压抑性权力模式向生产性权力模式的转变，从监狱的诞生中，他发现了现代社会的知识—权力共生结构。在福柯笔下，现代监狱的模样并非在几根铁栅上加一把大锁，也不是关押基度山伯爵的那种孤岛地牢，而是一个按照严密组合方法建立起来的圆形空间系统。这个系统有一套完整的程序，对惩罚轻重的等级处理和禁锢空间的分配都是依据科学的理性原则，犯人在那儿受到隔离、禁闭和行为约束，他们的行动按照统一的时间表进行，监狱有一整套控制、监视、管教、改造和惩罚的组织管理手段，由此建立起现代的纪律和训练观念。在他看来，最早的现代社会组织管理模型就是美国在18世纪末建立的费城沃尔纳特(Walnut)监狱，今天的医院、军营、学校、工厂和行政机构都是按照这一模式建立起来的。社会如同一座大监狱，各个机构那一道道高墙就是囚室的四壁，宽阔的街道只不过是监狱中散步的走廊和放风的庭院[②]。因此，权力不再是一种物质力量的代名词，而是通过社会规范、政治措施来规劝和改造人。

在《性史》中，福柯则描述了生命—权力的共生结构。他认为权力与性在本体论上是不可区分的，性只是生产性的“生物权力”的一个后果，“在权力关系中，性不是最难以对付的因素，而是那些赋有最大工具性的因素之一：性对绝大多数策略来说是有用的，对大多数形形色色的战略能被用作一个支持点、一个关键点”[③]。这种战略主要采取四种形式：① 妇女身体的歇斯底里化，据此，女性的身体被“彻头彻尾地充满了性”；② 儿童的性化，从而将童年和家庭生活置于专家的干预下；③ 生育行为的社会化，将生育意义的性置于国家和专家

① 福柯：《必须保卫社会》，上海：上海人民出版社，1999年版，第22～31页。
② 参见李培林：《微型权力专家：福柯》。
③ 福柯：《性史：导论》，第103页。

的管理之下；④ 反常快乐的心理治疗化，据此，性行为方面的不合规则被认为是一种病态。这四种战略形成了一种主导的倾向，这种主导倾向日益趋向于“身体的强化”，而这种身体的强化是现代权力技术的基础。“一种正常的社会是一种集中于生命之上的权力技术的历史后果”。[①]

总之，在福柯那里，权力是一个尚未规定的、推论的、非主体化的生产性过程，它把人不断地构成和塑造为符合一定社会规范的主体。这种权力在社会生活中普遍存在，并不限于正式的政治生活和发生公开冲突的领域：“权力必须作为流通着东西，或者作为只以链条形式发挥功能的东西而被加以分析。它决不局限于这里或那里，决不局限于任何人的手里，决不作为一种商品或一份财富而被使用。权力通过一种类似网络的组织被使用和被实行。并且个人在权力的脉络之间流转，而且他们永远处于这样一种位置，既体验到权力的支配，同时又实行着权力。”[②]

固然，福柯的权力理论存在着明显的不足，比如，由于福柯反对从制度化权力或各种精英群体对权力控制的角度来分析权力，也反对意识形态理论或任何符号性权力的观念，以至暴力观念构成了其权力理论的非思想背景，于是便不可避免地陷入了理论困境，即在论述上把权力作一种肯定性的定义，但事实上却将权力设想为否定性或支配性的力量。尽管如此，但其思想的闪光之处仍然值得借鉴：① 权力是一种有目的的关系，是主体和客体之间的控制与依赖的关系，而不是所有物；② 权力植根于日常生活，正如福柯所说的，“想到权力的机制，我总是想到权力以毛细血管状的存在；在这些毛细血管处，权力触及每一个具体的人，触及他们的躯体，注入他们的行动和态度，他们的对话、学习过程和日常生活”；③ 无须刻意界定权力，而应着

① 参见马尔科姆·沃特斯：《现代社会学理论》，北京：华夏出版社，2000年版，第247～248页；路易斯·麦克尼：《福柯》，哈尔滨：黑龙江人民出版社，2000年版，第105～106页。

② Michel Foucault, Colin Gordon, ed, Power/Knowledge. Brighton, 1980, p. 98.

眼于研究权力的方法,并分析存在于某种特定时空的权力形式。

有鉴于此,本研究认为,权力并不是仅仅指由制度化的科层组织提供的合法性权力,还应是在占有、分配各种机会和资源过程中所形成的不同势力之间的关系,这种关系存在于一系列事件之中,并通过这些事件在互动过程中凸显。从这个意义上说,望族的发展过程,就是权力的表现过程,通过望族与宏观环境以及望族内部的互动过程的考察,我们可以透视权力关系是如何同时体现为一系列的权力技术和策略的。换言之,权力是一种关系,是特定时间、特定社会关系的一般模式,意即由望族及其成员实施并影响望族的整体关系,这些关系指导望族的行为并构建其可能的结局。

3. 研究内容的构成

这个研究主要包括以下内容:

(1) 考察望族的构成和功能。笔者着力于对明清以来的无锡望族加以描述和解释。在笔者看来,这一时期的无锡望族是一个以一定制度为背景,可以明确地界定的社会集团。作为一个特殊的社会集团,望族的生成与演化都是在一定的社会时空中发生、完成的,一方面,望族具有的种种不同于其他集团的特性都是由不同时代的地方社会所规定和赋予的;另一方面,它又凭借自身的优势,以特定的方式参与到社会变迁的大潮中,以自己的活动和能量影响着不同时代、不同阶段的无锡社会的整体面貌和基本结构。因此,望族与地方社区之间并非是对立和牵制的,而是相互依存、互动发展的。

(2) 考察望族的社会特性。笔者将解析无锡望族的社会特征,如家庭类型、婚姻生活、文化教育水准以及对权威的态度,进而剖析望族的"社会人格",这种"社会人格"反映了望族在无锡地方社会结构中所占据的地位。

(3) 考察望族权力运作的技术和策略。笔者将考察望族在20世纪的生活变迁,剖析望族权力技术的日常运用。这种权力的建构,促使望族在由传统的农耕社会向现代的工业社会的转型过程中,保有传统优势和强大的应变能力，以至在改革开放的今天，其后代仍有可能更易在社会分层中占有重要位置，也仍能对地方社会产生深刻影响。

考虑到上述问题，分专题的研究对于了解一个社区的望族变动来说，显然比宏观叙述显得更有意义。因此，本论文拟通过一些关键性的个案实证考察，从各个方面来揭示望族在社会变迁过程中的权力实践，探讨望族的权力来源及其使用的方式。

4. 内容结构

本研究除导论外，由正文、结论等部分组成。正文共分八章，主要内容有：

（1）有关望族基本情况介绍：

第一章，从望族的历史变迁出发，描述无锡望族的主要类型，即簪缨世家（书香门第）、富商巨贾、工商显贵、科技世家等类型，以及其在社会变迁过程中的基本走向。

第二章，首先从综合的角度，剖析促成望族聚集的经济、地理、社会、文化等因素。换言之，是关于无锡地区望族特定地域、文化背景的描述。其次，对明清以来的望族进行结构分析。作为一种特殊的社会集团，望族在政治上他们是统治阶级中的重要组成部分，在经济上，他们是生产资料和财富的拥有者，在社会生活中，他们又是引领者，因而，在传统社会结构中占据重要的地位和作用。第三章，有关无锡地区望族的社会特征和特质的解读。

（2）有关特定类型望族权力运作的个案研究：第四至第六章，分别是书香门第——钱氏家族、簪缨世家——秦氏家族以及工商显贵——唐氏家族的个案研究，通过不同时间段的有针对性的生活事件，来探讨这些家族的权力策略，及其兴衰与无锡社会变迁之间的互动关系。

（3）有关无锡地区望族权力中介的探讨：第七章，是对无锡望族象征资本的考察，主要包括族谱、祠堂文化以及义庄的研究，实际上，族谱、祠堂以及义庄正是望族有别于其他家族的本质表现，是其权力的一种象征。

(4) 有关无锡地区望族与地方关系的探讨：第八章，旨在说明望族的权力体现在一系列的社会经济、政治、文化之中，而其社会功能的发挥程度，既是其权力和地位的一种表征，也是其创建和发展权力的自由余地。

(5) 基本结论：是对正文所表明的重要观点的一种系统说明。主要是从望族权力的生产过程、运用过程来展开探讨。本论文的基本结论有：尽管社会的两次变革，使无锡地区的望族受到了冲击，预示着其分崩离析的命运不可避免，但通过望族的一系列权力实践，仍会进入一个自我更新、自我延存的过程。因此，望族的传统优势和其对环境的适应能力与应变能力实际上要比我们所认为的强大得多。

三、研究方法

望族研究由来已久，但多半属于政治史的范畴，从社会学的角度加以研究，在急剧转型的今天具有全新的意义。

众所周知，随着从传统社会向现代社会转型，特别是小康社会建设战略的实施，无论是乡村和城市都在迅猛的发展之中，这种可持续的发展要求从各自的历史实际出发来完成，于是地方史研究进入了议事日程，特别是20世纪90年代以来，西方学术界运用国家—社会框架开辟的地方史分析路径，带来了地方史研究的热潮。就无锡而言，若忽略地方望族的经济、政治、文化活动及其精英人物的所作所为，就不可能真正认识无锡社会的实质。从这个意义上说，望族及其精英人物的研究有待于拓展。

1. 理论背景

家族研究中，结构功能论无疑是较为适用的框架，然而，在这一理论指导下的研究，偏向于静态的正式组织化的家族研究，而本研究中的望族是非正式组织化的家族，其精髓存在于组织象征性的秩序中，只有通过特定环境中家族与地方社会、家族之间以及家族成员之间的互动，这一秩序才得以建立。于是，本研究的视角从结构转移到过程，并以权力过程为研究起点。通常，过程分析强调只有在一种动态的过程中，事物本身的特征、事物内部不同因素之间的复杂关联以及该事物在与不同情境发生遭遇时所可能发生的种种变化才可能逐步展现出来。具体到权力过程中，即个人努力和制度安排都会对权力结构产生影响。认为个人及群体互动努力构建权力结构的，以交换论为代表，认为制度安排在权力构建中起主导作用的，以结构功能论为代表，而这两种理论在现实生活中都能找到注解，但其缺陷在于无法摆脱主客观的二元对立。

鉴于上述认识，本研究试图吸收上述两个观点中的合理成分，即一方面，社会事实具有很大的约束力，不管望族成员想延续家族生命的动机有多强烈，意图有多明确，如果缺乏社会制度、关系或政策的支持是难以实现的；另一方面，望族具有内在成长的潜质，任何社会制度、关系或政策的改变都离不开行动者主体的参与，因而极具改进的张力。这样，吉登斯的结构化理论便呈现在我们的面前。

结构化(structuration)理论把结构看作是行动主体在行动条件下创造出来的各种规则和资源，而结构不断卷入其中的社会系统则是由人类主体的种种特定活动构成的，其在时间与空间的条件下被不断再生产出来。主体与结构的建构是二重性的，结构化是一个双向的过程，一方面，行动需要依赖结构作为它的媒介；另一方面，结构需要透过行动，才能在时空里展现出来。在吉登斯看来，有意图的行动包括三个方面的内容：一是对行动的反思调节；二是行动的合理化过程；三是行动的动因潜在于行动。正是这三种因素的作用，主体的有意图的行动会导致未曾预期的后果(unintended consequence)，这又反过来构成了以后行动的未被意识到的条件。因而，在行动者与社会结构(资源与规则)之间是社会的实践，而作为实践的主体，行动者总是能够有所作为的，资源与规则，无论有多大的约束力，都不可能让行动者完全被动地受束缚，行动者总是可以以不同方式行动。

这就意味着，在社会的结构化过程中，行动者具有能动性的同时也受着客观存在场景的制约。

至少在理论上，上述结构化框架能较好地解释结构与行动者之间的关系。在吉登斯对行动的重新理解下，权力、时间、空间这三个概念被置于社会理论的核心地位，权力不再是外在于行动，时空则构成了行动者所必须面对的行动条件[①]。社会(系统)与个人(行动者)不是对立的二元，而是结构的"二重性"，并得出了颇为科学的观点：人的能动性的发挥和社会制度化的构成，都是在我们日常司空见惯、看起来支离破碎的活动中实现的[②]。从而，让我们关注社会结构中的一种惯性，关注日常生活。

从物质生活到精神生活，将人类的外显形式与深层的价值内核结合起来考察，正是人文社会科学深化的表征。舒茨的日常生活理论，福柯的全景监视和微观权力理论，布迪厄的惯习、场域等理论，都是对具体的日常生活的理论概括，是对生活过程、生活方式、生存状态和生活环境的一种描述。在舒茨那里，日常生活是生活世界的最根本层面，沿着胡塞尔的思路，他用社会学的方法分析了现实的日常生活，他认为社会行动只能具有一种主观意义，即行动者本人的主观意义，而生活世界则是人们日常生活所直接经验的主体间的文化世界，其特征是预先给定性。社会生活中的行动者，往往运用自己手头的知识库，按照某种自然态度，来应变各种不同的情境，采取的是一种想当然的、合乎情理的处理方式(倪梁康，2000：473－498)。在日常生活中，望族在与地方的互动中也会形塑出一种针对望族与地方关系的知识库，它既会通过一种不言而喻、自然而然的态度指导望族及其成员的行动，也会给望族及其成员的权宜性行动带来足够的空间。正是在这些权宜性的行动中，望族的地位和声望被形塑，各种权力技术才得以运用，权力才得以显现。

---

① 谢立中：《西方社会学名著提要》，南昌：江西人民出版社，1998年版，第529页。

② 吉登斯：《社会的构成》，上海：三联书店，1998年版，第7页。

也正是在这种权宜性行动中，日常生活的实践依赖于行动者复杂的技术和方法得以完成；行动者运用自身能力来生产、再生产或改变行动的结构（李猛，1999）。所以，望族的行为往往不是盲目的，总是有明确的动因和目标，他们总是在行动过程中不断使自己的行为获得合理化的解释，而且由于有意想不到的结果的存在，望族总是在不断地反思自己的行动，调整自己的策略，从而使得家族的权力得到延伸和扩展。另一方面，望族的行为也不是无本之木，望族的任何行动，都是运用既有资源建构权力的过程。

资源可以是有形的，也可以是无形的，可以是经济利益、政治权力、社会声望，也可以是文化（教育）水平等，但无论什么资源，其所具有的共同特征是有用性和稀缺性。对于望族来说，在与地方社会的交涉中，其所拥有的权力最终取决于它对于资源，特别是稀缺资源的控制和运用。作为一种文化型家族，无锡地区的望族拥有丰富的文化资源。文化是一种资本，在布迪厄看来，资本有非经济的形式，资本以多种形态存在，其中有三种基本形态：① 经济资本以金钱为符号，以产权为制度化形式；② 社会资本以社会声誉、头衔为符号，以社会规约为制度化形式；③ 文化资本以作品、文凭、学衔为符号，以学位为制度化形式。资本凝结着社会成员之间的不平等关系，体现了社会资源的不平等分配。资本只能在场中根据不同位置上的不平均分布发挥效益。因此，资本是一种权力形式。至此，布迪厄把资本的概念同各种形式的权力，包括物质、象征、文化或社会的权力形式相联系，资本从原有的物质化状态延伸到文化符号领域。而文化资本这种超功利性和非物质形式，是在交换的过程中表现出来的，是经济资本通过交换改变了本身的性质产生的。布迪厄有时候也用"象征资本"或"信息资本"来形容它。文化资本是布迪厄所谓"象征资本"概念中的一个重要组成要素，他在提出"文化资本"概念时充分注意到了文化资本与整个社会世界之间的关系，以及由"资本"、"场"、"习性"等概念构成的描述体系之间的关系。布迪厄认为，资本虽然只有在一个场域的关系中才得以存在并且发挥作用，但是，这种资本赋予了某种支配场域的权力，赋予了某种支配那些体现在物质或身体上的生产或再生产工具的权力，并赋予了某种支配那些特定场域日常运作的规律和规则以及从中产生的利润的权力。为此，他得出的结论是：在由文化区分所统治的精神空间和由等级结构所统治的社会空间之间存在一种异质同构关系。由文化资本衡量的文化区分实际上是人们社会地位的指针。

布迪厄的资本理论的贡献在于：分析了形成权力资源的更为宽泛的劳动力类型（社会的、文化的、政治的、宗教的、家庭的等），并指出在特定条件下它们能以一定的比率相互转换。而其文化理论的可贵之处则是以微观分析方法深入细致地展示了权力支配的形塑、构造和隐蔽机制。

基于上述理论知识，本研究试图以福柯微观权力理论的论述为基础，在补充进舒茨、吉登斯以及布迪厄等学者所提出的一些概念和命题之后，提出有关望族权力实践的一些思想，以形成一个简略的理论框架，用于指导望族研究。

(1) 权力运作的基本要素。

对于望族来说，在与地方社会的交涉中，其所拥有的权力最终取决于它对于资源，特别是稀缺资源的控制和运用。所谓稀缺资源就是那些为社会成员所需要同时数量又有限的东西。望族所控制的稀缺资源是相当复杂的，主要包括：

① 经济资源，包括土地、商业财富、暴力等。由于无锡从来不是政治或军事中心，也从来没有产生过能“翻手云，覆手雨”的军政大鳄，更没有叱咤江湖的一代枭雄，退一步讲，即使有的话，以上两类家族也是无法归入望族之列的，至少在其转为传统文化所勾勒的正面角色之前。所以，在考察无锡望族的权力运作中，非共性的暴力资源是相对忽略。土地和商业财富则是无锡望族最原始的权力资源。但望族真正利用金钱去直接建构某一种具体权力的行动并不普遍，在他们那里，土地和财富往往只是用作交换的中介。

② 社会资源，包括权势网络、社会关系、社团和协会等。其中，社

会关系是无锡地区望族最基本的一种权力资源。费孝通先生在《乡土中国》一书中曾指出,中国社会是个差序格局的社会,攀关系、讲交情,次级关系初级化,总之,要想办成一件事离不开各种各样的关系,社会关系是行动者之间通过直接或间接的互动形成的经验联结,是对于所处的现实社会认知水平的反映。对于望族来说,一方面要建立一定的社会关系,另一方面还要有能让它转化为对自己有利的社会资本的能力。

③ 文化资源,包括知识、荣誉、特定的精神和生活方式等,是无锡地区望族最关键的一种权力资源,其中更以知识为重中之重,这里的知识取广义的理解,旧学、新学、国学、洋学、认知、技术等,只要能在某一方面取而用之,皆可包含于内。邵宝在《秋野记》中说:"夫族世即望,而诗书相继。"无锡望族本质上是一种文化型家族,以文化为自己的追求目标,具有强烈的文化意识。无锡人讲"书包翻身",把读书看作是家族兴废的关键,换言之,文化资源是整个家族能否延续发展的关键性资源,如果在这个环节上出现了问题,对于望族的生存打击往往是致命性的,远甚于经济资源上的危机。

(2) 权力运作的内在逻辑。

不同资源的配置情况将直接影响到望族的实际生存,而影响资源配置的因素主要有:① 国家的地位;② 社会变迁的方式;③ 路径依赖,等等。实际上,望族的消歇或延续,既不仅仅是制度性安排的阻碍或推动,也不简单地是主体追求更大效益的惯习,而是一种权力技术的日常运用,这既是社会体系对望族施加影响的过程,也是望族寻求发展和地位提升的过程。这种权力是作为关系出现的策略,因而,望族权力运作的实质是利用各种资源处理各种关系的过程,亦即权力资源以及权力本身的生产与再生产过程(见图 1)。

以上,是在既有的理论准备上提出的一个分析地方望族变迁的简要思路,旨在透过一些日常生活中的经历,通过考察望族及其精英人物在角色转换与地位提升过程中的各种权力策略与技术,来探讨望族在社会变迁中摩擦与适应的过程。

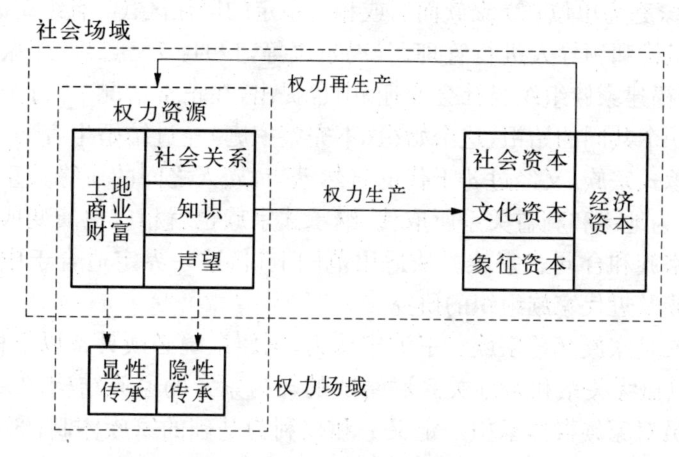

图1 权力的生产与再生产

2. 概念厘定

望族是人们对地方上有重大势力或重大影响的家族的通称。历史上有世族、名族、盛族、巨姓、著姓、大家、世家等称法。在有关“望族”的研究论著中，并没有统一的定义和标准。既然要以历史上的望族为研究对象，首先就得对这一概念范畴确定科学的界说。毋庸置疑，望族首先是一种家族，那么，什么是家族，长期以来莫衷一是，有必要首先进行梳理。

(1) 家族的定义。

在中国，家族不是一个静态的概念，时代不同意义各异，如汉代之族止于五服，唐代则族与家相同，而同宗就是同姓。直到宋代才有宗族财产的义田、祭祀田以祭祀祖先，并在明代以后普及。而且，同一时代也有多重意义，比较有代表性的说法有以下三种：

一是家族即宗族。冯尔康认为，所谓家族是“由男系血缘关系的各个家庭，在宗法观念的规范下组成的社会组织”，“宗族与家族、宗族制、宗族社会与家族社会、宗族生活与家族生活并没有严格意义上的区别”，主要具备以下四个要素：“① 男性血缘系统的人员关系；

② 以家庭为单位；③ 聚族而居或相对稳定的居住区；④ 有组织原则、组织机构和领导人进行管理。”（冯尔康等，1994：7－11）。郑振满在《明清福建家族组织与社会变迁》中也提出，在正常情况下，每个家族都有一个共同的始祖，这个始祖（不完整家庭）经过结婚生育，开始形成继承式宗族，又经过若干代的自然繁衍，族人之间的血缘关系逐渐淡化，为地缘和利益关系所取代，继承式宗族也就相应地演变成为依附式宗族和合同式宗族。从适用范围上讲，这一界定适合于中国古代家族及近代家族组织的研究。

二是家族涵盖宗族。王沪宁认为，家族系统必须具备以下构成：“① 以血缘关系和亲族关系联结成的较为紧密的家族结构；② 以每个族员对家族群体承担一定义务和权利为基础的家族体制；③ 以血缘关系决定的等级为依据的家族权力；④ 以家族群体为整体的为每一成员提供便利的家族功能；⑤ 以家族为单位组织的涉及全体族员的家族活动；⑥ 以约定俗成的戒律约束族员行为的家族规范；⑦ 以潜移默化的传播为渠道而形成的具有一定持久性的家族观念。”（王沪宁，1991：13）这一界定比较适合于现代南方的农村家族组织。

三是家族是个大概念。按照孙本文的说法，“家庭为最小单位，限于同居共财的亲属，宗族是由家庭扩充，包括父族同宗的亲属，家族则更由宗族扩充，包括父族、母族、妻族的亲属。宗族为同姓，而家族未必同姓，盖包罗血亲与姻亲两者”（孙本文，1947：71）。实际上，在当前的农村家族研究中，学者们在实际运用“家族”这个概念时，大都自觉不自觉地将姻缘关系归入了家族之中，认为家族既包括血缘的父族，也包括以姻缘为主的母族和妻族，如唐军就将家族界定为由生育构成的血亲群体和由婚配构成的姻亲群体同时包容进来而以前者为主干的一类社会群体。

这种“泛家族”化研究的优点是简化了概念，但它通常适用于农村的家族组织。一般认为，城市中的家族已经式微，核心家庭是基本的家庭结构，但是，在无锡地区的实地观察中，却不难发现人们对于所属的亲属的认同及家族利益的关注并未削弱，而且在某种程度上，有所增强,如续修家谱的行为,“出五服”的说法以及家族企业的不断涌现等,无不表明在无锡地区家族观念的实际存在及意义。就望族本身而言,其家族的范围还是局限于传统的家族组织,即以血亲为本,按照林耀华的说法,在一个家族中,“家庭是最小的单位,家有家长,积若干家而成户,户有户长,积若干户而成支,支有支长,积若干支而成房,房有房长,积若干房而成族,族有族长。上下而推,有条不紊”(林耀华,2000,73)。这一说法,从观念上为我们明确了所要研究的对象。而在实际行动中,望族成员往往随着情境的变化,又会将姻亲、拟制血亲也作为不可或缺的关系资源,从而延伸了家族的概念。

为此,本研究将家族界定为:以父系血亲为主,包括了血亲姻亲以及拟制血亲的亲属(kinship)而建立起来的,有着内部认同、互动关系以及较为一致的协调行动的社会群体。在操作中,对家族范围的界定也是可大可小的,有以五服以内的亲属为一个家族的,有以三代以内的亲属为一个家族的,有时又往往与家庭重合。总之,为了尽可能地反映日常生活的原貌,家族可大可小,皆依具体情景而定却不失其要旨(陈其南,1992:131-132)。

(2) 望族的理解。

明清以来,苏南望族已成为社会公认的力量,也是社会舆论的焦点。对于什么样的家族能称为望族,时人有着不同的看法,如龚自珍以家族世系延续的长短为标准将家族分为甲族(三十世以上者)、乙族(三十世者)、丙族(二十世者);薛凤昌曾提出“世家”三标准:“一世其官(即世代有人出仕,且职位一般较高),二世其科(即世代有人科举中式),三世其学(即世代有人读书)”;洪亮吉则提出了以功德显(主要指事功,热心乡里公益)、以文章著(即有文化修养)、以孝友称(即处理好人际关系)的三标准。当然,从概念的角度讲,这些说法都并不是一个完整的概念表述。

本研究中把望族看作是特定历史阶段中,凭借着优越的社会地位、丰厚的经济实力和特殊的文化功能,在地方上有重大势力以及重大影响的家族的统称。

首先,它具备一般家族所拥有的基本组织表现和制度特征,包括:① 族谱,既是确定和联系族群的重要方式,也是确定成员亲疏辈分、权利义务及房派组织体系的重要方式;② 族祠,是家族的标志,既是祭祖等家族活动的场所,也是家风家法教育的场所,还是管理家族事务、执行家法的机构;③ 族规,既是族民行为的准则,也是宗族组织活动的规范;④ 族产,包括祭田、族田和义庄等;⑤ 族长,是家族利益的代表,行使着家族的各项权力。

其次,作为上层社会的一个特殊的集团,其形成还必须具备以下特征:① 地域性。在传统社会里,人们往往安土重迁,家庭家族都相对集中在一个地区,因此,关于望族的称谓一般前面冠以地名,以区别别的地区的同姓望族。如湖头钱氏、堠山钱氏、东亭华氏、荡口华氏等。② 身份性。望族成员一般由科举而仕进,嗣后财富随之而来,也有积聚了一定的财富,进而求仕宦,拥有一定的政治身份。如果缺乏这两项,社会舆论对于望族声誉是不会承认的。③ 历史性。任何一个望族都有其兴衰成败的过程,即使在缓慢发展的传统社会,也有变化。所谓"君子之泽,五世而斩",历史上诗人所惆怅的"空梁落燕泥"的名门衰境是常见的现象。然而,无锡地区的名门望族大多在五世以上。因此,悠久的家族历史是认定望族的一个重要标准。如黄廷鉴《国学生顾君墓志铭》云:"顾氏于前明自锡山来徙,至君五世矣,今为墩之巨姓。"④ 人才。在一定历史条件下,人口的数量与家族的实力有很大关系,但是随着生产力的提高,人口质量的作用就明显增大。在无锡望族的发展过程中,其文化功能越突出,家族的人口质量就越发重要了。望族具有人才密度的绝对优势。

显然,关于望族,是一个理念化的定义,由于无锡是中小官僚地主的栖息地,为了生存和发展,他们大多以耕读传家,亦耕亦读,亦耕亦商,这些望族不是一般意义上的大家族,而是以内在的文化素养为核心,具有一定声望、产生出各种精英人物的家族。至于近代以来,新兴的望族,是社会变迁的产物,除了上述的特征之外,又有新的内容，如荣、唐全靠经营成功而进入望族圈内的，杨和薛在近代前夜还是官宦之家，具有身份性，是民族资本主义的发展推动他们转化的，但他们列为工商望族也不过三代，更为突出的是，望族已从形化向神化转化。总之，望族是个具有伸缩性的概念，在行文中将作灵活把握。

3. 基本假设

本研究选择的路径是望族与地方社会在互动中的权力实践，旨在揭示这样一种逻辑：望族权力不是固定不变的，它可以在一些具体事件、关系和过程中得到体现，因而能够表现出顽强的生命力。

命题一：望族的生成与演化都是在一定的社会时空中发生、完成的。

一方面，望族具有的种种不同于其他集团的特性都是由不同时代的地方社会所规定和赋予的，社会环境的演变无时不刻地在推动着望族的蜕变；另一方面，它又凭借自身所拥有的稀缺资源，以特定的方式参与到社会变迁的大潮中，以自己的活动和能量影响着不同时代、不同阶段的无锡社会的整体面貌和基本结构。因此，望族与地方社区之间并非是对立和牵制的，而是相互依存、互动发展的，这种望族与地方社会之间形成的推挽关系，为望族生命的延续提供了合适的空间。

命题二：作为行动者，望族有着强大的适应能力和应变能力。

望族是特定历史阶段的产物，必然有兴盛和衰落的轨迹。20世纪以来，科举的废除和辛亥革命的爆发，冲击着古老的名门望族，迫使它走上了应变、自变的道路，一定程度上克服宗法性，朝着近代社会团体的方向发展。而新中国成立以来，中国共产党所进行的种种社会主义实践，使望族受到了前所未有的冲击。“三反五反”、“反右斗争”以及“文化大革命”等历次运动，将传统的文化结构进行了彻底的摧毁，望族的形式解体可以说是国家政权自觉革命的结果。然而，由于望族权力资源的传递模式是相对稳固的，这就促使望族在由传统的农耕社会向现代的工业社会的转型过程中，保有传统优势和强大的应变能力，以至在改革开放的今天，其后代至今在政治上有地位、经济上有实力、社会上有影响、学术上有造诣、事业上有成就的，不乏其人。因此，望族自身权力资源的扩张与传递模式，对家族生命的延续意义重大。

4. 方法程序

本项研究采用的方法是个案分析。通常研究社会变迁有两种不同的视野：一种是宏观结构和大进程研究，即从特殊的历史事件和宏观背景中挖掘社会变迁的动力；另一种是微观结构和小进程研究，即在小型单位的地方和个案的变化中解释社会变迁。本项研究即采取后一种方法，固然微观研究无法做出整体性的推论，但我们还是能够从行动者对情境的定义中来理解社会变迁的。

本项望族研究使用生活史作为资料主体。生活史是一种完善的社会学研究资料，因为它是群体或个体在其社区内适应社会环境的产物[①]。当前生活史的研究基本上是在实证主义的框架下完成的，而更多的研究往往是停留在描述性的研究，立体地观照社会进程的范式性研究较少，其中生活与观念的互动、行动过程中的权力关系等研究尤为薄弱，这也为我们在生活领域的研究开拓了新的领地。

本研究立足于研究家庭史。哈布瓦赫在《记忆的社会环境》和《论集体记忆》中指出，纯粹的个人记忆是根本不可能存在的现象，原因在于人类记忆所依靠的语言、逻辑、概念都是社会交往的产物。不经家庭及社会性教育，必然会丧失有效记忆产生的可能性。在他看来，正是通过他们的社会群体身份——尤其是亲属、宗教和阶级归属，个人才得以获取、定位和回溯他们的记忆（保罗·康纳顿，2000：36）。社会记忆的庞大结构也就是个人、人际、团体与

① 周荣德：《中国社会的阶层与流动——一个社区中士绅身份的研究》，上海：学林出版社，2000年版，第19页。

国家之间的互动关系[①]。由于社会和经济的单位是家庭，所以搜集的生活史资料实际上是家庭的个案生活史，每个个案至少包括三代，从而可以看出长时间内的家族变动状况以及权力运用的方式和手段。

本研究的文本资料通过以下途径获得：

一是实物收集。经过与无锡地方志办公室、历史学会、市图书馆等机构直接联系，搜集了以下官方资料：统计报表、报纸杂志、历史文献（如传记、地方志、家谱、家规、民间传闻等）。此外，还有个人资料（信件、自传等）、影像资料（照片、录音等）。

二是个案访谈。主要包括以下步骤：① 选择合适的访谈对象，包括：熟悉地方传统的地方史研究者，了解无锡地方社会生活的变迁以及望族的总体情况；望族内外熟知望族内事务的人员，其中有相关望族内的长者、精英人物、朋友等，通过他们的叙述，了解望族内的重大事件；望族内的一般成员，以家庭为单位，以三至四代人为限，了解他们对望族的记忆和感受，从而进行比照。② 选择恰当的访谈内容，主要以个人的生活经历和事件记忆为主。③ 选择合适的访谈地点，与研究人员的访谈，以办公地点为主；与望族成员的访谈则以居住场所为主，便于实地考察，减少隔阂。④ 选择恰当的访谈方式，进行变换角度、迂回进入主题和多次重复访谈。⑤ 选择合适的记录方式，为了取消访谈者的顾虑，以笔录为主，如访谈者同意，录音和笔录同时采用，提高记录的准确性。

5. 检验方法

检验方法是判定研究可信度的手段。一般的检验方法有：经验检验和逻辑检验。本研究为了突出过程，没有采取假设检验的研究逻辑，而是采用逻辑方法进行解读。

---

① 景军：《社会记忆理论与中国问题研究》，《中国社会学》，上海人民出版社，2002年版，第328页。

对于无锡地区社会背景状况的数据，以无锡统计局、档案局的资料为准，引用的地方志也以正式出版的版本为准。对于参与和非参与性的观察内容，虽然事件本身无法重复，但观察者力求准确和全面，一是采用多人多次交叉访谈；二是阅读有关文本资料。

第一章　百年旧事话名门

自大江以南，西浙之郡，号富庶者必称姑苏，次则锡山，盖其田畴丰腴、民物从聚、巨室大家，棋布星列，非他州比焉。

——王中立

一方水土养育一方人才。在无锡这块美丽富饶的土地上，自古以来名门望族、学术世家，代代辈出。诸如张泾顾氏、坊前高氏、胶山李氏、堠阳安氏、后宅邹氏、鸿声钱氏、孟里孙氏、八士过氏和城区、胡埭秦氏，东亭、荡口华氏等，不胜枚举。这些显赫的家族，钟鸣鼎食：在乡下，有着鸦飞不过的田地；在城中有着几重几进的豪宅，雕梁画栋，繁荣一时。至于"华太师一夜改龙亭"、"秦氏三代人修建寄畅园"、"顾宪成、高攀龙勇斗阉党"等故事，更是妇孺皆知，至今仍广为传诵。

本章通过对望族的历史分析，即通过追溯望族形成的基本途径及其历史演变，来揭示影响望族发展的社会及制度因素。

一、历史溯源

作为吴地，无锡地区的望族起源很早，始于汉末六朝。根据历代地方志的追溯，吴、周为无锡最早姓氏。顾、张、朱、陆在汉朝至三国时即为江南四大姓。但严格地说，其真正形成的时间是在两宋时期，而明清时期则达到鼎盛。虽然当时的无锡始终是县级城市，无论如何也孕育不出贵族气质，但无锡毕竟是个开放性城市，就像近代上海一样，随着社会经济发展和人口流动频繁，四面八方的家族涌到这块土地上，求生存、求发展。华、杨、秦、许、沈、蒋、李、尤、陈、胡、钱、尤、侯、丁、过等迁入定居,并因家族名人辈出而显于世。

总之,无锡地区望族的发家活动纷繁驳杂,因而,沿着望族的发展途径来划分不同的类型,不是一件轻而易举的工作。这里仅以前现代化时期的望族为蓝本,围绕着他们的主要发迹活动,粗疏地提出三种类型作为分析对象。

1. 以门第贵

据史籍记载,三国时期,天下纷争,大一统的封建帝国逐渐衰落,地方势力有所抬头,当时定天下之姓,立九品,置中正,尊世胄,权归右姓。作为政治、文化、社会中坚的"士人",也逐步转变为"士族"、"贵族"与"门第势力",在东吴地区则以朱张顾陆为右姓。

唐代柳芳在其《氏族论》中对此作了明确的论述:在南北朝时,"过江则为侨姓",王、谢、袁、萧为大;东南则为"吴姓",朱、张、顾、陆为大;山东则为"郡姓",王、崔、卢、李、郑为大;关中亦为"郡姓",韦、裴、柳、薛、杨、杜首之;代北则为"虏姓",元、长孙、宇文、于、陆、源、窦首之。以上"侨姓、吴姓、郡姓、虏姓"合称"四姓","举秀才,州主簿,郡功曹,非四姓不选"。即使在上述"四姓"中,也因门第阀阅而有等级高下之分:凡三世有位居三公者为"膏粱",有令、仆(射)者为"华腴",有尚书、领、护以上者为"甲姓",有九卿若方伯者为"乙姓",有散骑常侍,太中大夫者为"丙姓",有吏部正副郎者为"丁姓"。东吴仍以朱张顾陆为甲姓。两晋以后这一格局似乎也没有多大改变,所以明凌迪知说:"古吴著姓,夙推朱张顾陆耳。"王世贞也说:"江左高门,维称王谢,其最著者朱张顾陆耳。"

东吴以降的这些世家大族,虽已年代久远,但对无锡望族的形成还是相当有影响,有的甚至鼎盛到清代。

(1) 梅里吴氏,可以说是无锡最为古老的著姓望族,在《史记》中被称为世家第一。最早可追溯到吴地祖先泰伯(或作太伯)。唐张守节《史记・正义》注"吴太伯"称:"太伯居梅里,在常州无锡县东南六十里",至"王僚二十三君皆都在此"。春秋时期,越王勾践灭吴后,采用高压政策迫使吴人就范，但吴人不服，纷纷背井离乡，在浙、闽、粤，甚至东南亚等地落户。因而，古梅里姓吴的并不多，而无锡胡埭等地吴姓则比较集中。公元154年，东汉政府下令“即宅为祠”纪念泰伯、仲雍开发江南的历史功绩，后人遂尊奉太伯为吴姓的始祖。

泰伯开创了无锡见诸于文字的历史，造就了“数年之间，民人殷富”的社会局面，正是在其道德的熏陶下，吴氏族世有令德，成为当地的德望之家，也出了不少文化型人才。据《毗陵宣庄吴氏宗谱序》“世系”所记载，吴氏以泰伯为延陵吴氏先世第一祖，传十九世到季札，居延陵。季札四十七代吴玠仕宋，任四川宣抚使。玠长子吴拱仕高宗，为行军总管，督兵淮扬，后扈驾南迁，家于常州高梅里，建祠安尚乡，以祀宣抚使玠，因名其地曰宣庄。自后，“积丁成族，瓜绵椒衍，寖炽寖昌，闻人代起，为毗陵望族之一”[①]。从科甲情况来看，宋绍兴18年(1148)，吴峤、吴琦联名中进士，明有一甲第三的吴情，直到清吴鼐，吴氏家族共有进士13名。从《无锡名人辞典》的一编粗略统计，吴姓最多。诚如吴宽《顾惟诚妻吴孺人墓志铭》中所云：“顾与吴皆邑中名家。”

(2) 锡山顾氏，“渊源顾氏江东望族，自汉武帝迁驰义侯顾贵于吴郡，是为吾族迁吴始祖(公元前130年间)距今两千一百余年矣。传至三国时，顾雍张昭等拥孙权继位有功，封雍为吴丞相醴陵侯……顾氏子孙繁衍尤多，称望族焉。”[②]《新唐书·宰相世系表》也列顾氏世系，从三国顾雍到唐朝顾琮等8人。远祖顾雍的三十五世孙顾归圣，自吴郡迁锡，逐步繁衍。黄廷鉴的《国学生顾君墓志铭》说：“顾氏于前明自锡山来徙，至君五世矣，今为墩之巨姓。”其中城中和张泾顾氏最为突出，明弘治十八年(1505)顾可学、正德三年(1508)顾可适、正德九年(1514)顾可久均中进士，名震一时，顾宪成、允成兄弟因修建东林书院并使之发扬光大而流芳百世。宋范成大的《吴郡志》人物卷中顾

① 孙国瑞：《毗陵宣庄吴氏宗谱序》。
② 《填终追远锡山顾氏虹桥湾支渊源考略》。

氏名人突出，共列24人之多，宋到清末顾氏共有进士26名。

(3)西漳陆氏，出于齐国，世为吴地望族。远祖陆贽，唐苏州嘉兴人，宋时其后裔陆宲，任长洲令，转提京畿平茶盐公事，致仕迁居无锡陶墅繁衍生息，宲有子淦、演、淙等，淦传至五十八世有汝和与汝易，汝和为无锡湖头支祖，其后又析出嵩山支、宋村支、古巷支、尧窝支；汝易之孙陆直由常州徙居无锡蓉湖山大通桥，为支祖，以后又分为很多派支。其中西漳陆氏，出现于元代，从元至正二年(1342)，有陆以道中进士，至清光绪二十年(1894)陆士奎中进士，共有进士7名。

(4)城中张氏，出于韩国，《新唐书》说西汉留侯张良之六世孙千秋生嵩，吴郡张氏出于嵩第四子睦，后汉蜀郡太守，始居吴郡。[①] 无锡张氏奉北宋理学家张载为始祖，其孙选于建炎南渡时，居于江西南城县，传至第十五世有锡龄，迁居无锡城中道长巷，为支祖。兴旺于明代，永乐十年(1412)张思安中进士起，至清共有进士17名。其中明代有进士9名。与吴氏一样，张氏家族有一定的科举地位，但缺少名宦显儒。

(5)北塘朱氏，出自钱塘。《元和姓纂》说西汉槐里侯朱云的八代孙至宾，仕于东汉，为光禄勋，始居钱塘，为著姓。这一说法不一定确切，但南朝钱塘朱氏确是大族，朱選之及其子朱异，《南齐书》、《梁书》有传。东汉年间朱氏从沛国迁至吴郡，从苏州迁向广福，再到新安。无锡朱氏奉北宋文学家朱长文为始祖，朱长文有子惠，惠生青、青生海、海生成智、成孝、成忠。无锡《古吴朱氏宗谱》就是成智、成孝、成忠三派各支的会通谱。成智生观，观生信，信有玄孙幸，明洪武初年自苏州迁来无锡白石里长广溪滨。后又析分出清苑、朱祥巷、常熟顾泾里、西漳横街等支。自明成化朱珏中进士起，到清朝共有进士10名，但无显贵。

此外，还有晋室南渡的世家大姓，如王、袁、萧等，仍能在无锡跻身于望族之列。

---

① 据《汉书》，千秋是宣帝时代的人，则其孙睦应是西汉末、东汉初年人。

(6) 沙头王氏，出自琅琊，西晋士族。为仕宦东晋，从中原迁至江南。《王氏宗谱》所记述的一世祖为王羲之。《无锡县志》记载，王羲之曾居住无锡。据传王羲之拜右将军后，从夫妻父王导将无锡白水荡官宅赠给他。兴宁寺(今崇安寺)和兴福寺(今开利寺)为王羲之的居住处。王氏在宋时兴起，值靖康之乱，于建炎初(王皋)扈孟太后驾南渡，拜殿帅府太傅。因与时相不合，隐居苏州，成为王氏南迁第一世祖。王胤，乾道二年进士，累迁至显谟阁直学士、枢密副使、权判苏州府事，赠礼部尚书，居无锡沙头，为西沙始祖。有进士王周、王冈、王应龙，清代有状元王云锦。到清代共有进士 32 名，仅次于华家和秦家。

(7) 城南袁氏，也有“城南昭族”、“南中著族”①之说法，在宋朝兴起，共有进士 4 名，分别为嘉祐八年(1063)袁默、元丰八年(1085)袁点、崇宁二年(1103)袁植、大观三年(1109)袁正功。然而明清时期，因未再有科举人才涌现以致衰落。

(8) 城中萧氏，西汉丞相萧何的后人。无锡始祖为其五十五世孙萧培，南宋末年户部右侍郎，于 1282 年定居无锡城中水曲巷，后裔尊之为始祖。其次子虎迁居无锡城南三十里的横山(今雪浪山)，后裔尊之为横山萧氏始祖。后裔萧涵首建横山草堂，并以读书为上、慈善为本，授业传道作为治家之道，后人以授业、行医、善事而闻名乡里。其中萧钟海、萧文漪、萧鹤瑞分别被乾隆、道光恩赐粟帛，授登仕郎。

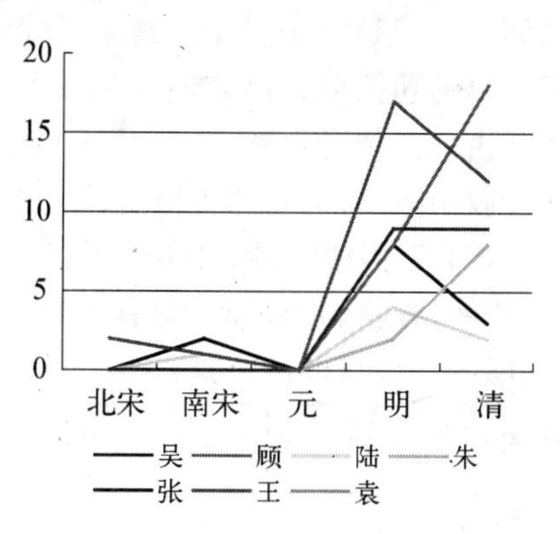

图 2　著姓士族历代科甲分布

这些历史悠久的士族往往以“文化”、“道德”为本，这从科甲情况得以反映(见图 2)。这

① 叶青以及张之万的《毗陵袁氏宗谱序》。

些特点对其他外来家族有相当的示范作用，从而形成一种传统，在明清之际得到了全部继承。

2. 以仕宦著

隋唐以来，门第消融，士人经由科举制度而参政，以“士绅”的身份与国家政治力量集合，并成为中央集权的附庸。正因为教育与法律特权[①]、社会地位和仕途的密切关系，造成了全社会都投入到这一场竞赛中。

根据秦缃业《无锡金匮县志》“科举”一章统计，无锡县（自雍正二年后包括金匮县）学子在京试中，文科共考中进士 540 名，其中唐代 1 名，宋代 69 名，元代 2 名，明代 228 名，清代 240 名[②]。曾有“六科三解元，一榜九进士”的盛事，甚至清代还出现“一榜十二进士”的盛事，令人瞩目。连元街也是因顾、吴、王三氏分别中状元、会元、解元而得名的。总之，明清两代，无锡参加科举考试达到国家最高一级考试要求的人数之多，在大江南北颇负盛名，无锡因此而出现了依靠仕宦腾达的一批望族，例如：

（1）胶山李氏，自李赓从福建邵武迁居无锡胶山后，其孙李纲于政和二年（1112）中进士。靖康年间，钦宗曾将惠山寺赐给他，作为祭祀父母的功德院。高宗时官居宰相。无锡历史上四位宰相，李氏家族就占了两位，另一人为无锡李氏始成名者李绅（但他居于东亭，不属于胶山一支）。自唐至清有进士 13 名。

（2）无锡钱氏，来自吴越王钱镠后裔的多支家族，主要聚居在鸿声、查桥、新渎桥、杨墅和城西等地。按《钱氏宗谱》所载，无锡钱氏自浙江迁来，前后的两支是：一为钱镠六世孙宋承奉郎钱进，因无意于仕途，隐居无锡沙头村，为无锡湖头钱氏始祖；另一支是钱镠十一世

---

① 如通过县试就可以免受肉刑。

② 540 名文科进士中 11 人未参加殿试，其中除张墀外，其余 10 人姓名重复，因此，无锡考中的文科进士实为 530 人。

孙承事公钱迪，因爱慕堠山风景秀丽、山水之胜，而迁居梅里乡堠山，为堠山钱氏始祖。无锡钱氏第一个进士为宋庆历六年钱顗(官居御史)和大观三年钱绅。《毗陵钱氏宗谱》"钱氏科第"一门，列记自唐至清共出进士8名，举人、贡生等109人，其中，自明以后有67人。

(3) 尤渡里尤氏，宋时从福建晋江迁到无锡许舍山之白石里。吴允治的《毗陵尤氏宗谱告成记》中说道："上下数百年，继继承承，清芬奕叶，素称江南著姓。"如果说这是对其家族人丁兴旺的表述，那么，"厥后掇威科、膺显秩者指不胜屈，汇为江左望族"则反映了其突出的科举成绩。绍圣元年(1095)尤辉中进士，绍兴十八年(1148)尤袤中进士第一名，因得罪秦桧降为三甲37名，曾任礼部侍郎。到明代共有进士9名。

(4) 城中和胡埭秦氏，北宋词人秦观后裔，"世为闻家"。南宋末年，秦观十一世孙秦惟贞从武进入赘于无锡富安乡胡埭王野舟家，便为无锡秦氏家族的迁锡始祖。明天顺三年，秦彦和之曾孙秦夔、秦孚在科举中取胜，同时中举，以后，秦夔、秦金连捷为进士，其中秦金官至南京兵部尚书、太子太保，晋光禄寺大夫，卒赠少保(从一品)，后人称他为"一代名臣，三吴硕望，科甲奋迹，文学著声"，从此奠定了无锡秦家发迹的基础。据统计，秦氏中进士32名，中举人77人，在32名进士中，有13人点了翰林，入翰林院任职。

(5) 学前街嵇氏，魏晋之际中散大夫嵇康的后裔。宋代嵇颖，"天圣中，进士及第"，"累迁尚书兵部员外郎"，为嵇氏南渡始迁祖，无锡始迁祖为嵇觐南，自此以后三代，以节义显天下，以郧业载国史。无锡历史上，曾先后出过四位宰相，嵇氏就占了两位，他们是清代雍正、乾隆时期的重臣和治河名臣，在清代声名显赫。虽然嵇氏"一朝三阁老"，但曾筠子孙，除长子瑗早逝。三子璜"继其武"，孙承谦为京官外，其余大都为甘、黔、滇、桂等荒瘴高原的三、四品边官。

(6) 小娄巷谈氏，奉谈信为始祖，宋高祖时，扈驾南渡，曾为高宗之师，迁籍梁溪，赐居鸣珂里(小娄巷古称)。谈氏世代人才辈出，既有政绩突出、声位显赫的高官，如监察御史谈绍、谈泰，户部主事谈经、右佥都御史谈纲、兵部尚书谈恺等，也有精研儒学，可为儒宗，位卑而德高之人，如太学执教谈宏甫、谈国器、谈和甫、编修谈钥、教谕谈一凤、廪贡生谈修等。由于谈氏世代为官，在小娄巷建有绣衣坊、进士坊、文献坊、丛桂坊等九座牌坊，一时有“满城风云谈半城”之说。

(7) 东门陈氏，奉南宋政治家陈亮为始祖，南宋时徙居永康，始迁祖为高，元至正年间迁无锡宅仁乡，裔孙续迁椒村、彭丁村等地。宋熙宁三年(1070)陈敏，绍兴二年(1132)陈之茂、陈之渊均中进士，到清代共有进士15名。

(8) 锡山许氏，“故大族，其先出于高阳，历宋迄清，代有闻人”，圣绍元年(1095)许元德中进士，至清代许襄共有进士8名。

(9) 孟里孙氏，相传为三国时期孙权后人。宋嘉祐八年(1063)孙庭筠，崇宁二年(1103)孙近均中进士，明代有状元孙继皋，到清代共有进士12名。

此外，还有河埒蒋氏、无锡侯氏、无锡周氏等家族也都在明清时期因科举而兴，无锡主要望族的中试情况如表1所示。

表1　无锡主要望族的中试情况　　(单位：人)

朝代	唐	宋	元	明	清	总数	状元	榜眼	探花	传胪
华				21	16	37		2		
秦				9	23	32			3	
王		3		17	12	32	1			
顾				8	18	26	1			
邹				3	17	20	1		1	2
张				9	9	18				
杨				8	8	16				
周				6	9	15			1	
陈		7		8		15				
李	1	7		3	2	13				

续 表

朝代	唐	宋	元	明	清	总数	状元	榜眼	探花	传胪
吴		2		8	3	13			1	
孙		4		2	6	12	1			
侯				2	9	11				
朱				2	8	10				
尤		6			3	9				
钱		2		6		8				
陆				1	6	7				

科举制度作为一种考试选官制度，建立了一条社会成员向上流动的通道，科举是仕宦的前提，仕宦是家族政治地位的标志，因此，科举仕宦是传统社会最切实可行，也较容易实现的振兴家族的途径之一。

3. 以经商望

经商是家族发展的重要途径之一，特别是在商品经济发达的无锡地区，“重本轻末”的观念相对淡薄，因此有众多的家族从事商贸活动，使自己的家族飞速发展。无锡城中曾有“若要石门开，要等邵宝来”的谚语，洛社也有“强氏五牧”，兴盛一时。他们往往通过经商、雇工、投机贩卖、开设作坊等方式积聚了大量的财富。

黄印名著《锡金识小录》卷七“元明巨室”中记载：“元时无锡称四巨室，曰江、虞、强、邵，谓其富甲一郡也。”“明时有三巨室，曰邹、钱、华，言其丁众富强也。按前助帐内有四钱、四邵、七华，其盛可知，此当就成（化）、弘（治）以前言之，若正（德）、嘉（靖）时，则安国桂坡，邹望东胡，华麟祥海月三家矣。”所以民谚曰“安国邹望华麟祥，日日金银用斗量”，以至明朝权臣严世藩指出，天下富豪十七家，其中无锡邹望近百万，安国过五十万，还有将近五十万的华麟祥。

安镇安氏，是一个雄居地方长达数百年的望族，仅无锡县四明一村，安氏族人就有五世六房，总数约4 400人。奠基人安国，开发经营胶山、西林，据《康熙无锡县志》记载："安国字民泰，性资警敏、多谋略。居积诸货，人弃我取，行之二十年，富几敌国，于是赡宗党，惠乡里。乃至平海岛、浚白茅之河，皆有力焉。父丧，会葬者五千人。居胶山，因山治圃，植丛桂于后冈，延袤二里余，因自号桂坡。涉猎经史，能言古今治乱之故。好古书画彝鼎异书，后益好游。"安国无疑是大商人、作坊主和大地主，为明嘉靖时无锡三大豪富之首。他经营印刷业，以"桂坡馆"名义发行书籍，还参与了平倭战争和开河灌田，因此，他虽未应科举，也未做官，但作为东南巨富，嘉靖皇帝仍赐户部员外郎衔。安氏宗族历史上出过安如山、安希范等仕宦名流，在地方上有极好的名声。

后宅邹氏，据《泰伯梅里志》载："元有天下，邹瑾有五个儿子和驎等十八个孙子，孙子名字皆马旁，所以当时人称徐塘十八马，或仕或隐，一门才盛。至明正嘉时，驎曾孙望富甲吴中，第宅壮丽，未几荒废。今其遗迹如日月台、香花桥、南花园数处尚存。"《康熙无锡县志》上说，邹望"转鬻财货，富几无敌"，"会计之簿，编号至于六百"。他是巨富而具有强大的社会势力，可以控制整个无锡城，"尝与顾尚书构讼，即城内外十里，悉令罢市。顾在寓，几无菜腐鱼肉为餐"。使身为工部尚书的顾可学屈服①。邹望的财力已不是一般富商可比拟了。邹氏宗族多贤哲，仕宦簪缨，累世不绝。自明万历二年邹迪光中进士，到清末共有进士19名。祖孙父子、叔伯兄弟，竞相中举的不胜枚举。

东亭和荡口华氏，据《无锡县志》记载，华氏人口数有30 422人，占原无锡县氏族大户第九位，累世生辉。自称出于春秋时宋戴公子

① 转引自《国史旧闻》第3分册，第375页。

考父说，其子孙到三国时有华覈，居无锡。其孙华宝于南齐旌表孝子，华宝子孙世居无锡，其十八世孙华荣仕宋，居汴梁；其曾孙华原泉于靖康年间南渡，复归无锡。《华氏宗谱》说华原泉“为人尚气节，好施与，积德累仁，规模宏远”。从此，华氏家族得到真正的发展，成为无锡乃至苏南地区最有影响的家族之一。如钱泳所说“为吾邑望族，至今犹盛”。“统计三十余支，支分各派，派几二百万，或夥盈丁，少亦不下千百”，以致有“江南无二华”之说。元代华玠，富甲锡邑。明代华麟祥，以二百两银子起家，经营商业，获利几百万两。尽管他是塾师，但并不安心教书，而是让馆童进行“兴贩”之事，六七天即可得十倍利。闲暇时，常在“牙行”中行走，估摸商情，测算市价，而且“屡中”。通常认为对从商的热衷，将会导致对科举的抛弃。然而，华氏宗族为无锡科举中式第一名，自明成化二年（1446）华秉彝始中进士，到清末华晋芳，一共中进士 37 名，另有举人 4 个，博士等子员二百多名。

此外寺头薛家、鸿声钱家、八士过家、长安季家、坊前高家等都是经商致富的，他们大都“第宅连里巷、田园遍阡陌”。在明代的钱氏也是以富商出名的，《锡金识小录》记载：“明时有三巨室，曰邹、钱、华，言其丁众富强也。”有四钱、四邵、七华之说，可见当时钱氏的财力。

追寻历史踪迹，无锡望族的形成一般有两种类型：科举仕途，经济实力，用无锡人的话来说，就是有权有势，有财有势。然而，这种划分是相对的，因为在崇尚文治武功的传统社会，衡量望族的标准不仅仅在于“财势”，主要取决于社会对商人的态度。以锡山顾氏为例：

自顾鹤功名被革后，虽后世因经商致富，但仍被时人轻视，所以，顾文山“有鉴于此，日间经商，晚上读书写字，钻研医学，彻夜不息，乐善好施，地方善举，靡不赖以为成，才为邑中缙绅器重。由于己少读书，六子俱习举业，但未获青矜，至 1874 年影恬支九世孙云鹏获案郡庠生，1897 年沐润获拔贡，1893 年文山支十世孙大治和凌霄支十世孙型俱获入庠生，1905 年晋川支十世孙赓明以优等生毕业于法政学堂,一百八十年间,有功名者仅五人。未能与邑中诸望族相比拟”。

这说明在封建时代,商人可以致富,但要跻身仕途就十分困难,虹桥湾顾氏虽然富甲一方,但并不能成为名门望族,只有当社会能够对经商家族不抱偏见,这些家族的社会效益才能为他人所认同,他们的成功才能获得地方的承认。否则,就会受到排挤,这一点在华氏与龚氏的土地纠纷中可以获得明证。

《华氏宗谱》上曾提有“让地得金”之事:华氏下塘支始祖开采煤矿致富后,再在煤浜河边建有巨宅。明时无锡尚未筑城时,此地河面辽阔,筑城后才与南门外之运河割断。因宅第的后面隔河就面对着南禅寺。每年中元节,南禅寺宝塔上,装饰彩灯,燃放烟火,观者人山人海。华氏为避免女眷上街看灯受挤,所以在宅后造后花园,建筑楼台,让女眷可在家中后园楼台中面对观赏。后花园建造将完成时,邻居的退职龚勉布政使,认为华氏后园墙筑过边界,侵占了他的土地。事实是华氏那时是有钱无势,龚勉故意仗势威逼,意图索诈。华氏不愿出钱行贿,愿意拆墙让地重建。结果在重建掘地时,掘得宋秦丞相的巨额藏金,致使华氏族富甲全邑。华氏发迹后恤困济贫,重视教育,成为无锡的进士大户,门庭显赫一时①。

因此,“读书最高”是许多家族的训词,如《王氏三沙全谱》记《诫子侄箴》中说:“南渡以还,爰有学士。程门正宗,儒术不替。”名医世家窦氏十一世孙窦嵋在教育子女的过程中也强调:“吾弟之子若孙森森竹立,读书砥行,必有能光大吾宗者。”②

于是,大批的庶民,尤其是商人阶层便尽力让子弟向应试入仕

① 黄印《锡金识小录》的“铁柱岸”中也说:“南关外有宋时秦丞相庄,庄近巨潭,时有蛟蛇之患。一术士曰,铸四铁柱立桥潭上以镇之可免矣。从之,秦问术士曰,吾庄兴废可预知乎?曰铁柱生叶,庄始毁。久之,桥岸白藤缠柱,青叶生焉。未几,秦死,庄寻废。后其地名铁柱岸。有龚釜者,秦庄客也,世居其旁三百年。华氏造庐,迫龚。龚以华侵其基,时凌轹之,亲友解纷,让龚地五尺,埋石记之。锄土五六尺,有铁瓮百十,中皆秦相金也。由是华氏富甲一邑,创四大第,筑四高城以卫之。”

② 《锡山窦氏宗谱》卷一。

的社会阶梯前进，与此同时，已仕者往往先营事业于前，以使子弟得以保持仕宦阶层的社会地位。因为，能通过科举考试而跨入仕途的县学生不是很多，封建社会真正的教育基础，还是那些有田有地的家庭。他们的子弟在家塾或私塾中经过学习，才是科举考场上的胜利者。因此，明清以来的无锡望族往往耕读并重，或是儒贾不分。

LZL：北塘蔡氏蓉湖支，经数世滋殖，渐成无锡北里望族，子孙或仕或商，仕较显者，二十四世蔡培，嘉庆十四年进士，仕翰林院庶吉士，其从商之较盛者，有百年老店蔡大成酱园糟坊、大房掌老店主酱园；五房掌新店主酿酒，太平天国战事前，与城内西大街百年老店胡万和酱园糟坊，同为锡金两县的名店。蔡氏后人，仕商兼备，数世经营，资金积累日多，大部置北塘一带田地房产，逐渐形成从张家弄以东起，至接官亭弄以西一带的北塘西街的店面房产，几乎全为蔡氏所有，并与前蔡家弄、后蔡家弄蔡姓住宅以及周围一带房地产连成一大片房产，结合蔡氏名门望族的社会地位，世人誉称"蔡半塘"。

NYB：我的祖先倪氏，于嘉定元年自钱塘迁居无锡梅里祇陀村，子孙繁衍，世为望族。迁锡始祖倪子云官杭州路总管兼司农事，二世祖倪汲时，以孝行著称族党间，时家业方隆，诫子弟勿以富骄人，惟务为德。三世祖倪淞，理宗朝擢承事郎，历官懋著，以勋绩致仕。四世祖倪椿，以元廷暴政压榨南人、半耕半读、隐而勿仕。五世祖倪焕半耕半读，富甲一乡，淡然于声色货利之中，以豪富称于江南，其子倪云林他恪守祖、父遗训，拒不出仕，因诗书画三绝，声闻海内外。但自明朝中叶以后，随着历史的变迁，倪氏家族逐渐衰落了。

由是观之，家族的兴衰更替，大多与科举致仕有关，这是前现代望族形成和兴起的条件，也是望族持久生存的重要机制，这种情况直到近代以来才发生重大的改变。

二、近代流变

鸦片战争以后，西方商品进入中国沿海地区，使上海以及与上海相连的长江三角洲——包括无锡——大受冲击，农村自给自足的自然经济和城市手工业遭到了严重破坏，大批农民和手工业者破产失业，这就给资本主义近代工商业的生长提供了市场和劳动力。

然而，从鸦片战争到太平天国运动失败后的相当长时间里，无锡地区的变化还是很小的，在《无锡金匮县志》(光绪版)中还嗅不到资本主义的气息。只是到了19世纪七八十年代，随着洋务运动的开展，资本主义生产方式首先在无锡地区落地生根，带来了城市，乃至农村生活的重大改变。

1. 社会结构的变迁

在城市，工厂由1895年的1家增加到1937年的315家，资本总额达1 407万元，产业工人由零增加到63 764人，形成了纺织、缫丝、面粉(或食品)三大支柱产业，使无锡在经济重量上大大超越人口和地域都大许多的苏南重镇苏州，经济实力跃升全国工业城市第五位。小桥流水的古城居然也商业发达，呈现出繁荣的景象，成为众所周知的“小上海”。关于三大产业在无锡整个工业中的地位，可以从1930年出版的《无锡年鉴》中窥见一斑。工业总资本额1 177万元，工业总产值9 877万元，三大产业比例如表2所示。

表2　三大产业比例

业　别	资本/万元	占总资本百分比/%	产值/万元	占总产值百分比/%	资本额与产值之比
纺织业	616	51.3	1 831	18.3	1∶2.9
缫丝业	238	20	5 408	55.6	1∶21.8
面粉业	168	14.2	1 097	11	16.5

另据1930年出版的《无锡年鉴》统计，当时无锡有各类工厂208家，分属11个行业，全部金额为1 177万元，工业产值近1亿元，而同时农副业产值约为六百余万元(农副业约各占300万元)，工业产值占工农业总产值的60%以上，工业产值中纺织、缫丝、面粉又占绝对优势，当时商业共30多个行业，但已不是主流，而是从属于工农业的一个流通部门。从所有制结构看，民族资本主义占主导地位。据1935年《无锡概览》统计，当时193个企业全部资金总额约为1 820万元，而无锡主要的民族资本主义集团所直接掌握的24个企业资本合计达1 356万元，占当时全部工业资本的74%。从经济技术结构看，近代资本主义机器工业又居主导地位，传统的手工业开始让位，土布、土丝、土法磨粉、碾米、榨油，几乎全被机器生产所替代。赋税结构也随之变化，从唐代以来的征收粮税为主变为主要征收工商业税，由此可见，无锡地区工商业发展之盛了。

在农村，比较单纯的农业发生了变化。表现之一，农业中商品经济的比重大为增加。据1930年统计，当时无锡县耕地面积约120多万亩，农业与经济作物比例为：水稻(包括小麦)田约80余万亩，约占十分之六，产值2 200余万元，麦产值300余万元。桑田25万亩，约占十分之三，产值500万元。其余园艺田15万亩，约占十分之一强，产值约660万元，还有家禽、家畜和水产收入。值得注意的是，桑田25万亩，除产桑50万斤，产值500万元外，年产茧24万担，价值1 200万元，两者合计1 700万元，与稻麦产值2 500万元相比，其所占比重已相当大了[①]。当时广为流传于无锡农村中的农谚充分证实了这一点，如“一年两熟蚕，相抵半年粮”、“吃看田里，着看匾里”、“米煮汤、麦垫档、开销靠蚕桑”、“上半年蚕养田，下半年田养人”、“忙过蚕场、有钱栽秧”等。

表现之二，土地高度集中，贫富分化加剧。据《东亚经济研究》统计，20世纪二三十年代无锡土地集中如表3所示。

---

① 《无锡年鉴》第一回，1930年版。

表3 土地集中情况

类别	占总户数百分比/%	占总耕地面积百分比/%
贫农	68.49	14.70
中农	20.06	20.83
富农	5.66	17.73
地主	5.77	42.27

从表3可见,贫农、中农户数占88%,而耕地面积只占35%,地主、富农仅占11%,而耕地面积却占60%。另据1931年农民银行调查,开原乡[①]农村经济情形如表4所示。

表4 开原乡农村经济情形

类别	户数/户	百分比/%
小康的	627	9.1
收支相抵的	1 557	22.5
负债的	4 729	68.4

这一情形表明,由于土地资金高度集中,一部分官僚地主有可能投资于资本主义工商业,而大量破产的农民和手工业者则会流入城市,从而为资本主义发展提供了充足的劳动力。

正是农村经济比重的变化以及两极分化的加剧,带来了城乡人口结构的改观。一方面,市区人口流动频繁。据1930年统计,无锡市区已由3平方公里扩展到10平方公里,全县人口94万多人,城区人口已达17万多人(加上近郊当达24万人以上)。外出谋生的人口近4万人,其中外国120人,外省6 597人,外县32 083人,而且外地来锡的人也很多,不下4万人,其中以盐城、镇江为多,还有外侨34人。

① 今荣巷、梅园、钱桥一带。

另一方面,人口职业比例也有重大改变。1905年科举制度的结束导致了绅商融合,越来越多的学者—士绅转入仕途以外的谋生之道,据1930年统计,县区70万人口,为农42.5%,工10.6%,商22.3%,学生3.4%,党政自由职业者0.5%,军警0.7%,无业20%。

经济的发展,促进了无锡文化、科技事业的发展,如果说甲午战争之前,无锡教育仍然在科举考试的轨道上滑行的话,那么,19世纪90年代后期,无锡的先进人士引进西方教育概念,举办新学,在全国开风气之先。辛亥革命后,更是出现了办学热潮,一时间,中、小学猛增,仅民国八年,就增办小学30所,到民国二十四年,共有小学425所,学龄儿童入学率为43%。民国二十三年,全县有8所普通中学,共62个班,至民国二十五年初,普通中学的班级增至90多个。与此同时,留学生也日趋增多,1905年无锡一地留学日本的人数竟达50余人之多,逐渐形成了与资产阶级经济形态相适应的资产阶级知识层,替代了千百年来封建科举制下的儒学文人,成为地方社会的骨干力量,如洋务运动中出现的崇尚格致、锐意新政的徐寿父子、华氏昆仲、薛氏兄弟等是主要代表。中日甲午战争以后,在立宪维新、辛亥革命中,杨模、吴稚晖、杨荫杭、秦效鲁、蒋哲卿等,则是启发民智,宣传革命的佼佼者。中西医院也陆续开办了,公园也建设起来了,最早开辟的是锡金花园,接着惠山、梅园、蠡园、鼋头渚等名胜也相继为王氏、荣氏、杨氏等资产阶级代表人物所开辟,总之,一切适应于资本主义发展的近代城市设施都建立了起来。

2.传统世家的转型

马克思、恩格斯在《共产党宣言》中写道:“工业、商业、航海业和铁路业愈是扩展,资产阶级也愈是发展,愈是增加自己的资本,愈是把中世纪遗留下来的一切阶级排挤到后面去。”

随着民族工商业的发展,无锡资产阶级在市区建立了牢固的地盘,他们财多势大,社会地位日益提高,并逐渐将势力伸向农村,他们凭借火车、汽车、轮船、戽水机、电话、邮政,把城乡紧密联系在一起,使农村及集镇依附于它。明清以来的无锡望族，如城区秦氏、荡口和东亭华氏、鸿声钱氏、安镇安氏、大墙门邹氏、张泾桥顾氏、石塘湾孙氏，大多居住城中和东北乡一带①。作为大官僚、大地主，他们有着优越的社会地位，习于宴安怠惰的生活，面对急速的社会变迁，力图安于现状以维持其原有的优势，很少投资于近代企业，最终黯然失色，特别是 1905 年(光绪三十年)，锡金商会成立，买办周舜卿为总办。太平天国革命以来，代表封建势力恒善堂(城绅堂董为秦氏、高氏，乡绅堂董为华氏、孙氏)逐步为代表新兴资产阶级势力的锡金商会所取代。

千百年来统治无锡的世家大族此时真正衰落了。这从荣氏办厂的纠纷中可见一斑：荣氏兄弟于 1901 年建保兴面粉厂时，同地方士绅实力派发生了激烈的冲突，他们先以"烟囱破坏地方文风"为名，阻拦建厂，知县一面请示上级，一面勒令停工，后由荣氏熟人朱仲甫出面疏通，花费 800 元贿赂才获得两江总督的批准，得以动工建厂。后又以"岸驳破坏风水"借口，不准动工，几经诉讼，官司历经十个月，再次批文允准，双方才达成协议了结。荣毅仁在《先父德生公事略》中写道：

> 1901 年，即清光绪二十七年，开始建面粉厂时，就因为部分封建士绅把持地方，视生父是一个乡下的平民，又不愿无锡有工业新兴力量，打破他们的统治势力，借口工厂烟囱妨碍了锡地的"文风"，但当时的官司诬告先父侵占公地，意图阻挠。当时的县官是仰承封建士绅的鼻息的，一再谕单要迁移，但先父不屈不挠，坚持继续建筑，官司直打到两江总督处，由于先父理直气壮，才能胜诉和解。这是茂新的前身保兴面粉厂，为先父经营面粉工业的开始，也是无锡工业革命力量冲破封建势力的开始。

如果说，辛亥革命前，代表封建势力的清朝知县和恒善堂，还有一定力量的话，那么，辛亥革命后，虽然县政府仍为北洋政府和国民

① 一般说来，无锡县西南乡和西北乡工业比较发达，东乡和东北乡农业比较发达。

政府的权力机构，但事实上已不能不听县商会的意见才能行事。无锡县知事杨天骥的表白颇能说明问题。1925年，杨天骥来无锡任知事，首先以私人名义拜访地方工商实力派，极力联络。杨对新闻记者说道："以后对地方一切事务拟分成十成，以五成为地方人士谋幸福，以三成为县知事留余地，以免办事困难，以二成为省政府留面子，勿事操切，以免隔阂。"1925年11月，《无锡新闻》登载《西区商团殴辱商民记》一则新闻。在杨天骥县知事的默许下，商团纠集二百余人持枪深夜将报馆捣毁，此事震动全县，最后由商团公会会长杨翰西出面得以平息。

在与资产阶级的分庭抗礼中，作为封建势力的代表，世族被迫退居到次要地位，不少望族开始寻求自变，改换门庭。

张泾顾氏，自清末洋务运动和维新变法起，树德堂的第二代适应时代潮流开始接受新式教育，并步入社会教育和科学技术领域的领导岗位。

> GMJ（长房顾性成第十三世孙）：我太公辈鸣冈（凤翼），为南洋公学肄学生，历任泾皋小学校长、江苏谘议局和省议会议员、无锡县议会议员等职，曾荣获大总统指令准七等嘉禾章。凤藻，系国学生，候选县佐，例授登仕郎。到祖父辈，按照家门庭训，无论男女，均学有所长，掌握文化知识，成年后能独立谋生，自食其力，不靠祖宗在家吃现成饭。事实上，祖父辈的所有长辈全都受到高等教育，在民国时期走上了在教育和科技岗位为社会服务的道路。在接受新式的家庭教育和学校教育的过程中，成为了德才兼备的中国典型的知识分子。如太公经商失败，欠下一笔巨额的债务，"父债子还"，身为长子的祖父谷诒更是重任在肩。在他的带领下，以诚信和道德为本，以自己的辛勤劳动的工薪所得，经过积年累月同心协力地偿还，终于最后求得了无债一身轻；"树德堂"的门风，由此亦可见一斑。

虹桥湾顾氏的真正发展也是在清朝末年至民国以后。

GSR：清末废科举，崇科学，民国以还，吾辈人才辈出，尤以晋川公支赓明公子毓琦昆仲六人，一门五博士，次子毓琇历任教育部政务次长、中央大学校长、中央政治大学校长、上海教育局长等政学要职，政界列显要，学术文章名扬国内外。三子毓泉从美国得博士学位返国后，即从事国营工业的筹措，建立中央机器厂、硫酸氩厂、酒精厂等，并任中央工业试验所所长达 15 年，抗战后期在四川后方建成 20 多所轻纺工厂，1948 年任中国纺织建设公司总经理，后担任纺织机械公司总经理，开我国自制纺织机械之创始者。“自民国肇兴迄今，鹤公后裔十一到十二世中……有政治、教育、电机、应用力学专长，为国内少有，其他有哲学、法学、经济学、农学、化学、机械、建筑、园林、铁路、电讯、电子、纺织工程、地质、能源、医学以及文艺、画家、雕刻等专家和企业家合计有一百四十余人，占阖族人数 45%，各具专长，为祖国建设作出贡献。”又据《顾氏后裔(虹桥湾支)人才统计》(十一世—十三世)：“学历在大专以上，职称在工程师或相当于工程师、专家者，总计一百四十四人……其中获博士学位 8 人，硕士学位 11 人。”

由是观之，虹桥湾顾氏由商人变成现代知识分子和企业家的家族是在清末民国之后，尤其新中国成立后数量激增，占了一百四十多人的近一半，虹桥湾顾氏成分的变化也正是中国经济文化发展道路的一个缩影。

锡山秦氏，受时代变迁和革命思想的影响，不少子弟开始从政，走上了革命的道路：

QYY：在民国期间，无锡秦氏家族有两位政治家，即秦毓鎏和秦邦宪。秦毓鎏在辛亥革命时期，对光复无锡起到了一定的作用，并任锡金军政分府总理。民国元年(1912)一月，兼南京总统府秘书，为孙中山先生亲密战友。民国二年(1913)、民国十六年(1927)、民国十七年(1928)又多次出任无锡县长。四一二反革命政变中，站到了国民党右派的队伍里，曾下令枪杀了族中子弟——工人运动领袖秦起。晚年以读佛经、《庄子》作为精神寄托。秦邦宪,1925年秋参加中国共产党。1926年去苏联留学,1930年归国后担任中共中央主要领导,一度使红军在长征路上惨遭损失。遵义会议后,从总书记的岗位上退下,投身宣传工作,创办《新华日报》、《解放日报》,同时兼任新华通讯社社长。1945年重庆谈判中,因飞机失事遇难,史称"四八烈士",当时他年仅39岁,周恩来在纪念文章中称秦邦宪烈士"人民的英雄,群众的领袖,青年的导师和坚强不屈的革命战士"。

在秦氏家族中走上革命道路的还有无锡早期的工人领袖秦起,大革命时期被枪杀,以及被誉为"革命火种的散播者"秦宝光,曾以教师为身份宣传抗日主张,后被日伪杀害。

无锡钱氏,在崭新的形势和环境下,清廉自守,注重知识,钱基博在《自我检讨书(1952年)》上写道:"我祖上累代教书,所以家庭环境,适合于'求知';而且,'求知'的欲望很热烈。"[①]正是这种一心向学的精神,钱氏族人在时代转换中,脱颖而出。如城西钱氏丹桂堂支,自钱基博、钱孙卿(基厚)昆仲在文坛、政界崭露头角,钱氏在无锡的社会地位和声名鹊起,成为一个较有实力的姓氏。其中,钱孙卿所起的作用和影响尤为突出,他早年致力于地方教育行政事业,1924年起,他相继担任无锡县商会会长、江苏省商联会常务理事等职,成为无锡工商业的代言人。此外,还有钱殷之(钟珊)、钱钟夏致力于无锡教育事业,在教育界享有较高的声望。

石塘湾孙氏家族,相传为三国时期孙权后人。杨绛曾说:"钟书的祖母娘家是石塘湾孙家,官僚地主,一方为霸。"[②]钱钟汉则说:"是当时无锡最有势力的大地主家庭之一","在太平天国失败后,石塘湾孙家和荡口华家是无锡、金匮两县北乡和南乡的两家大地主,当时人称'北孙

① 钱基博:《自我检讨书(1952年)》,《天涯》,2003年,第1期。
② 杨绛:《记钱钟书与〈围城〉》,《将饮茶》,第136页。

南华’”[①]。但近代只有孙鹤卿投资于资本主义工商业而成为族中首富。孙鹤卿因妹夫叶恭绰的关系，担任沪宁铁路勘路委员。因事先获悉无锡车站所选地点，就在此南面购置大量荒地，经营地产，并在部分地产上建店屋住房，由此起家。石塘湾车站也出于同样的谋略而建立起来。1907 年，投资上海信成商业储蓄银行无锡分行，任董事。1909 年，与薛南溟等人集资 6 万两纹银，在无锡光复门外创办耀明电灯公司，任董事长兼经理。开业时有大小发电机 6 部，这是无锡地区用电照明的开始。同年，创办了乾甡丝厂，所产“九龙”、“跳舞”、“松树”牌白厂丝十分畅销。此外，他还投资于无锡九丰面粉厂、庆丰纺织厂，进而与薛氏、周氏结合在一起，成为无锡实力派人物。钱钟汉说，孙鹤卿“不仅在孙氏家族中成为首富，在无锡地区也仅次于薛南溟。而他对薛南溟一切马首是瞻，薛南溟也把他看作是控制无锡地方工商业和政治势力的主要合作者之一。薛南溟担任会长，孙鸣圻就担任副会长。辛亥革命后，薛自己不担任了，就推孙位继任”[②]。孙氏企业到第二代，其内侄程炳若(无锡东亭人，经营蜡烛的资本家)将乾甡丝厂大为发展。

荡口为华氏世族地主聚居之所。华翼纶在太平天国时曾组织地主武装“白头军”，以荡口为据点，与太平军进行了长期的对抗，后在上海轮船招商局工作。其子华衡芳曾投入曾国藩幕府，从事洋务运动，这对华绎之经营农业资本主义不无关系。华绎之以经营养鸡、养蜂发财。华绎之 6 岁而孤，由祖父抚养长大。祖父华鸿模在无锡城乡拥有典当、堆栈和大量房地产。他继承祖产后，因经手荡口仓厅 1 万亩的收租事务而积累资金，先创办养蜂场，他的蜂蜜行销全国和南洋一带，因而被誉为“养蜂大王”。获利后在无锡创办宏绪、宏泰丝厂，建造了较大堆栈及其商店。但他的丝厂不缫丝，专门租给别人以收取租金，成为“无锡第一隐富”。华氏开辟新市场、熙春街和龙船浜的商业繁荣，也与他经营商业相关。后华绎之及其儿子在美国创办豆

---

① 钱钟汉:《〈无锡光复志〉拾遗》,《无锡文史资料》第三辑。
② 同上。

质公司，其后代活跃于海内外商贸事业。

3. 工商显贵的崛起

陈枕白在《往事与回忆》中写道："三十年代前后，在沪锡两地经营工商业范围大并具有全国影响而称之为'大王'的都是无锡人。如'煤铁大王'周舜卿就是无锡东埄人。由于周舜卿发了财，他便出资经营东埄，同时把东埄改名为周新镇。'丝蚕大王'薛寿萱，是清末出使英、法、意、比的四国大使、无锡官僚地主薛福成的孙子，他经营的丝蚕范围很大，自成系统，在美国纽约、法国巴黎、日本东京以及香港、新加坡等地都设有办事处。'纱布大王'荣宗敬、'面粉大王'荣德生，在中国民族资产阶级中是最具代表性的人物，他们经营的纱布、面粉行业，除在国内几个主要城市都设厂外，在印度支那、南洋群岛的几处主要商埠也都有分厂，以'红兵船'、'绿兵船'为商标的面粉，在南洋群岛一带销路很广，颇负声誉。在上海还有被称为'桐油苎麻大王'的沈和生、沈瑞洲父子，也是无锡方桥人，他垄断着上海的桐油苎麻业，无锡的油麻业也颇受他的影响。以上几家民族资本家厂里的中高级职员，大都是老板的亲属亲信，不久，这些原来是中高级职员的人也都开店设厂，成为资本家了。"①

南乡西乡的新兴地主为了求得更多的生存空间，在商儒并举的思想影响下，特别是王阳明"经世致用"学说的影响下，则较多从事近代企业，特别是与洋务运动密切相关的官僚地主，较早从事资本主义工商业，顺应了时代变迁的需要，家族也获得了一定的发展。而这些新兴的望族不再是坐拥大量田产的地主，也不是科考入仕的官宦世家，还不同于以力耕起家的"本富"、以行医、教馆为生的书香门第，而是依靠近代工商业积累巨额财富，从而在社会上赢得自己地位和荣誉的工商显族。

① 陈枕白：《往事与回忆·二十年代的无锡》，《无锡文史资料集拾》第17辑(油印本)。

旗杆下杨氏，由地主官僚起家，是无锡最早的产业资本集团。杨宗濂、杨宗翰兄弟是无锡著名的地主。创始人杨延俊为道光二十七年(1847)进士，当过山东肥城知县，“置田二百亩”，与李鸿章为旧交，因此，第二代杨宗濂、杨宗瀚得入李鸿章幕府，为洋务派重要人物。太平天国后期，杨宗濂以在籍户部员外郎身份，“偕同苏绅赴皖迎师，照料军粮，雇备轮船各事……旋即招募兵勇一营，自行筹捐口粮，协同攻剿，奋勇出力”①。因此，擢升道员。杨氏兄弟在多年从军、从政后转向民族工商业，1895年创办了第一家现代企业勤纱厂，在民族资本创办的纺织企业中，仅次于上海朱鸿度办的裕源纱厂。到第三代杨翰西、杨味云又创办广勤纱厂、广丰面粉厂、润丰油厂、电话公司等企业，使周山浜地区成为闹市区，并在上海、江阴创办或合办纺织厂，创办广勤小学，同时开发鼋头渚，奠定了杨氏家族的基础。杨氏一支味云在天津华新纺织系统中拥有较多的股份，因而杨氏集团成为全国著名的纺织巨子之一。在抗日战争中，杨氏企业毁于战火，从此一蹶不振。

学前街薛氏，由地主官僚起家，是无锡以及中国最大的丝业资本集团。据考证，清乾嘉之际，“无锡薛某以开设当铺及贩运粮食起家，先后买田4万亩，收租2～3万石”，有“薛仓厅”之称②。创始人薛湘为道光二十七年(1847)进士，与李鸿章同科。因而，其子薛福成，得以副贡生入曾国藩幕，为曾门四大弟子之一，后在李鸿章幕府办理洋务，与曾纪泽、郭嵩焘、马建忠等为洋务运动摇旗呐喊，并受欧美影响，转化为资产阶级改良派，对其后代从事资本主义工商业有相当影响。第三代薛南溟，中过举人，因父荫，投入李鸿章幕府，后回家开设茧行并收租积累资金。1896年，与周舜卿合作在上海开设永泰丝厂，1926年迁回无锡，到第四代薛寿萱时，永泰丝厂规模更大，在20世纪30年代成为“丝茧大王”。薛氏父子财多势众，始终是当时无锡城乡地主豪绅和资产阶级的首要人物。抗战前夕，薛氏在美国开办丝厂，

---

① 参见清史稿:《杨艺芳传》。

② 余霖:《江苏农村衰落的一个缩影》,《新创造》第2卷第12期。

转移资金及物资，在锡企业力量衰弱，但永泰丝厂直到今天仍在转动。

荣巷荣氏，由税吏和旧式银钱业起家。荣氏祖父是一位亦耕亦商的平民，在太平天国时开始做贩运生意。其父亲荣熙泰曾在浙江乌镇一冶坊做过账房，后在太仓人朱仲甫手下做地方税官十余年。“在广十余载，馆谷所得，积有羡金数千缗。”后为儿子职业问题，于1896年拿出积蓄1 500银元赴上海与人合开广生钱庄，这是两兄弟创办实业的基础和实践场所。其子荣宗敬、荣德生兄弟自小在上海学生意，走上了经商谋生之路。1898年独资经营钱庄，两年时间就盈利达白银近万两。同时他们又开设茧行，每年也有两三千元进账。1902年，荣氏兄弟与人合资创办了保兴面粉厂，后改名为茂新。此后，又由粉及纱，开设振新纱厂、申新纺织厂，由少及多，到20世纪二三十年代，面粉、纱布占全国三分之一，成为著名的面粉、纱布大王。荣氏资本集团还包括王尧臣、王禹卿昆仲；浦文渭、浦文汀兄弟；陆辅辰和薛明剑等“三姓六兄弟”。抗战时期，荣氏企业发展到大西南和大西北地区，其实力之雄厚、影响之深远，在无锡乃至全国首屈一指。到第二代，荣氏家族中的荣鸿元、荣鸿三、荣鸿庆、荣尔仁、荣研仁等人到香港，与王云程（系实业家王尧臣次子，曾任申新一厂、申新八厂经理，1949年4月29日离沪赴港）等人创办了大元纱厂、南洋纱厂，生产、经营蒸蒸日上。荣毅仁，连续担任国家领导职务达20年，成为功绩卓著的社会活动家，并创办了中国国际信托投资公司。到第三代，荣毅仁子荣智健与堂兄荣智谦、荣智鑫在香港经营电子业，开办爱卡（ELCAD）电子厂，并任香港爱卡电子制造公司、凡泰利公司董事长、总经理。1986年，在香港的中国国际投资公司改为中信集团有限公司时，他任副董事长兼总经理，现为董事长。目前，由他任董事局主席的中信泰富有限公司已跻身于香港上市公司前十名之内，他也成为中国“十大富翁”之首，香港十大财阀之一，荣氏家族第三代杰出的企业家。

严家桥唐氏，由经营土布起家。奠基人唐懋勋，从小当过学徒，曾在无锡北塘街江阴巷口开设恒升布庄，后改名唐时长布庄。咸丰十年，太平军临无锡，唐氏携家眷迁居离城 50 里之遥的无锡东北乡严家桥，在那里开设春源布庄、同济典当、德兴仁茧行、同行木行等店铺，并在乡置田 6 000 亩，成为东北乡有名人物。① 到第二代七房唐洪培已是地主兼砖瓦窑主，后在无锡创办米行、堆栈，以此起家。洪培次子唐保谦创办庆丰纱厂、润丰油厂、锦丰丝厂。1921 年唐蔡合资创办庆丰纱厂，并形成以此为中心的唐保谦、蔡兼三组成的唐蔡集团。到其第二代，即唐星海、蔡漱岑时，业务迅速发展，先后在上海创办保丰纱厂、协丰毛纺厂、苏州太和面粉厂、香港南海纱厂及其他企业，在无锡纺织业中成为仅次于荣家的一个资本集团。② 八房唐福培协助父兄经营布庄、茧行、典当，到第三代就兴旺发达了。福培四子唐骧庭与程敬堂等合伙开设九余绸布庄，后又合资办丽华布厂，无锡、上海丽新纺织整染厂，形成了以丽新纱厂为中心的唐骧庭、程敬堂组成的唐程集团。到其第二代唐君远、程景溪，业务活动有了很大发展，在无锡创办协新毛纺织厂，从 1939 年起，又在上海陆续开办了昌兴纺织厂、信昌毛纺厂等，在企业鼎盛时期，无锡、上海丽新厂的资产总额约 2 212 万元，协新厂的资产在 500 万元以上，为投资时的 10 多倍。到其第三代，唐君远长子唐翔千，到香港他先创办染厂、织布厂，后建纺织厂、针织厂、制衣厂和毛纺厂，经营有方，成了全港纺织界办厂最多最全的“全能冠军”。1974 年，他被推举为香港工业总会主席，1985 年后任香港总商会副主席。他还是南联实业有限公司常务董事，中南纺织有限公司董事长、总经理，半岛针织有限公司董事长。到其第四代，长子唐英年任香港半岛针织集团董事，总经理，现为香港特别行政区财政司司长。

东垮周氏，由买办阶级转化。创始人周舜卿，家境贫寒，16 岁由族叔介绍进上海利昌铁号当学徒。关于他的起家，在其子做的“行述”中说:“同治丁卯(1867)，海宁(内)承平，府君始随从堂叔祖挈沪习商……负笈西校，肄业三年而成。有英商帅初者，贩铁为业，一见府君，即器重之，为筹五千金，怂恿自主一店，借资联络。”于是在上海设立升昌铁号，“不数年而信用大著，因而牛庄、汉口、镇江、常州、无锡、苏州，外而日本长崎，均次第扩充分号，以资传输”。周氏从此起家，后来当大明洋行买办。1896年与薛氏一起创办永泰丝厂，后又从事金融业，1907年，他集资50万两，在上海开设首家私营信成商业储蓄银行，并兼营其他行业。辛亥革命前，和同乡祝大椿成为上海地界少有的百万富翁之一，被称为“钢铁大王”，并以余资创建无锡第一家丝厂裕昌丝厂，后又与儿子周肇甫发展慎昌丝厂和鼎昌丝厂，裕昌米厂和广昌煤铁号，在上海开办大有油厂。在创办资本主义企业活动中，周氏得到了满族亲贵奕劻父子的支持，清朝赏给他四品京堂的官衔。

伯渎港祝氏，由买办阶级转化。创始人祝大椿，幼年丧父，生活贫苦，16岁经人介绍，先后在无锡曹三房冶坊、上海大成五金号当学徒。1885年前后，由他的母亲多方拼凑了约1 000元资本，开设“源昌号”，经营煤铁五金从此起家[①]，后来当上海怡和洋行买办发了大财。1888年创办源昌机器碾米厂，1894年创办源昌机器缫丝厂，又与人合资创办华兴机器面粉公司、公益机器纺织公司、怡和机器皮毛打包公司，被人称为“机器大王”。1909年又和顾敬斋合资在无锡创办源康丝厂，1913年又与人合资在无锡创办乾元丝厂和惠元面粉厂，并设堆栈多所，而且在苏州和常州也有工业投资。他曾捐道台衔，清政府赏给他二品顶戴的衔头。与周氏一样，到第二代衰败了下来。

与以往望族所不同的是，新兴的工商大族，其成员大多接受近代教育，逐步抛弃了传统的家族伦理，而融入了近代市场经济的理性思维，而且这些家族与企业经营相结合，出现工商企业化、资本集团化的趋势。张謇自己说过，他一生辛劳，为南通发展付出了毕生精力，但仍未能超过无锡，就因为南通只是他一人之力，而无锡一批人的力量。据钱钟汉的统计，在纺织工业中，杨氏、荣氏、唐程、唐蔡四集团共占89％；在缫丝工业中，薛氏就占70％，加之周氏、唐蔡、杨氏的工

---

① 参见赵永良:《概述无锡杨、薛、荣、唐等六个资本集团的形成与发展》，海口：南海出版公司，2001年版。

厂共占据 90%;在食品加工业中,荣氏占 61%,加之唐蔡、杨氏的工厂,几乎达到 100%。

更为难得的是,这些新兴的工商显贵不少是布衣平民,有的虽然出身于官宦之家,但论其级别地位也仅是中下官吏而已,因而在精神与气质上更容易吸取平民精神的滋养,从而获得锐意进取的动力。当世家子弟浸润于贵族的气韵、生活方式之时,他们则以通变的智能和开放的心态,及时抓住历史性的发展机遇,充分利用无锡的天时地利、民智民力和交通等各种资源,这种追求现实利益、抓住眼前机遇的平民心态不但增强了其自身的实力,同时也改写了家族的地位。

三、雁过留声

20 世纪是中国发生翻天覆地变化的时期。从戊戌变法的失败到辛亥革命的觉醒,从孙中山领导的国民革命到共产党领导的新民主主义革命,在这一系列求存图强,奋起反抗的过程中,无锡地区的望族也受到了多方面的冲击而陷入解体之中。

这些冲击部分是由于战争的劫难,特别是,太平天国运动和抗日战争对于无锡望族的影响相当大:

> JZ:咸丰庚申之乱,嵇氏族人崎岖患难,战后回锡,家产荡然,无锡嵇氏逐渐散居四方,现据《嵇氏宗谱》(光绪三十三年修)记载,太平天国全族男丁 64 人,死难 15 人,失踪 8 人,占 36%;未难者大都不在苏锡地区;而妇女遇难者远多于男丁;其中有一支全家祖孙十余口全部失踪无考。凡此种种,使得有些系脉后裔几十甚而近百年失去联系。

太平军进占无锡期间战乱的灾难,使无锡的名门望族、官宦之家、书香门第、富裕之家遭受了劫难。半个多世纪以后,日军进占无锡,无锡各界人士退避上海及安徽屯溪者为 32.3 万人,在赣、浙、湘、桂、陕、甘后方者为5.5万人,避居四川省各县的为3.8万余人,避居云、贵、西康者为3.3万余人,合计45万人,占战前无锡总人口的37%,其中工商企业界人士占了相当比重①。据钱基厚《孙庵私乘》中记载“携叔嫂及其所抚侄女王璧,与次侄钟纬夫妇,及侄女钟霞,及余妇与长女钟元母子,及次女钟华”,“同由新渎桥雇舟绕道江阴,出十二圩港,取道南通天生港”,乘船来到上海。到了上海,钱基厚见到了三侄子钟英,同时得到了各处由上海收转的信件,知道当时钱基厚自己的长子钟韩已随浙江大学转徙至江西泰和,三子钟毅在广西全县湘桂路任事,四子钟仪不明下落,长侄钟书留学未归,所以,他感慨万分地说:“唐白居易诗所谓‘田园寥落干戈后,骨肉流离道路中’,不意乃于我及身见之!”②民国二十七年四月份,钱基厚次子钱钟汉夫妇、五子钟鲁、六子钟彭也来到了上海,因眷口日多,经友任之介,乃租赁辣斐得路六百零九号沈氏宅而居,“自此长为侨沪之人矣”。同年十一月,在四分五裂、颠沛流离之后,大部分家属始在上海暂告团聚,无锡的家则被日军侵占,而辣斐得路六百零九号也并非原来意义上的真正的家园,所以钱钟书曾写有《将归》一诗说:“田园劫后将何去,欲起渊明叩昨非。”从字里行间流露出的伤感,正是战乱对于家族影响的一个佐证。

更为重要的是,来自国家发展的冲击。诚如前面所述,政治上封建专制君主制的覆灭,经济上商品经济的发展以及新文化的传播,都会对望族的生存与发展产生不同程度的影响,促使其逐步改变宗法性。而这一切,随着新民主主义革命的胜利,戛然而止了,在与国家权威的较量中,望族的影响力受到了致命的冲击。

早在新民主主义革命时期,中国共产党就将铲除封建族权、没收公共族产、打击土豪劣绅、批判封建道德等列为革命的重要内容,族权连同政权、神权和夫权等一道成为革命的对象。这种意图在1949

① 王赓唐、汤可可:《无锡近代经济史》,学苑出版社,1993年版,第164页。
② 钱基厚:《孙庵私乘》,“民国二十七年”。

年新民主主义革命取得胜利以后予以广泛的实施：

土地改革，可以说是完成了消灭族权的关键性一步。1949～1950年，无锡地区实行土改，依法没收的土地计425 947亩，占总耕地面积的35.58%（依法没收财产的，除地主外，还有被镇压的反革命分子）。其中分配给贫农的为274 888亩，中农为9 205亩，其他劳动人民为27 486亩，其余的留作公用和分给地主，给他们生活出路。至此，无锡地区的地主土地私有制被消灭了[①]，从而铲除了长老统治得以生存的物质基础，相当数量的族长、房长、族款经管人被当做恶霸势力镇压了，其余的家族势力也受到严厉打击，祠堂被改作他用，以"公田"形式出现的族田被消灭，家族活动被禁止，族长族权的统治被推翻了。

而1966年开始的"文化大革命"，则试图以阶级关系来取代血缘关系作为秩序依据，家族意识不断受到批判，传统的精英层被摧毁，用大众的、革命的文化来取代传统的精英文化，传统社会的残迹受到了空前的荡涤，传统的工艺品、藏书和家谱等都被烧毁，所有的活动都是以"破"的方式进行的，实践效果不可否认：单位成了中国社会最基本的组织单元，传统精英被革命精英所取代，以往的由祖先、辈序、婚姻、亲属、朋友、世家、邻里等组合在一起的人际关系整合体系被扭曲了，所谓"亲不亲，线上分"，国家的权威渗透到了人们的日常生活世界：

> ZTM：我们原本是书香门第，但到我太公一辈，只能依靠几亩薄田度日。我的父亲自幼爱好读书，有语言天赋，精通日、英、德、法、俄五国语言。青年时代考取官费留学生，东渡日本，就读于日本东京帝国大学法律系，与郭沫若是校友，并参加了中国民

① 实际上，解放前的无锡，地权是越来越分散，16%～18%的地主、富农占土地39%，82%的中、贫雇农和其他劳动人民占有56%的土地。在地主阶级内部，拥有土地500亩以下的中小地主比较多，而且一般居住在集镇上，在农民阶级内部，中农阶层所占有的土地在缓慢地增加。当然，这并没有突破封建土地所有制所形成的格局。

主同盟会。学成后回国。1949年解放以前，任职于中央教育部，负责对外文化交流，同时兼任大学教授。1949年解放之际，由于父亲有浓厚的文化情结和拳拳爱国之心，又为了照顾年老的祖母，在征得母亲同意后，他既没有与同僚们共赴台湾，也没有随亲友们去国外定居，而是留在大陆迎接解放。1957年反右斗争中，我的父母亲受到了冲击，父亲被错划为右派，停职检查，家庭经济状况明显恶化。考虑再三，我自行决定读中专，可以减轻家中负担。1958年我进入常州冶金机械专科学校学习，边学习边参加各种政治活动，寻求上进，思想也逐步成熟。由于家庭成分不好，即使成绩优秀、表现出色也得不到重视。为此，我很感委屈，而且，对父亲突如其来的遭遇也很困惑。唯一觉得快慰、解脱的是读父亲的藏书，我通读了许多经典名著，如《水浒传》、《三国演义》、《儒林外史》、《资治通鉴》等，但从不喜欢看《红楼梦》。"文革"开始以后，我的父母都受到了批斗，红卫兵抄了我家两次，把父亲的藏书以及各种字典都付之一炬，父亲痛心疾首，身体大不如前，随着运动升级，父亲被作为反动学术权威和汉奸挨批，并被下放到苏北劳动，在边劳动边进行自我批判的过程中，父亲所受打击很大，身体每况愈下，曾打算上吊自杀，是母亲一句"这样死，不值，没有翻案的一天了"，把父亲从鬼门关拉了回来。1980年父亲因并发症病死，临死之前，他都希望政府能给他一个客观公正的评价。在当时的条件下，父亲的丧葬从简，落实政策后补开了追悼会。

我本人在"文革"中也因为没有与父亲划清界限，受到牵连，从先进工作者沦为黑五类，从被表扬成为批判的对象。不停地检查，不断地被揭发，神经处于高度紧张。不管我有多努力地工作，都被看作是向人民赎罪，既不能昂首挺胸、堂堂正正地做人，也不能照顾抚慰受到批斗的二老，更不敢与亲戚朋友们一吐苦衷，在心惊胆战中度日。直到粉碎"四人帮"以后还心有余悸，因此，在20世纪80年代初期，海外的亲友前来认亲，我的母亲和我夫妻两人既盼望相见又不敢相认，唯恐再会累及后人。这种矛盾的心情是那些对海外关系趋之若鹜的当代年轻人所无法理解的。

我丈夫的遭遇也不好。他的祖上曾出过历史上有名的布政使，但以后也沦为了平民。到他父亲辈，家里原来是中农，由于经营有方，是当时镇上有名的一把算盘，又省吃俭用，攒了许多钱，逐步买了一些土地，到20世纪40年代后期，镇上的地主纷纷外逃，他父亲又低价买进了大片田地和住宅。在土改期间，被划为地主，土地也被没收了。随着运动的到来，他的父亲也从地主上升为大地主、恶霸地主，被强行处决了。临死，他父亲都想不通，为什么败家子倒反而成为座上客，而勤俭反而有罪。我的丈夫深受其害，只要开批斗会，总有他的份，在长期挨批受整的日子里，他很有挫折感，不仅怀疑自己的能力，而且胆子越来越小，一有风吹草动，就会紧张得不知所措，所以，"六四"的时候，他吓得都不敢出门，不敢接电话，还让外地读书的儿子们赶快避风头。直到现在，退休在家，他都时常怀疑有人要来害他。

诚然，传统的家族制度、落后的家族意识需要变革，然而，主要依靠政治手段和文化手段所进行的变革，其作用从根本上说是有限的，甚至是有害的，社会因为失去文化整合而面临危机，与此同时，对于传统家族的改造，也只是外观形态上的，而不是消解其内在机制，在没有其他更有效的社会关系来替代时，无论是在观念上，还是在有用性上，家庭关系以及由此延伸的亲属关系仍是最主要的社会关系，血亲联盟仍在悄然进行着，一旦条件允许，就会再度呈现。20世纪80年代以来，伴随着改革开放的步伐带来的生产力的提高，伴随着国家权力的释放，不被体制所控制的民间社会悄然崛起。一些曾经的世家子弟渐渐浮出水面：

MR：出生在"阶级论"年代的我，生活在老城厢的城市平民家庭，对于“大户人家”的理解也无非是房子大一点，钞票多一点。但是那时，从表面上是看不出家庭殷实与贫困的分别的。童年时代，在一起玩耍的小朋友之间也是分不出谁富谁贫。我们经常在放学后，在新生路、崇宁路、大娄巷等处的大房子里跑来跑去。在那些宽敞的厅堂里打弹子、抓骨牌。我们当然不会知道这些房子曾是哪家的豪宅，也不会知道这里曾经住过哪些名门望族。

真正有所体会，是到了落实政策的时候。外公家对面一幢大房子里，原来住的是“老革命”一家。可突然有一天，要搬走了，说是要把房子落实政策，归还给孙家。听邻居们议论，孙家是大资本家。很快，孙家搬了进来，祖孙两人。耄耋之年的孙家老太太满头银发，面目清癯。虽已无法行走，要靠别人抱进抱出，但很有点世家出身的派头。孙家的孙女，在厂里做工，倒是经过了岁月的打磨，与平民家的儿女们无二。孙家祖孙与邻居很少接触，内敛里恪守着自家的矜持。

随着时间的推移，那些无锡城里曾经的“金枝玉叶”们渐渐浮出水面。单位里有位同事，也是名门之后。每当闲聊时，讲他外公钱孙卿的逸事，总是兴奋不已。只是现在他已全无了世家子弟的风采，依稀从永远擦得锃亮的皮鞋上，还能看出少年时的讲究来。同样，唐家有位子侄子弟，与我是好友。因他之故，我采访过唐家不少名人。他们都在香港、美国等地做得轰轰烈烈，生意很大。而我的这位朋友以前还是在工厂里做工人。如今帮海外的亲戚照看着在无锡的生意，为人谦和有礼，生意也打理得井井有条。

总之，20世纪是一个复杂多变、方生方死的时代。无锡望族的后代们在用自己的精彩业绩续写显赫家族史的同时，不经意间也组合出了无锡的社会发展历程。

第二章 太湖惠泉孕望族

我无锡地方百里，人文之多，物产之富，数千年甲于他郡县者，位置不同于他郡县也。无锡之位置，东北百里外有长江，襟带于左。西北数十里之间，有高山屏障于右。其南则有太湖为之沼，又足以资吾临眺焉。此地理之得于自然，文物之兢胜于他邑，良有以也。

——侯鸿鉴

无锡，建于公元前202年，地处长江三角洲太湖平原，东连苏州，西接常州，北靠长江，南濒太湖，总面积4 650平方公里。老城区略成椭圆的龟背形平面格局[①]，城内以弦河即京杭大运河城中段为中轴，分为东西两半，沿城墙内侧还有一条弓河，弓河和弦河之间又有东西平行的九条箭河，组成一弓一弦九箭之状，是典型的江南水乡。无锡地区名门望族的发展，也深深地打上了本地区特有的地理位置和自然环境的烙印。

本章将从环境以及结构的角度来透视望族，旨在揭示望族的发展是特定地区诸多因素所促成的，并说明望族在结合方式以及内部权力组合上的独特之处。

一、发展环境

光绪《无锡金匮县志》上写道："江南水乡……溪港纵横，达江达

① 汉代无锡设置县治后，建造无锡县城，宋元时期，无锡略呈龟背形的平面格局已基本形成，经过明清的多次修筑，形成了龟背形的县城区，一直保留至今。无锡老城区是以现有环城的解放路为界的"龟背形"的古城区，占地面积2平方公里。

湖，非津梁不可涉也。”从前西溪、后西溪、东河头、西河头到东映山河、西映山河，从大河上、小河上、新开河、大河池到荷花荡、鸭子滩，从南上塘、水沟头、浅水湾、水车湾到田基浜、置煤浜，从三凤桥、茅竹桥、迎溪桥、中市桥到虹桥下、岸桥弄……，无数地名足以使人联想起旧时无锡绿水萦绕、舟樯往来的水城风情。

1. 灵秀的生态文明

无锡有山，也绵延，也苍翠。城北有吼山、胶山、芙蓉山等，城南有马山、长腰山、中犊山等，城西有惠山，素以“名山胜泉”著称，有“东南第一山”的美誉，这里山形奇丽，林石幽秀，“下有寒泉流，上有珍禽翔，石门吐明月，竹光涵清光”，十分清幽。

无锡有水，也辽阔，也丰富。大小湖泊有十多个，星罗棋布，可称为“水乡泽国”。其中太湖东西长 60 公里，南北宽 45 公里，是中国五大淡水湖之一，大小河道约 3 100 多条，还有长长的古运河穿城而过，构成了相互沟通的完整的水道网络，对发展种植业，对航运交通、对工业用水及发展淡水养殖业都十分有利。无锡经济的富裕、土地的肥沃、水产的丰美，很大程度上是因为太湖和水网资源的富有。近代以来，无锡能够成为沟通南北东西的“布码头”和“米市”，也是借助了京杭大运河的通达之利。

无锡不仅地面水多，而且属亚热带季风海洋性气候，温暖湿润，年平均气温在 15.2～16℃之间，降水量也多，年平均降水量达 1 000 多毫米，全年无霜期为 230 天左右，年平均日照时数为 2 000 小时左右，适宜种植水稻、三麦、桑树、油菜等作物。

无锡自然资源丰富。土地是农业最基本的资源，无锡地区土地面积为 224.68 万亩，其中平原面积占土地面积的 73%，山地面积为 5%，其余均为水面。水面适宜养殖淡水鱼和水生作物。耕层深厚，土质肥沃，为建立稳固的农业基础、发展多种经营和轻纺工业提供了保障。《古今图书集成·职方典》中载有：“吴邑饶地产，山有松薪，圃有果实，条桑育蚕，四五月间，乡村成市，故赋税易完。”这正是无锡人利用天时地利，探索多种经营，解决生存与致富难题的真实写照。

无锡的风景优美，其中的太湖既有内湖的明媚秀丽，又有海滨的雄伟壮观之势，沿岸东南有“湖东十二渚”，西有“湖西十八湾”，山不高而清秀，水不深而辽阔，清代诗人赵翼曾写诗赞美道：“蓬莱弱水是耶非，万顷烟波绕翠微。远鸟似投天外天，神鱼或出浪头飞。日斜樵径归柴担，风起罟船打水围。如此湖山近乡社，真惭不早卖渔矶。”

作为江南水乡的标记，小桥流水总是一道风景。小小的无锡城就像一个龟背上的城堡，桥梁成了水乡围城的触须，向外试探着动荡的世界。根据《无锡市志》记载：当无锡被水网包围时，水上交通十分发达，在陆上行走自然离不开桥了。“小桥处处随人意，自有水声伴鸟鸣”。顾毓琇曾这样描绘他所生活过的家乡：“无锡是一个幽美的地方。靠近万顷汪洋的太湖，相传是陶朱公范蠡泛隐五湖的所在。太湖经过了五里湖通到溪河，这条河因为梁鸿孟光夫妇隐居于此，所以名曰梁溪，亦就是无锡的别名。……舜柯山纪念着虞舜的耕耘，独山门追怀到大禹的治水。泰伯墓永远埋葬着礼让谦和的吴太伯，泰伯庙里的道士，还有捉妖拿怪的本领。……”《虹桥湾里》的这段开篇，从无锡的风光名胜到历史掌故，到家族溯源，就连五里湖水碧绿，太湖水色黄绿的细微差异都观察、描摹得颇为细致，反映了顾氏对家乡无锡的稔熟和挚爱。

郁郁葱葱的惠山和悠长的古运河、浩瀚的太湖、潺潺的名泉形成了一幅山外有山、湖中有湖的天然江南山水画。这么优美的自然风光吸引着一批批大家族在此落户，也吸引着已迁往外地的家族回归无锡：

城中嵇氏，世祖嵇本，明末寓居金陵。曾游无锡，乐其山水，晚年卜居于此，遂改籍无锡，为无锡始迁祖。嵇曾筠说：“公子孙自南渡后，多居金陵、钱塘，由金陵而迁梁溪者，为我祖中翰公。”

锡山秦氏，远祖秦观，其子秦湛任常州通判，因爱江南山水秀美，遂占籍常州，并将秦观之柩从高邮迁葬毗陵新塘乡（今无锡惠山南山坡）。其世孙秦金从户部尚书任上告老回乡，在惠山脚下建筑优美园林，取名“凤谷行窝”。

荣巷荣氏，始祖荣清“好读书，不求甚解，性廉洁，喜游览”，不愿入仕途。在明正统初年，同几位朋友一起，由湖北沿江东游，经金陵到无锡，因钟爱这里的山川景色和淳厚民风，就选定惠山南麓的长清里卜宅而居。

“青山隐隐水迢迢，秋尽江南草未凋”，这种明媚秀丽的生态文明正是孕育众多望族的根本前提。

2. 发达的农业文明

元明时王辅仁在《无锡县志》中曾记载说：“无锡为浙右名邑之冠，当南北之冲会，土地沃衍，有湖山之胜，泉水之秀，商贾之繁，集冠盖之骈臻。……其平原旷野，尽为良田，川泽足以资灌溉之利，鱼米足以益富羡之饶。”

古代无锡农业文明发达，自隋唐开始，随着大运河的开凿，无锡已是著名的稻米集散地，杜甫有诗云：“云帆转辽海，粳稻来东吴。”无锡慢慢地发展了起来，至开元年间，无锡已有二十四乡、十三四万人口，被称为望县。

两宋特别是南宋时期，由于建都杭州和北方人口的南迁，无锡所在的江南地区成为全国经济重心，这也成了无锡繁荣的开端。据《咸淳毗陵志》记载，南宋时无锡有耕地120～130万亩，人口十五万五千多。城中已有大市、中市。四乡有七八个集镇。无锡不但是都城临安的一道屏障，也是粮食赋税的重要来源。当时四州客商集资修建南禅寺塔，祈求水路畅通，说明无锡已是重要的水陆码头。

得运河、太湖的舟楫之利，又凭借自身优越的经济基础，至明清，无锡社会经济有了较大发展。锡西北的芙蓉湖经过几次大规模的整治，形成大批良田。农业上由于精耕细作，粮食产量逐年增加。“春豆夏麦，秋收禾稻，中年之岁，亩得三石”，成为全国“米仓一区”。随着手工业的兴盛和商品经济的发展,无锡逐步形成了江南有名的米市、布码头。从现有资料,特别是明末王永积的《锡山景物略》和清代黄印的《锡金识小录》所反映的情况来看,无锡已经变为区域性的初级市场了。名著《金瓶梅》中有西门庆命管家到无锡买米的事。《警世通言》中也有无锡人吕某贩卖土布的故事。这说明当时无锡的大米、土布生产与贸易已相当发达。明末无锡已经具有米市的雏形、"布码头"的迹象。无锡之所以商品经济发达起来,除了生产力的发展,更在于人口的增加。

明初以来,无锡所在的江南地区,即被称为"狭乡",土地的增加远比不上人口的增长。明初有人口14万,而可耕地仅为72万亩,以后陆续增加到120万亩,但人口也随之增加,《康熙无锡县志》记录明代中后期人口在25万左右。地少人多,"计一邑之田,未足以供一邑之食",因此,"务本者少而逐末者多",很多人拥向南北两京和城乡集镇以谋生,这又进一步加速了社会分工:首先是近城四郊,"南门豆腐北门虾,西门柴担密如麻,只有东门呒啥卖,葫芦茄子搭生瓜",清楚地反映了近郊的地区分工情况。"东北怀仁、宅仁、胶山、上福等乡,地瘠民淳,不分男女,舍织布纺花,别无他业,故此数乡,出布最夥,亦最佳云。"这是东北乡的经济。"东南景云乡之近城者,多窑户,居民亦多团土为砖瓦胚"。这不仅说明东南乡的经济特点,还反映了初级产品上已形成的包买式的雇佣关系。钱泳在《履园丛话》中也曾说过:"余族人有名焜者,住居无锡城北门外,以数百金开棉花庄,换布以为生理。"商品经济的发达为包办商的出现创造了条件,尤以棉布最为突出。

黄印的《锡金识小录》也记载道:"常郡五邑,惟吾邑不种草棉,而棉布之利独盛于吾邑,为他郡所莫及。乡民食于田者,惟冬三月及还租已毕。……一岁所交易不下数百万。尝有徽人言:汉口为船码头,镇江为银码头,无锡为布码头。言虽鄙俗,当不妄也。坐贾之开花布行者,不数年即可致富。……清朝中叶,无锡年经销土布数额达百万两银子,以一两三匹布计,达三百万匹,占全国当时流通市场的九千万匹的三十分之一。”[1]这在当时仅次于松江和常熟。因为棉布业兴盛，出现了南门棉花巷、西门棉花巷、北门江阴巷、南门黄泥桥、北门黄泥桥，这都是南北乡民进城换棉花时带来的泥土踏出来的。

《广志绎》上说：“天下马头，物所出所聚处。苏杭之币，淮阴之粮，维扬之盐，临晴、济宁之货……无锡之米，建阳之书……温州之漆器。”[2]明万历前后，无锡已成为全国有名的大米集散地，这种情况一直延续到清代。“每岁乡民以布易粟以食，大抵多藉客米而非邑米也。雍正以前邑米未尝不出境，而湖广、江西诸处米艘麇至，下流去少，上流之来者多，虽当歉岁而米不甚贵也”[3]。至清代前期，无锡稻米集散不仅经营规模、交易数量居江苏各县之冠，而且成为漕粮的主要采办地和粮食调剂市场。至雍正、乾隆年间，无锡米市已初具规模，粮行是无锡米市的主轴，清初有粮行三四十家，至光绪末年已达140户，分布八个地段，北有北塘口、北塘、三里桥、外黄泥桥；南有伯渎港、南上塘、黄泥岗；西有西塘。根据1934年无锡工商界的统计，有粮行307家。进入近代以后，无锡米市有了更大的发展，抗战前，各地运到无锡的米稻杂粮平均每年有1 000万石，粮食储存量经常保持在170～180万石，最多可达300万石以上，占全国四大米市之首。

《无锡金匮县志》曾记载：“同治初年，经乱田荒，开化乡民，植桑饲蚕，辄获其羡，其风始盛，延于各乡。”在19世纪60年代中期，无锡农民都已养蚕，缫成土丝出售。到19世纪末已有茧行70多家，茧灶700多座。每到春茧汛期，更是茧行林立，丝市之盛，每年营业额达数十万金。当时无锡丝茧市场以南门黄泥桥、北门江阴巷和鸿山唐家桥为主。唐家桥土丝年交总额达30万元，而新安镇土丝年交额竟达50万元之多。[4] 另据当时厘金总局公布的数字，1878、1879年两年，无锡输出的生丝量分别为82 800公斤和92 184公斤，1880年接近18

① 黄印：《锡金识小录》。

② 王士性：《广志绎》卷一，《方舆崖略》。

③ 黄印：《锡金识小录》。

④ 侯鸿鉴：《锡金乡土地理》，1906年版。

万公斤，价值48万海关两。这样，继米市、布码头之后，无锡又成为“甲于东南”的丝茧市场。

由于米、布、丝等产业的日趋繁盛，银钱业应运而生。清光绪二十二年，无锡有钱庄20多家，而到清末，仅莲蓉桥两岸就有20多家钱庄。无锡的粮行、堆栈、碾米厂林立，给钱庄、银行开拓了广阔的放款市场，仅据1935年统计，无锡钱行业对米谷一项的放款要占到当年总放款额的一半左右。无锡丝茧贸易也对钱银业起了很大的诱发作用。每当茧商设行收茧时，银钱业就及时提供资金，所以银钱业与丝茧业关系密切，1899年无锡建立“锡金钱丝业公所”就是最好的见证。以后随着民族资本主义工商业的发展，又设立了银行，至1935年已有13家银行，同钱庄并行活动，到1942年，已有42家银行和各式钱庄，成为苏南的金融中心。

民族工商业的发达，带来的是市镇的兴盛。陈枕白在《往事与回忆》中说：“我在16岁时，即1914年冬的腊月里，离乡背井到无锡城里一家米行去当学徒时，梅村南街朝南场上的居民大门前还是一片空地，各家种着菜蔬瓜果与少数桑树，没有一间房舍，只有几个稻草堆积。但是六七年后，我失业回家时，这个朝南场的空地上，就盖起了新房子，并且都是楼房，计有12间，新开设了茶楼、酱园糟坊、南北货铺，还有一家中医和一家西医。新砌了宽有5米左右的砖路，路面平整干净。这里俨然从一个农业村子一变而成商业小社会了。”

无锡有着自己的腹地，明清时期见之史籍记载的集镇只有七八个，而到20世纪30年代，竟达110个之多。侯鸿鉴的《锡金乡土地理》就描写了50多个“户口殷繁、商店麇集”的集镇，这些集镇的兴起与当地的望族密切相关：

> 张泾顾氏，聚集附近居民近千户而成集镇，市街约长三里。
>
> 东亭华氏发展了东亭、荡口和华庄：东亭，“户口殷繁，田亩肥沃……镇多富家、皆华姓，街长二里余”；荡口，“居民多华姓，户口约千余户，镇市烦嚣，商店麇集”。

后宅邹氏经营大墙门(硕放)和新安,“茧业亦颇称盛”。

堰桥“镇之望族为村前胡姓,留学外洋及外省者不少……有冶坊,为邑城王氏世业,出货利约数十万,他邑无人敢专其利者。蚕桑之业亦颇盛”。

七房钱氏,“市街约长里许,商店也多,北有石幢及四河口(今属江阴)有厘卡”。

石塘湾的孟里,“居民皆孙姓,多富室……田亩肥沃,桑蚕颇盛,所产香瓜为吾邑美品”。

八士镇,“镇分东西两街,长里许,有油坊、酒作、布店,又有邮政局”。“附近茅竹桥,两处居民皆过姓,多富室”。

江陂桥,“亦大镇也,居民多杨姓,富室甚多,附近户口三百多户”。

厚桥镇,“街长半里许,户口五百余,居民皆浦姓,育茧者甚多,茧市亦盛”。

周新镇,“有周廷弼者,为吾邑巨富,商界巨子,新辟东埄市约半里长,曰周新镇,招乡民居住,开设典当、茧行、米行、漕坊各业,更开丝厂一所,抽丝机八十六座,女工数百人,每年出丝销售上海及出口,利益甚丰”。

不难看出,这些农村集镇已不同于封建消费性市镇,也不再是封建社会那种农副业剩余产品和手工业产品集散之地,而是同资本主义机器大生产、资本主义市场相联系,成了资本主义性质的商业集镇。同时无锡又靠近上海,是上海的腹地,成为上海生产或进口商品内销的中转城市,因而,明清以来,无锡逐步取代苏州,成为苏南的经济中心。正因为无锡地区既有成熟发达的工商业,也有自然经济的痕迹,从而使无锡家族具有多种发展途径,能够顺利地繁衍生息,而无锡人在单纯种粮和多种经营之间、在农业和手工业及贸易之间所进行的选择,一直影响到无锡近代以后的经济崛起,带来了望族的根本性变革。

3. 稳定的社会秩序

明高攀龙序无锡华氏宗谱说:“无乍兴乍败,人没无余者。”也就是说,望族必须在一定时期内保持相对的稳定性。因而,社会稳定对于望族的发展也至关重要。

江南地区长期以来社会秩序比较稳定,很少有战乱。古代历史上(春秋战国、三国两晋南北朝、五代十国)的三次分裂和混战,中原地区因战乱而遭到破坏,但江南地区则因长江天险,阻止了多次侵扰和灾难,相对保持着和平稳定的局面,导致中原士庶,纷纷南奔。这批移民的到来带来了江南经济的发展。《资治通鉴·梁记》说:“自晋室渡江,三吴最为富庶,贡赋商旅,皆出其地。”

无锡古代史上除元兵南下,(户口)残掳之余,十去其四外,少有战乱。而两宋以来的经济中心南移,恰恰带来了无锡望族的发展。

北宋末年,蒙古兵大举入侵,迫使宋王朝南渡偏安,大批官吏及豪门纷纷进入无锡。如八士过氏,据说是宋高宗南渡时,过孟玉自和阳护驾有功,使尚逍遥郡主,赐第无锡,后发展成大族;又如塘南丁氏也是宋高宗时丁完随驾南渡,隐居无锡青山之下,后迁居南塘。再如梅里倪氏,高宗时倪师道护驾南渡,居住临安,因为高宗无意抗金,隐居林下终身,后其子迁居无锡梅里祇陀村。就连太伯之后的毗陵吴氏也是宋王朝南渡迁移此地的。还有李纲一族、尤袤一族,均为北宋从福建避祸来锡,钱氏、杨氏则是从临安迁来。

近代以来,社会动荡不安,无锡地区也遭受战乱之苦:如太平军与清军及地主团练之间长达四年的拉锯战中,双方数十万大军在城里城外反复厮杀,致使无锡遭受空前的浩劫,自明清交替两百余年来的经济文化遭到极大的破坏。《无锡金匮大事记》中记有:“同治三年春,锡西诸乡经历兵灾,生活艰困,以致人相食,更有人肉切块售于市者。”秦缃业曾慨叹说:“惟光复后,城中居民十无一二存,盖贼毁其二,土匪毁其一,其五六则兵勇争贼赃物不均,遂付之一炬洱。……今十数年来,年谷顺成,休养生息,井邑乃得复完,而家少盖藏,市廛萧条，欲为乾嘉时之全盛，竟不可复睹矣。”[①]

又如抗战时期，日军占领城区放火焚烧十昼夜，所有繁华街道，尽付一炬。被毁工厂厂房13 537间，商店店堂50 208间，学校校舍3 614间，机关、团体、医院、书堂用房1 620间，祠堂名胜建筑2 105间[②]，向近代转型的进程被迫中止。而内战时期，无锡棉纺织行业的开工率仅为70%，无锡经济落入低谷，到了20世纪40年代后期，货币贬值到买一块肥皂都要一大包钞票的地步，街市的繁荣也越来越脆弱。

战乱不息，无锡地区的望族也难幸免。如前述的嵇氏，咸丰庚申之乱，令“在锡族党，死难过半，凋零贫困。”又如杨氏、薛氏在抗战以后失去了战前的势态和地位，周氏、祝氏、许氏均倒败。杨氏的业勤、广勤厂均被日寇焚毁，利用纱厂为“大员”接收，广利公司不得不解散，再加上杨氏家族因内外各种原因后继无人，致使有半个世纪历史的工厂未能继续发展，泽被三世，遽而中断。薛氏家族只剩永泰丝厂，周氏家族企业也易姓他人。

尽管如此，无锡既不是战乱的策源地，也不是战乱的重要地带，无论是清政府还是北洋军阀时期，或是国民党统治时代，一般说来政局相对稳定，没有发生大规模的动乱破坏生产、破坏社会秩序。而且由于无锡地区优越的自然条件，经济发展虽然受到了很大的破坏，但很快又得到了恢复，19世纪末，新安镇附近20余里，丝蚕年产值达50余万元，鸿山唐家桥的丝茧市场贸易额也达30余万元，由此带动了无锡农村集镇的部分复苏。无锡的经济地位也并没有因战乱灾难而降低。1933年实业部发行《无锡的工业》一书，承认无锡工业城市的地位，1947年，无锡向国民政府上交税收总额达2 000亿元，其中货物税一项就达一千多万元，仅次于上海，超过南京汉口两地营业税36亿元，占江苏全省营业税总额十分之一[③]，这也是无锡工商望族“善于经

① 见《光绪无锡金匮县志·兵事》。

② 孟绍周：《一九三七年冬日本侵略军在无锡的部分罪行》，《无锡文史资料》第二辑。

③ 《无锡设市与建设问题》，《人报》1947年11月8日。

营,长于管理”才能的体现。

4. 悠久的工商文化

同样处在上海文化圈中,同样受到上海经济的辐射,当常州的城绅仍固守着“诗礼传家”之时,无锡的中间阶层却热衷于投资实业,这与无锡地区比较鲜明的经商致富的文化传承不无关系。

吴越风云史上,有位弃政从商的传奇人物——范蠡。范蠡功成身退,携西施到无锡五里湖定居,先是经商,终成巨贾,继而养鱼,又撰成中国最早的《养鱼经》。后世尊其为商界始祖、养鱼始祖。历史上三致千金的货殖专家陶朱公——范蠡,在无锡留下了深刻的烙印,“富若陶朱”成为人们的生活理想。研究无锡近代史上几位著名的民族工商业家的行为,人们会发现他们颇喜“研究范蠡计然之术”。荣德生在《乐农自订行年记事》中说:“尝试陶朱公,亿则屡中,非偶然也。”可见,陶朱公之行状对后世商人影响之巨。

明末东林党人的活动,也对无锡社会崇尚工商、热衷经济活动产生了某种导向作用。明初以来,无锡所在的江南地区,被称为“狭乡”,土地的增加远远赶不上人口的增加。全县可耕土地,从元时的180万亩降到明洪武时的70万亩。明朝华察说:“锡乡凡二十有二,其间中人以上之家,有田者多无粮。中人以下之家,有粮者反无田。”这必然促使无锡人走南闯北,千里经商,重视技术,轻视理学。于是,王阳明所倡导的“致良知”之学在无锡传播开来,终于在16世纪末、17世纪初导致东林党的出现。

东林党人代表市民阶层的利益,他们有的从事货殖,有的就出身商贾之家。如东林八君子之一的安希范是明朝巨富安国的孙子,高攀龙的父辈也是经营商业的。顾宪成不仅出身商人之家,而且东林书院的建造也是由他的二哥顾自成提供的资金。《康熙无锡县志》记载,顾宪成的父亲顾南野“自邑之上舍身徙泾皋,日食一糜而信孚乡党,久之遂起家”。

正因为东林党人与商品经济有着千丝万缕的联系,使他们必然支持城市商业的发展。东林党人将王学的“扬商”思想广泛宣传，强调经世致用，提出工商借本的理论，反对矿监和税监对工商业的暴敛，维护工商业的利益。他们的思想主张与无锡民间的工商取向之间存在着某种内在的呼应和联系。

“经世致用”是中国传统文化的精神之一。通常情况下，当制度有力、社会矛盾不突出、生活平稳时，“经世”往往只是一股潜流隐藏在知识分子的学术外衣之下，隐而不显。遭遇社会危机或矛盾爆发时，这一传统思想便会转化为一种忧患意识，导致知识分子对社会意识形态的积极干预。第二次鸦片战争后，受“欧风东渐”的影响以及民族危机日益加深的刺激，薛福成感到中国要想真正独立富强，应该比洋务进一步革新，就是必须发展民间工商业，提出以商为先、实业报国的救国思想。他认为“握四民之纲者，商也”。他受“崇工者强，崇商者富，崇农者滞，崇文者弱，崇武者乱”的信条影响，主张积极扶持私人经济，用官督商办和私人集资等方法，大兴贩运、艺植和制造三利，发展实业，“夺外利以富吾民”。他的振兴商务、藏富于民的思想主张对于无锡本地有志于经营工商业的人士是一种激励。

这些看似互不相关的事件和人物，渐渐地在历史的和风细雨之中衍化为一种重视工商业、自由竞争、谋取实利的地方文化传统。甲午战争以后，左邻右舍的大部分传统读书人还是埋首故纸堆之际，无锡的资产阶级知识分子已学习西方的科学技术，以至出国深造，这对发展繁荣家族、乃至无锡社会起了巨大的作用。杨、薛、华、孙四家成为近代无锡最早的资产阶级。1862年，徐寿和华蘅芳合作，参照外国文献资料，制成中国第一台蒸汽机，后来又在李鸿章主持的江南制造总局，翻译西方自然科学书籍。英人傅雅兰说：“溯江南制造总局设馆翻译西书之事，起于西历一千八百六十七年冬。成此一举，藉无锡徐华二君之力为多……无锡为江南常州府之一县也，南滨太湖，城池雄壮，所有人民，大都巧于工艺，且认真做事，志在必成。又有往来日本国者，而士人多以为诗书经史几若难果其腹，必将究察物理，推考格致始觉惬心。如是者凡数人，而徐华二君好之为甚。”①可见，当时无锡的社会风气及其与外国的交往，对后来无锡地区的发展影响深远，其中望族及其代表人物功不可没。

江庆柏在《明清苏南望族文化研究》中曾总结道：“因为社会比较安定，家族可以更从容地考虑家族内部发展的问题；因为自然条件优越，家族可以相对减少用于谋生的时间，可以用较少的时间获取较多的生活资料，从而有更多的余暇时间去从事精神方面的活动；同时由于经济效益好，也便于家族在文教事业上有较多的投入；市镇经济的发达也有助于家族文化功能的培育和发挥。”②这一分析同样也适用于无锡的望族：自然灵秀的生态文明、精耕细作的农业文明以及近代以来的工商业文明，再加上相对稳定的社会秩序，促成了众多望族在无锡的崛起，而望族的崛起，又推动了无锡地方经济、文化、教育和城市建设的发展，从而使无锡在历史上享有声望。

当然，这些条件是社会共有的，并不只对望族才起作用，但是，较之于普通的家族，望族更善于利用这些条件，抓住发展机遇，扩大其在地方上的影响力。

二、家族规模

洪亮吉在《储氏族谱序》中说，所谓望族，“或占一乡。或占一镇，即小有迁徙，亦不出数百里之外”。无锡地区的望族显然符合这个条件，无论是居于乡间还是生活于城市，大都是累世同居、数代同堂的大家族，即使是析居，也都相距不远，如荡口、东亭华氏，据清光绪《锡金县志》及《泰伯梅里志》载：“其名姓显赫，高门巨宅，鳞次栉比，皆华姓也。”

QZR：华原泉于靖康年间扈驾南归无锡居梅里乡隆亭(今东

① 傅雅兰：《江南制造总局翻译西书事略》，《中国近代出版史料》初编。
② 江庆柏：《明清苏南望族文化研究》，南京：南京师范大学出版社，1999年版，第38页。

亭镇)原泉单传,为将侍郎万一(诠),诠生五子(友谅、友直、友闻、友龙、一雷),得十五孙,于是华氏宗族就分为十通五奇,共十五支派,以后虽然子孙千万之多,然而,华氏仍以通奇支派世数递传。其世系支脉大致为:

通一,友谅长子珣,其后析居隆亭、望亭、泰伯、胶山、惠山、宅仁等。

通二,友谅次子瑞,至九世无传。

通三,友闻长子瑜,世居无锡南门一带。

通四,友闻次子璞,此族最蕃,尤其是贞固一支,于洪武迁居荡口,子孙繁衍,多富贵之士。其后又分:通四族鹅湖兴二支,居荡口、东沙、甘露等乡;兴三居荡口鹅湖;兴五居嵩山一带;兴四居堠阳、兴八居松江;通四族厚五厚六支主要居苏州娄下关雉渎一带;通四族淳七淳九支居南塘。

通五,友谅三子琪,世居何墓渎、景云。

通六,友直长子珙,其族析居于胶山、怀仁、新安、梅里、扬名、洛社等。

通七,一雷长子玠,其族居阳山、开化、江阴、常熟等地。

通八,友龙长子琳,其族世居南门,后析居常州、宜兴、江阴等地。

通九,友直次子璟,其族析居焦庄、鸭城、新安、甘露、泰伯、洛社等。

通十,友谅四子戊,居江阴、苏州、胶山、金凤等

奇一,友闻三子寿,居马蠡、梅村、扬名、宅仁、景云、新安等。

奇二,友龙二子珪,居内江、大里、兴宁、武进等。

奇三,一雷次子璋,居江阴来春乡、田桥等。

奇四,友谅幼子瑛。至十世无考。

奇五,友直三子季,世居秦塘乡,尔后杂居各乡。

又如西漳陆氏,民国初年,次第入城,成为三代同堂的大家族形态。

DMJ:西漳陆氏出现于元代,世祖为陆贽,世居西漳乡陈家宅。

太平天国战乱时,家产荡然,损失惨重。事后,陆蓉第胼手胝足,重振家业。他精明能干,善于理财,经营稻米,由于经营得法,家境日渐富裕,购置家产,在西漳周围拥有土地近千亩,光绪三十四年在无锡城中西河头买了一所宽敞的宅第,占地1 400多平方米,建筑平面分左、右两路,中间以备弄相隔和贯通,右路为主体建筑,前后共五进,左路也有五进,除三间是矮楼外,其余多为平房。清末民初,陆氏大家庭(四个儿子及其家眷)陆续迁居城中,三代同堂,包括佣人在内有三四十人。建国初年,土地改革时,陆氏西漳陈家宅祖居的老房子大部分给了贫苦农民居住,城中西河头的故居,除陆氏家族居住部分外,有一部分被国家租给居民住户居住。现故居尚存两路四进三十余间房屋,陆定一的弟弟陆正一夫妇、堂兄弟陆宇安夫妇以及王涵英、杨剑华等亲属仍然居住其间。

清末民初,数代同堂的大家族开始逐渐减少,这一方面是与社会动荡、社会开放程度有关,另一方面也与权威和财力有关,大家族的解体已是不可避免。

YSK:杨氏累代素儒,自寺头支八世祖文叔公起,在北门下塘一带聚族而居,族宅于同治三年甲子,均毁于战火。同治五年丙寅,艺芳公兄弟建大成巷新宅,奉母侯太夫人居住。额堂"保滋",取"保世滋大"之义,为大总统徐世昌手书。光绪十年甲申,艺芳公于旗杆下老宅复建新屋迁住。随着侯太夫人、艺芳公和藕芳公的相继去世,家族内部矛盾日益激化,大房翰西公和三房森千公争夺业勤的经营权,最终采用轮流经营的办法,每隔三年,轮值一次,对外厂名不变,对内各房另租公司作为租办代表。大房建同益,三房建福成,轮值的弊端在于对产品质量以及机器设备的保养与更新等不予考虑,生产常处于不稳定。民国五年丙辰,翰西公卸业勤纱厂,并以艺芳公所遗给兄弟三人之股份,尽数并归藕芳公支,所得并股之款及业勤三年盈余,统统移入广勤作股。在经营权分散的同时，各房分家，藕芳公支森千公建新宅于道长巷，用舟公支味云公建新宅于太平桥五福弄（又名长大弄），以迴公支、望洲公支各房仍世居大成巷。

附：四褒世系表（旗杆下杨氏）

延俊（菊仙公，八世祖）—宗濂（艺芳公，长房，居旗杆下老宅）
—寿枢（荫北公，行二）
—寿植（培南公，行六）
—寿楣（翰西公，行十三）
延俊—以迴（霖士公，二房，居大成巷宅）—寿桢（惠生公，行四）
延俊—宗瀚（藕芳公，三房，居大成巷宅）
—寿彬（森千公，行九，居道长巷新宅）
—寿标（果臣公，行十一）
—寿枚（吉臣公，行十四）
—寿柯（伯庚公，行十七）
延俊—宗济（用舟公，四房，嗣菊人公）—寿彤（味云公，行四，居长大弄新宅）
延俊—宗瀛（望州公，五房，居大成巷宅）
—寿彀（眙生公，行三，夭）
—寿朴（兰樵公，行五）
—寿棠（书侯公，行七）
—寿棣（经儒公，行八）
—寿梁（瑞笙公，行十）
—寿柱（榴荪公，行十三）
—寿榕（杏笙公，行十五）
—寿机（组云公，行十六）

尽管逐渐强化的分家意识和离家行动，使家族间的亲近感情相对淡化，然而，直到近代，望族虽然日益分裂为若干小家庭，但仍用家谱、祠堂、族田、墓地联系起来，家族的财产、经济和精神仍密不可分，如义田的设置，一年中的春、秋两祭，聚族而居，聚族而葬等，通过参加共同的家族活动，在很大程度上培育了大家对家族的责任认同。

事实上，庞大的家庭规模，也意味着拥有广泛的社会关系，获取资源的机会也增多，便于家族获取或者维系权力，荣氏昆仲是典型的一例，其能在短短的几年里，从后起之秀一跃而为龙头老大，与其广泛的社会网络密不可分。

荣氏家境并不太好，祖父兼营农、商，父亲也是学生意出身，因为族叔的关系，在朱仲甫手下做账房，才渐渐富裕起来。这一段生活经历促使他不愿意儿子死守薄田，也不希望他们读书入仕，认定从商为宜。在兄弟俩创办保兴面粉厂的过程中，先后得到族叔荣瑞馨、熟人朱仲甫、同乡祝大椿等人的支持。荣氏企业内部组织管理的特色之一是，任用亲戚同乡掌管各厂，担任各厂经理、厂长要职的都是儿子、女婿、儿女亲家、姻亲、主要股东及忠实助手。而其子女的婚姻也有助于提升其家族的地位，荣德生的《乐农自订行年纪事》所记有的子女婚姻状况，可见一斑：

> 长女于归李国伟，世家子，唐山土木科毕业生，知为大器，不论家况也。
>
> 二女归蒋浚卿，仲怀四子也，旋入茂二为副经理。
>
> 长子结婚，娶孙荫午三女，石塘湾大族，累积善门，彼此相知俭约者。
>
> 二儿娶媳王氏，王家素业木行，后兼丝业，家世亦好。
>
> 三女嫁宋美扬，中国银行经理宋汉章次子，家业儒，而转入经济界，有名人物。
>
> 四女嫁冀曜，美国密查理大学毕业，李静涵次子。
>
> 五女嫁唐熊源，系唐纪云长子，世家也。
>
> 三儿一心结婚，娶华艺三先生次女。

六女嫁杨通谊，为杨味云次子，世家出仕。

四儿毅仁结婚，娶同邑杨干卿先生次女，亦世家善门也。

七女嫁华伯忠，绎之先生长子，而子才先生之孙也，留美学储栈科。

五儿研仁，与刘吉生次女结婚，为刘鸿生先生侄女，在美留学，由七女介绍。

八女毅珍嫁胡汝禧，为杭州庆余堂后仁穆卿先生之子，厚重温文，颇好学。

七儿鸿仁订婚，女宅汪氏，上海人，父为纺织同业，秉性和善。

中国银行总经理宋汉章是荣德生的儿女亲家，荣氏资本集团还包括王尧臣、王禹卿昆仲；浦文渭、浦文汀兄弟；陆辅辰和薛明剑等“三姓六兄弟”。庞大的社会关系网络，使得荣氏的发展如鱼得水。抗战时期，荣氏企业发展到大西南和大西北地区，其实力之雄厚、影响之深远，在无锡乃至全国首屈一指。

新中国成立以后，没收了家族的土地和财产，铲除了大家族得以生存的物质基础，聚族而居、累世同居成为历史，此外，计划生育政策的推行，也在很大程度上控制了家庭的人口规模，使社会关系网络逐渐趋于简单化：

XY：据《姓氏考略》记载：薛氏的祖先为皇帝后代奚仲，原姓任，因封国在薛地，所以在周朝末年，薛国为楚国所灭之后，其子孙便以国名“薛”为姓。无锡西溪薛氏祖籍江阴，真正兴盛始于高祖薛湘(晓帆公)。从那时起，薛氏人丁兴旺，人才辈出。晓帆公有六子一女，到第二代除五子、六子没有子嗣外，长子薛福辰，有妻室4人，4子3女；次子薛福同有1子2女；三子薛福成，有妻室2人，4子3女；四子有1子。到第三代薛邦裹有6子1女，其余基本上也有3～4个子女。到第四代薛育麟、薛楚材有5子4女，其余大都维持在3个子女。到第五代薛葆康有3子2

女，薛葆鼎有2子3女，其余的基本上是2～3个子女，到我们这一代，基本上是1～2个子女。

钦使第是太叔公薛福成在出使之前，用俸银买下的地基，自己设计，由叔公薛南溟负责建造的，这是皇帝赐建的宅第。钦使第东近孔庙、学宫，西接西水关，是一块文脉深长的风水宝地。薛氏家族都在附近购地置房，聚族而居，锡城西南片大多为薛氏地产，堪称名震四方的望族。解放前的无锡，民间流传一句话："人家一片地，薛家一只角"，所形容的富甲一方的薛家，就是指的我们家族。

钦使第原有100多间，占地20多亩，中轴线上的主建筑共六进，以及花厅、戏台、仓厅、藏书楼等，花园东南面，也有一个仓厅，十余间，并有一片晒场。中轴西面，也有偏厅和末屋十余间，是佣人保姆等生活居住的地方。时人习惯将薛氏宅院称为"薛半城"，用来形容薛府规模之大。抗战爆发后，薛家避居上海，从此大家族四分五裂，叔公曾将自己的住宅(即薛福成故居)改作弘毅中学，用以发展教育事业。解放以后，薛氏族人大部分移居海外。钦使第也被国家所用，遗留的占地面积为8 000多平方米，建筑面积近3万平方米的老宅，分别为机关、工厂、学校和居民占用。"文革"中，宅第中的匾额、楹联、门窗已被全部拆除。屋前照墙，在填河拓路中拆除。中轴线上前四进36间，由学校占用。门造已改建，三进厅堂重新分割，正厅上的大柱已被锯掉一根。西备弄由街道使用，转盘楼前楼、华厅、仓厅、藏书楼为居民住房，转盘楼后楼和后花园被学校占用。后花园西半部，已建造民居。20世纪90年代初，旅居海外的长辈面对破败的薛家老宅，感叹自己有国无家，盛景不再。1996年无锡市府开始修复花厅庭院，搬迁了其中的六户居民和两家商店。1999年，又先后拨款6 000余万元对薛家花园进行整饰，搬迁了其中的三所学校、一家街道工厂，一百多户居民。现故居对外开放。

作为薛氏后人，我既为前辈的成就倍感自豪，又为自己的成就无法与前辈相比，而惭愧万分。希望我们薛氏后人，在家散的情况下，能发扬家传，敢于创业，为家乡多干一点事。

总之，望族要想维护已有的地位和声望，就是保留一切与地位相关的象征，其中之一就在于维护大家族的稳定。一旦家庭制度发生震荡或者变革，势必会动摇望族地位和声望存在的根基。虽然，影响望族权力的因素是多重的，但其家族规模的变化是个不可忽视的因素。

三、权力结构

家长制这种权力模式是中国传统社会中最具有代表性的统治方式之一。弗里德曼认为，在中国，富人家庭的规模之所以比一般较大，是因为在这类家庭中父亲的社会经济地位较高，易发挥其权威使财产共存，而贫民家庭规模之所以小，不仅是因为财产较少，而且是因为父亲的权威比较小，易导致财产的散失。

父权是家长制权力结构中的纵向主框架。无锡地区的望族，是父权的载体，父子是家庭的主体，每家由家长主持家政，家长对家族生产、子女的婚姻、教育、财产的继承以及析户享有绝对的权威，这种权威是不可侵犯的。荡口华氏的出现即是家长意志的产物。

HBS：华氏通四贞固一支迁居荡口避乱，完全是长辈的意思。清光绪《锡金县志》及《泰伯梅里志》有记载："荡口，相传为东汉孝子丁兰故里，其地原名丁舍，在元明以前不甚著称。至洪武时华贞固奉父幼武避乱居此。其名姓显赫，高门巨宅，鳞次栉比，皆华姓也。"华氏一支迁居荡口则与华幼武有关。华幼武在政治上倾向于吴王张士诚，并资助过张的义军，此举遭到朱元璋的嫉恨。为此，与华幼武有一面之缘的刘伯温带口信给他，让他设法躲避。华家癸巳大火，据说这是导火线，举家乘船漂泊，在遇到追兵时，华幼武不慎将玉杯落入河中，因急需开船，便以撑船的竹篙在落杯处作了记号，一年后，回该处寻找时，此处已是竹林一片，当年的竹篙已不见踪影，华幼武认为这是块风水宝地，便命儿子华贞固迁居于此。明洪武三年，华贞固奉父命由堠阳携带家小，率族徙居鹅肫荡口，他们筑坝修桥，纺纱织布，使荡口的土地尽变膏腴之地，“十余万亩无他姓，皆华氏田”。尔后又开肆经营，儒商并举。在华氏的精心经营下，发展很快很盛，超过了东亭华氏。《华氏族谱》有记载：（无锡诸氏族中），“咸曰华氏盛；我族咸曰通四盛；通四咸曰鹅湖盛”足见荡口鹅湖之实力了。华察在《先孝祖配享记》中说：“1503年，嘉靖四十二年，我华氏之望于锡也，自孝祖始，望于隆亭也，自三一始，望于荡口也，自贞固始。”

夫权是家长制权力结构的横向框架，在“男女之别，男尊女卑，故以男为贵”的主观意识支配下，妻子的人身和财产权利受到了种种的限制。“三从四德”成为女性的行为准则，使女子在思想、谈吐、家务劳动等方面恪守妇道，安于充当家庭的奴隶。《吴氏族约》约六中规定：“女子之行不出闺门，惟以孝敬贞洁为上。若有夫亡守节与倒相合者。本家具禀请旌；如贫乏不能，宗族共出力旌之，岁时祭祀另致之胙，死则以礼葬之。其夫亡改适、或夫在不谨妇行者，众共弃之。”

孝道则是家长制权力结构的辅助框架，实际上是父权在亲子关系上的反映，在社会道德规范和行为上的延伸。这种传统孝道主要表现在两个方面：

一是尊祖念宗，就是要重视对祖先的祭祀，即重视祠堂祭祀和祭扫祖先坟墓。光绪二十六年《吴氏宗谱·宗规》中写道：“祖宗功德如天高地厚，无所用其补报。于万难补报之中而可以少伸其意者，惟岁时节序荐明德以达馨香耳。”各家吴姓宗规，也都要求宗族子孙振修祠堂，培植祖坟。有的家禁中还规定，严禁失坟茔祭扫，更严禁变卖祖先坟茔山地。祠堂和祖坟，成为了一个宗族的圣地。

二是孝悌友爱，即在内即是一片爱心，在外就是要为父母争光。

如《吴氏族规》中"敦孝友"一条记有：

人生所关切着，莫大于天性之恩。父子兄弟，天性一体之恩也。子不孝、弟不悌，是灭天性也，岂伦类哉？吉见类哉？吉见世人奉养父母兄弟相推，不特不能为老子，且兄不得为兄，弟不得为弟矣。不知父母抚育之日，何曾少假：既虑其饥，复虑其饱，既畏其寒，复畏其热，父母之心，何时已哉！吾恐昊天罔极，子欲养而亲不在，求养一日而不可得，况堪推诿乎？则轮流之说已落下乘矣。凡为人子者，务宜竭力奉事、怡悦亲心、互相尊养为上。至于手足相残，是尤见弃于伦外也。而曰："父母其顺美乎。"非无谓也，尚其最诸。

人伦有五，君亲处其最尊，大节在三，忠孝尤为至重。是以无将之成，莫大于不忠；五刑之属，莫大于不幸。凡我宗人，事君者当思鞠躬尽瘁，事亲者当思谨身奉养。庶几上为祖宗光，下不贻子孙辱。(《族约》一)

与西方基督教的博爱所不同的是，中国人的仁爱是"亲疏有别"的差等之爱，正是这种差等之爱衍化成了中国传统人际关系的"差序格局"，这个差序就是"伦"。总之，宗法的贵贱和人伦的亲疏融为一体，通过精细的关系、制度和文化织成层层罗网，使绝大多数的望族成员都在不同程度上失去了自主性，惯于依赖，不到万不得已，也不敢轻易地、公然地反抗或从家族中独立出去。即使是到了民国，自由恋爱、小家庭的出现、妇女接受教育与就业以及民国政府所作的种种改革的尝试，动摇了家族内部的权威体系，但这些改革并没有触及其赖以生存的社会基础，因此，在传统与现代的交战中，传统力量更有影响和支配力，望族内部的权力结构仍以父权和夫权为主。

ZJ：从族谱来看，我们的祖先可能是朱熹的一支从安徽迁来的，但族谱已在"文革"中被烧毁了，无从明证。不过，朱氏是无锡的大姓，而且听说无锡有一个大村住户基本上都是姓朱的，和我们是同宗，但我没有去考证过。

从父亲口中得知，祖父 ZSS，1895 年出生。曾留学日本，毕业于早稻田大学法律系。因家境富裕，祖父一直没有担任过任何正式职务，只是在法院挂了个名，靠祖产过日子。解放后就靠变卖祖产和子女的赡养度日。

祖父一生中有过三次婚姻。第一次是他在日本留学时，自由恋爱的一个日本女子，据说留有后裔。由于家族的反对，祖父学成回国后，妻儿都留在了日本，由于祖父依靠家族的财产过日子，所以，也不敢去打听她们的下落。第二个妻子就是我的祖母许氏。南门许氏也是无锡的大族，当时，祖母家相当富裕，也有一定的地位，由长辈们合过生辰八字后，就订婚了。祖母当时年仅 14 岁，比祖父小了足足 11 岁，上过几年私塾，是典型的旧式妇女。由于两人文化差距悬殊，又是指令性的婚姻，祖父对祖母根本就没有感情而言，结婚三年，祖母共养育了两女一男。男的就是我的父亲，当祖母怀父亲的时候，祖父母已经分居了，祖父又包养了一个小姐。1931 年，祖父母由苏州府判决离婚，10 岁的父亲判给了祖父，祖父付 1 000 大洋给祖母作补偿。但祖父又不承认父亲，一直把他当作外人，没有给他一点父爱。后来父亲是充当同父异母的弟弟的陪读，才能够读完高中，又由于自身的刻苦，考上了中央大学建筑系（现南京大学），是用奖学金读完了大学。祖父的第三段婚姻就是把那小姐带回了家，因为她为朱家生了个儿子，当时是妾，一直没有扶正。祖母离婚后一直住在娘家。当时许家的人大部分都吸食鸦片，家道迅速衰败，到父亲 20 岁时，许氏已沦为城市贫民。祖母也在那年左右在贫病交加中去世，年仅 36 岁。

新中国成立以后，在传播媒介的广泛宣传和政府的大力支持下，加之大家庭的解体、青年人的政治责任和地位急剧上升，家长制无可辩驳地开始动摇了，望族内部趋于平权，传统的孝道被作为“愚孝”而予以批判。

> GDR：顾家的传统是男子外出工作，家中完全是家长制的管理方法，一切重大事情父亲说了算，妇女完全要遵守三从四德。家谱中只有男性，没有女子，到祠堂祭祖也只准男子去，没有女性的份。
>
> 父亲完全是半封建式的教育方法，将读书看得高于一切，对儿子严格苛求，几个哥哥从小要背诵古书，背不出要罚跪，甚至不准吃饭。我出生较晚，排行第八，父亲年老已无精力顾及，偶而才了解学业，如发现问题严斥不饶。由于父亲严厉，全家兄弟姐妹，除二姐较偏爱外，都非常害怕见他，父亲在家谁都不敢喧闹。全家经济都操在父亲手中，连母亲都不知他挣多少钱。这种严格的父权家长制统治到解放后才逐渐打破，子女在政治思想上可和父亲争论，经济大权也交给母亲，由母亲支配全家开支。

平权家庭是大势所趋。然而，家族作为一种社会组织，经过几千年对人们的约束和影响，已经内化为一整套价值观念而发生作用，引导着置身于其中的成员的言谈举止，那些历久不衰的望族，往往通过敬祖尊长的家风传承，来强化家族记忆，增强家族的凝聚力。如吴氏的后人在祭扫了泰伯墓后写道：

> 我在铜像前久久凝望，再虔诚地跪下，行三拜九叩之吴氏家规之大礼。心中也无不感慨先人建造“仰止阁”时独心匠运，以此来象征我泰伯始祖至德高山仰止。阁的靠前，建有“宗会堂”和“怀德堂”，宗会堂内设有泰伯至德宗亲12姓祖宗塑像，供吴氏后裔拜谒祭祖。我捧出香烛和鲜花，在每一尊塑像前深深地叩拜，以感先人之恩泽。四周建有碑廊，与之相通，碑廊内陈列着历朝历代名人和吴氏后裔歌颂泰伯的诗文石刻，我一遍又一遍的吟读，也一遍又一遍地体验着古人对泰伯始祖的赞美和崇敬。

啊！泰伯始祖，您安息在青青的鸿山之中，安息在历史的深处。您的第108裔孙来了，走过一段短短的路程，我丢掉了现代人的浮躁和贪欲，止息了浅薄的虚荣和喧嚣，仿佛看见您“三让天下”，从遥远的陕西吴山，走向还是荒凉荆蛮的江南；是您和仲雍带领着我吴氏先人，断发文身，开荒种地，入水捕鱼，栽桑养蚕，用勤劳的双手，在荆蛮之地开创出一片锦绣河山。于是，就有了江南的道道堤堰，片片良田，有了先人的野蚕家养，野猪进圈，有了一年两熟的庄稼，有了“泰伯渎”上的波光粼粼，白帆点点。

……

我们今天的幸福，正是来自您的恩泽，您的子孙世世代代都会铭记和发扬您至高至德的精神。依依不舍走出墓地，我一步一回首。我想，凡是泰伯始祖的后裔，都应该到此凭吊，沐浴始祖恩泽。不到此地，作为泰伯始祖的子孙，将会是永远的遗憾。

又如，唐氏族人的家教遗风中，就有“奉告孝，启后慈”的遗训，其后人谨记。就在准备论文的过程中，唐氏家族成员邀笔者参加“唐氏研究”的筹备工作，当时，发起人的话让我记忆犹新：“我倡议搞唐氏研究，是希望能把唐氏家族中优良的品质、门风让后代了解，并发扬光大。而且，近年来有关唐氏家族的资料太多了，歪曲的很多，希望用我们的第一手资料来以正视听。因此，我打算组织力量编辑出版家传，续写家谱。当然，我也只能提供一个建议，具体的还需要我在香港的长辈，宏远叔公、翔千叔叔定夺、牵头，以便会同福培（竹山）公一支。只有他们拍板后，我才能行动，这些族中大事还是长辈说了算。”

时至今日，传统的“孝道”在经历了众多波折之后被赋予了新的含义，以敬为孝已经代替了传宗接代而成为孝道的核心内容，也是传统家庭伦理中较为完整地被继承下来的内容。孝实际上是那些望族的精神支柱，因此，家族的凝聚力并不仅仅依靠人为地制定一些家规族约来维持，而是基于一个时代的合理的权力结构和以人文精神为核心的家族文化。

附：

图 3　清光绪七年(1881)《无锡金匮县志》县城图(现仍基本维持这一形状)

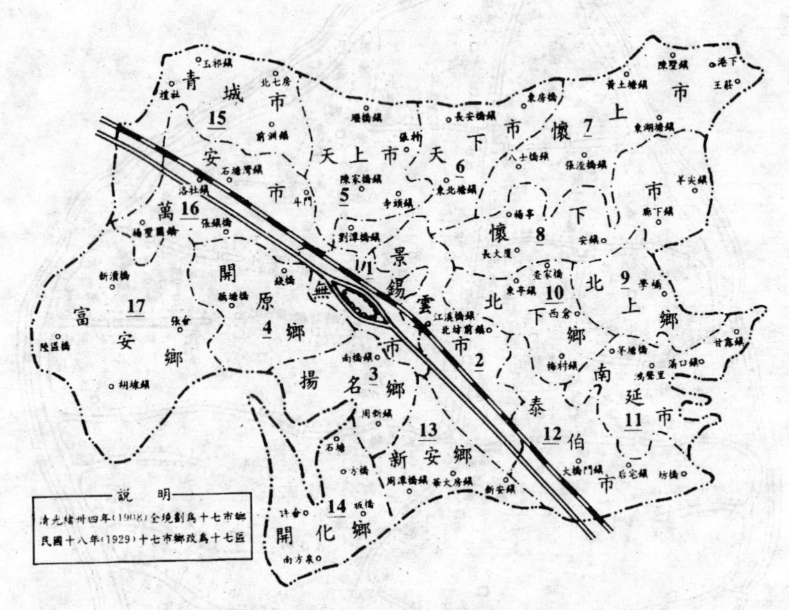

图 4　清光绪三十四年(1908)至民国二十三年(1934)
无锡 17 市乡(区)界域示意图

第三章　朱门深深深几许

江苏名邑，首推无锡南通，南通以张氏一人之精力，凭藉功名，不能得民众之助力，是以人存则政举，人亡则政息。无锡既处京沪之交，地势面山瞰湖，绾毂东南，工商殷阜，而人文蔚起，实为发达之原素。

——陆权

名门望族作为一种独特的无锡文化，是其他城市所无法仿效的文化特色，无锡近代的许多名镇，无锡地区的发展，大多与这些家族有关，那么，这些望族有哪些独特性？为什么会有这些特征的？等等，这些问题的探讨无疑是解读无锡望族的"因"、"源"与个性，从而有助于探究望族的价值意义。本章将从人才、人文、人格等三方面来揭示望族的主要社会特性。

一、人才优势

元王仁辅的《无锡县志》说："无锡自太伯肇基于前，其后才贤之著，代不缺人，其礼义之邦乎。若夫名泉旧迹，遗封故刹，因人而胜者，可以登临古而想其风焉。"

无锡地区英才济济，曾经有过两次群星灿烂的历史时期。第一次是在明清，无锡文史研究称誉华夏，东林书院一度成为全国学术政治评议中心；第二次是在近代，西学东渐，无锡学者开风气之先，出现了一批享誉全国的大师级人物，并形成了一个阵容强大的经济学家群体，而这一切又无不与望族密切相关。

1. 人文渊薮

民国二十二年(1933)，侯学愈重刊秦瀛《小岘山人文集》，在卷首

“例言”中写道：

> 吾邑人文，莫盛于康雍乾之际。经学如顾复初（栋高）、秦文恭（蕙田）、蔡宸锡（德晋）、吴大年（鼐）暨弟尊彝（鼎），理学如秦灯岩（松岱）、顾均滋（培）、高紫超（愈）、孙立三（裘仁），类皆耆年硕德，撰述等身，蔚为儒林重望。至词章之学顾梁汾（贞观）、严秋水（绳孙）、秦留仙（松龄）外，阙推黄夏菻（瑚）、杜云川（诏）、邹泰和（升恒）、吴揖峰（峻），均以提倡风雅为已任。……（其后）凌沧秦先生（瀛）著《小岘山人文集》，洵为吾锡治古文者开山之祖。并世尚有陆铁庄（楣）、邹半谷（方锷）、诸杏程（洛）、华澹园（玉淳），后起则有周怀西（镐）、薛画水（玉堂）、邹容垞（导源）、张端甫（岳毅），吾家子勤叔祖（侯桢）、皆衍其余绪，各自成家。

这是对清代无锡地方人文人才的一次全面的总结，上述的所有姓氏都是当时无锡地区的名门。人造望族，望族造人，人和望族造就着独特的城市文化。人才与望族是相得益彰的。一方面，人才有助于提高家族的地位和声望，相传几代，可以成其为望族；另一方面，因为出身望族，自幼受到良好的家庭熏陶，脱颖而出的机会也就多些，形成一种良性循环。

新式教育出现以前，士身份的认定、等级的高下以及相伴随的特权，主要是由朝廷所定的科举等级功名来决定的。及至明清，科举制度愈来愈完备，成为覆盖整个社会的教育和选官制度，几乎是为士者的唯一进身之阶，以至科举人才直接影响到家族的地位，科举特别是进士名录，是一个家族社会地位、文化层次高下的标志。所以，彭元瑞说：“科举一道，得失颇重，不特功名之路，抑且颜面所关。”[1]

根据《无锡市志》第四卷“历代进士名录”统计[2]，自唐至清（806～

① 《录遗告示》，见诸联《明斋小识》卷七。

② 需要指出的是，进士名录的姓氏并不一定是一个家族，只是从总体上简略说明这个姓氏的特点。

1894)，无锡县540名文科进士中，望族的进士有367名，占总数的68%（见图5）。其中状元6名、榜眼2名、探花6名、传胪3名均出自望族。望族中不仅进士出身的人多，而且是世代相接，连绵不绝。例如：

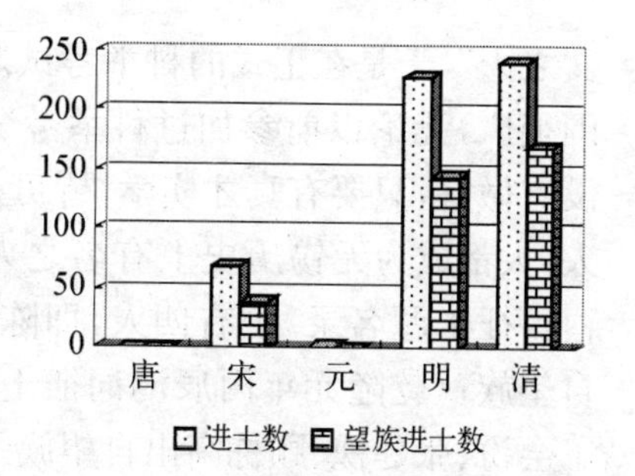

图5　历代进士人数

后宅邹氏，有"邹氏三光"的佳话，即邹龙光、邹同光、邹迪光在万历年连续中举，为家族发迹奠定了基础，以后又有八世八进士的科举盛世，即（二十一世）邹龙光、邹迪光，（二十三世）邹式金，（二十四世）邹忠倚，（二十六世）邹升恒、邹士随、邹一桂，（二十八世）邹弈孝先后中进士，成为书香望族。

东亭和荡口华氏，绅商合流，出过37名进士、4名举人、博士等子员二百多名。有三世三进士，即嘉靖三十一年华启直、天启二年华允诚、康熙十八年(1679)华澄，盛名一时。

下甸桥嵇氏，魏晋之际"竹林七贤"之一、中散大夫嵇康的后裔，一支于明朝由湖州直接迁锡，居西城前西溪荷花荡；一支由湖州经常州芙蓉庄嵇家荡，再经江宁于清初迁锡。该支在清代声名显赫，曾有一门五进士，三世三进士（即顺治十二年(1655)嵇永福、康熙四十五年(1706)嵇曾筠、雍正八年(1730)嵇璜均中进士），一门三总督，一朝三阁老（嵇曾筠、嵇璜相继任宰相，后恩荫嵇曾筠之父嵇承谦为"文华殿大学士，太子太保"）的荣耀。

城中和胡埭秦氏，累世大族，科甲不绝，秦毓钧曾自称有"三十三进士，七十六举人，百余员之博士弟子"①。有三世三进士，即秦松龄（顺治十二年）、秦道然（康熙四十八年）、秦蕙田（乾隆元年）。在32名进士中，有13人点了翰林，入翰林院任职。

清康熙八年，皇帝考虑到编纂《明史》的需要，下令征求"绩学能

① 《锡山秦氏文钞》卷一二《制义存目叙》。

文之士”，于是在正式的科举考试之外设立了博学的鸿词科。推荐范围很广，无论以前参加过科举考试与否，无论京城还是外地，无论有没有做官，只要有真才实学，皆可推荐。无锡参加博学鸿词科考试之人，大都成为无锡历史上有名之人，而且大都出自望族。如《康熙已酉科征士题名录》中有四人，即陈维崧、秦松龄、严绳孙、嵇永福均出自望族；《乾隆元年丙辰鸿词征士录》中，有七人，其中周钦、华希闵、王会汾、张廷槐、顾栋高出自望族。

此外，望族中的优秀人才不但通过科举在朝为官，还有许多人担任了各省的学政[①]。在清代，金匮张泰开任直隶省学政；无锡秦潮任安徽学政；无锡杨兆鲁、邹炳泰任江西学政；无锡邹亦孝任福建学政；无锡邹炳泰任山东学政；无锡邹升恒、金匮周日赞任河南学政；无锡嵇曾筠、邹桢行、朱福基任山西学政；无锡王云锦、嵇承谦任陕甘学政；无锡邹奕凤任广西学政；金匮周日赞任云南学政；无锡华章志、邹一桂、金匮顾皋任贵州学政。可以说，望族出身的学政遍及全国。

学政之外，无锡在朝大官曾多次主持乡试和会试，其中大都出自望族。以清代为例，除杜玉林外，数十位无锡籍主考官均出自名门望族。这些主考官既是科举人才，又是科举人才的选拔者，激励和推动着全国各地人才的不断涌现，与此同时，也拓展了家族的社会关系，在一定程度上提高了家族的实力。

近代新式教育出现以后，望族子弟不再热衷功名，特别是废科举以后，在科技、文史、政治等领域，望族成员仍然表现突出，如收入《江苏艺文志·无锡卷》的有 4 626 人，其中华姓有 352 人、秦姓有 214 人、顾姓有 173 人、钱姓有 121 人、吴姓有 209 人、周姓有 148 人，合计 1 217 人，仅此六姓就占了无锡地区全部作家的四分之一多[②]。又如

---

① 学政一词，出于《周礼·春官》，宋代以后就成了官名。明清两代，是提督学政的简称。清雍正以后，成为派往各省按其至所属各府、厅考试童生及生员的专门学官。学政均由侍郎、京堂、翰林、科道及部属等官带衔派任，所任之官本人都是进士出身的。三年一任，不问本人官阶大小，皆作钦差待遇。在任学政期间，级别与总督、巡抚平行。

② 江庆柏：《明清苏南望族文化研究》，南京：南京师范大学出版社，2000 年版，第 185 页。

40名无锡籍两院院士(不含江阴、宜兴)中,出自有进士第望族的占67.5%,具体分布如表5所示。

表5

望族	进士数/人	占总数的比例/%	院士数/人	占总数的比例/%	望族	进士数/人	占总数的比例/%	院士数/人	占总数的比例/%
钱	8	2.1	6	15	顾	26	7.1	2	5.0
王	32	8.7	3	7.5	侯	11	3.0	1	2.5
陈	15	4.1	3	7.5	周	15	4.1	1	2.5
许	6	1.6	2	5.0	秦	32	8.7	1	2.5
杨	16	4.4	2	5.0	邹	20	5.4	1	2.5
薛	5	1.4	2	5.0	过	4	1.1	1	2.5

综上所述,望族的人才优势主要表现为两方面:

一是同一家族中涌现出成批的人才。如秦氏,从明代的秦金、秦旭、秦梁,清代的秦松龄、秦蕙田、秦炳文、秦祖永,近代的秦毓鎏、秦起、秦邦宪,直到当代的秦古柳、秦柳方、秦含章;华氏,从明代华察、华燧,清代华希闵、华时亨,近代华蘅芳、华世芳,到当代的华彦钧、华君武;顾氏,从顾宪成、顾祖禹、顾贞观、顾栋高、顾光旭、顾皋,到当代顾谷同、顾一樵;邹氏,从邹望、邹忠倚、邹一桂、邹炳泰,到邹瀚飞、邹钟琳,这种代代相传的家学渊源,造就了一代又一代的社会精英,对近代以来的无锡社会有着巨大的作用。

二是各个家族中涌现出各类人才。如堰桥村前胡氏,是近代新兴的科技世家。胡和梅曾任湖南桃源教谕,两子胡壹修、胡雨人都是教育家,胡雨人还是水利专家和社会活动家。胡壹修三子敦复、明复、刚复,是著名的数学家、物理学家,被人称为"一门三博士",其事迹写入了20世纪30年代的无锡乡土教材,其子孙还有著名人士胡旭初、胡纪常、胡炎康、胡鸿均、胡鸿猷、胡杏源、胡明新等。

又如无锡钱氏，一向以耕读为业，是个较为注重家风家学的家族，因而，不乏德才杰出者、声誉较高者，尤其是在近现代，涌现了一批国学、科技、政治等方面的优秀人才：

城西（西城）钱氏，大多为城市居民，文化程度较高，其中丹桂堂一支尤为突出，如社会名流钱基博（国学大师）、钱孙卿（基厚，无锡县商会主席）；钟字辈有钱钟书（学者、作家）、钱钟韩（科学院院士）、钱钟毅（建筑学专家）、钱钟汉（无锡市副市长）、钱钟彭（机械工程专家）、钱钟泰（电机工程专家）、钱殷之（钟瑚，教育家）、钱钟夏（教育家）等。

鸿声钱氏，素有重视教育，培养子弟之风，有科学院院士钱伟长、钱临照、钱令希，工程院院士钱易，国学大师钱穆，经济学家钱俊瑞，书画家钱瘦铁等。

查桥钱氏，因在偏僻农村，文化程度相对较低，再加上该地区战事频繁，族员大多走上了革命道路，现查桥镇的43位革命烈士中，钱氏就有8位。

新渎桥钱氏，虽地处偏僻锡西，但有激励子弟好学上进、培养人才的家族风气，不乏书香之家，有钱学熙（朝鲜停战谈判首席翻译）、雕塑家钱绍武、化纤专家钱宝钧、工程院院士钱鸣高等。

据不完全统计（仅限于《无锡名人辞典》），无锡钱氏中的副教授、教授有107人，地市级及其以上干部11人，他们的分布情况如表6所示。

表6

地　区	副教授/人	教授/人	地市级及其以上干部数/人	总数/人	备　　注
鸿 声 镇	6	5	1	12	内有院士3人
查 桥 镇	2		3	5	

续 表

地　区	副教授/人	教授/人	地市级及其以上干部数/人	总数/人	备　注
阳山镇	6	3		9	院士1人
杨市镇	10	6		16	
华庄镇	4			4	
东埄镇	3			3	
新安镇	4			4	
钱桥镇	4			4	
坊前镇	1	2		3	
东北塘镇	2	2		4	
张泾镇	3		1	4	
陆区镇		2		2	
其他镇	11	1	3	15	
市区长安桥	2	1	1	4	
市区城西	5	6	1	12	院士1人
其他地段	13	3	1	17	院士1人
合　计	76	31	11	118	院士6人

显然，无锡地区望族显示了人才密集、文化传承的优势，这种人才链的出现，既显示了家族的整体文化实力，也扩大了家族的声望和影响，从而也影响到无锡地区的人才演变。

2. 巾帼不让须眉

任何家族的发展都离不开人力资源，而女性承担着教养子女的重要职责，因此，无锡地区望族的闺阁女子也受到了良好的教育，文化程度相对较高。

唐顺之在《荆川集》卷十《吴母唐孺人墓志铭》中说："吾唐氏之先以诗书长，厚创其家，子孙相与守之，其女子亦往往有化于其风者。"

荣汝棻也在《孙葆如女士属题重九雅集图》一诗中写道：

> “孙氏旧德门，咏絮多女士。姊妹姑侄行，人各娴文史。时维重九秋，同为惠麓游。兼约诸学友，揽胜第一楼。棋声丁丁箫声和，读书声里逸兴多。会心处正不在远，观者听者均忘倦。韵声如斯得未有，其人其楼两无负。巾帼何必仍须眉，将与香山雅会同传久。”[①]

正是在家族的支持下，望族女性不再视“女子无才便是德”为圭臬，一般都接受诗文、书画、琴棋等方面的训练，例如顾慈七岁就在父亲顾光旭的指导下阅读《毛诗》，又研读汉魏六朝三唐诗文。在父亲的精心培育下，顾慈与她的姐姐顾端、妹妹顾蕴，学业上进步很快，都有诗集面世[②]。又如邹佩兰，为邹鸣鹤之女、华衡芳之妻，是金匮地区有名的才女，“堆床重理读残书，结习从今悔未除”，一直保持着良好的读书习惯，著有《纫余小草》行世。

也正因为有了较高的文化修养，望族女性不仅重视子女的教育，而且也有能力从事这种教育，并富有成效。邵宝之母过氏在家庭分析财产时，“独取先曾祖存一府君手校先世遗书千余卷，昌言曰：吾冢妇也，此书当与吾儿读之”[③]。正是在母亲的督促下，邵宝考中成化二十年进士，官拜礼部尚书。

也正是由于家族的宽容，以及女性自身的努力，望族中涌现出一批眼界开阔、富有才华的女性人才，如锡山秦氏中，有爱国才女秦森源。

> QYY：秦森源先后在上海“务本”和“爱国”两所女学读书，曾在上海参加五四爱国运动，坚定了她的反帝反封建斗争的信心。1920年进无锡竞志女子中学时，森源经常关心时局，致力于

---

① 《棠荫轩遗稿》卷一。

② 江庆柏：《明清苏南望族文化研究》，南京：南京师范大学出版社，2000年版，第150页。

③ 邵宝：《容春堂续集》卷九：《请太淑人贞节碑文于少傅守溪王公状》。

女权运动,她的老师李法章说:“诗文进步之速与宗旨,非恒人所及,持教二十余年,男女生徒数千百,而卓卓多奇气,森源实为其最。”1922年,在题为《述本年国庆日之感想》的作文中,她写道:“十年来军阀专横,丧权卖国,祸乱相寻,民不聊生当为之一哭,尚可庆祝云乎哉?”在《整理时局神圣无上之条件——解决救亡》一文中,她指出:“为求免国际帝国主义之侵犯,国性之摧残,而当先驱除其家奴——现代军阀,打倒逆流而上与民族精神势不两立之现代政治也。”“现政治制度一日不破坏,军阀武人国际帝国主义家奴一日不铲除,教育实业之前途晦盲否塞,无复见天日之望也。”直截了当地把斗争矛头指向了当时的执政者。

当孙中山先生逝世后,秦森源抱病写了《我们为什么要追悼孙中山先生》刊登于《新无锡报》。她说孙中山是“创造中华民国的伟人,我们不能自己承认‘冷血’,……我是热爱祖国者,我便不能不自己真挚哀悼着孙中山……青年们,起来,起来,起来倡率这大民族的良心吧!”在五卅反帝爱国运动中,她又积极投入新闻事业,在《直捣黄龙》一文中写道:“相率中原豪杰,还我河山,直捣黄龙作痛饮,打倒帝国主义,更打倒帝国主义之伥、卖国政府啊!”并在文中写了两句诗:“钢刀举处血溅衣,头颅滚处怒欲飞。”她还希望迅速建立妇女团体,要求“练成女国民军”,达到“外抗强权,内除国贼”的目的。

江庆柏认为:“秦森源积极参加了一系列具有改革意义的活动,并用犀利的笔锋写下了一系列有强烈冲击的文章。这些文章不仅见解深刻,而且语言犀利,充满激情和气势,具有强烈的感染力。可以说,这一时期能写出如此深刻文章的知识女性并不多见。”“在现今的各作品选中,都未能留意于这位女作家,这不能不说是一个缺憾。”

东亭和荡口华氏中,有诗人华瑶,华希闵之女,慷慨尚气节,尤好乡先贤古迹,咏古诗无柔靡之音。《梁溪诗钞》收有她写的诗40首。《正始续集》中称赞她:“喜读史,论古颇有父风。”刺绣艺术家华璂,华蘅芳之女，能诗善画，精于刺绣，尤以风景、翎毛、走兽绣见长，所创自由运针方法，为现今乱针绣法的先导。《南洋劝业会研究会报告书》中曾提道："华琪、华玙（堂妹）绣品名誉素著，物殊不恶，乃研究已有年，于经验上得绝大之进步，且善画，故其作尤超出寻常之上，实比湘绣、苏绣为优。"光绪三十二年，应聘在荡口鹅湖女校教授刺绣。民国元年(1911)在上海开办刺绣传习所。民国四年(1925)，她所绣的《蹲在稻草堆的公鸡》，获巴拿马太平洋万国博览会金牌奖。

裘氏中有报人裘毓芳，精通国学和英语，曾用白话文翻译《格致启蒙》和《女诫注释》两部书，1898 年，9 岁的时候，受到当时康有为、梁启超变法维新的影响，与堂叔裘廷梁创办《无锡白话报》，成为中国妇女从事新闻工作者中"第一人"。1898 年 7 月，又与康同薇、李蕙仙在上海创办妇女自办的第一份报纸——《女学报》，为宣传男女平等的思想提供阵地。毓芳佐其叔艰苦工作，担任采编、撰写、校对等，帮助了解国际信息、国内大事和地方情况、社会动态、文学、教育方面的改革。

旗杆下杨氏中，有画家杨令茀，年轻时受秋瑾影响颇深，先后从师吴观岱学画，由从林琴南习文，诗画出众，年方二十画艺已与齐白石齐名。丁闇公称赞她的诗"山如眉黛水凝脂，秀绝琼阁笔一枝"。诗作汇编为《山远水长诗集》(2 册)，有"杨家小妹才气高"的美誉。齐白石赞她的画"夺得安阳石室神"。杨令茀尤致力于临摹历代帝王和皇后的画像。还爱好建筑，曾制作大观园模型和颐和园模型。1973 年，她写信托美国国务卿基辛格转给周恩来总理表示愿将毕生收藏的宝玉赠给北京故宫博物馆，将字画、著作献给故乡无锡市。教育家杨荫榆，杨荫杭之妹，曾留学日、美，回国后任北京女子师范校长，因主张学生只管读书，不要参加爱国学生运动，受到鲁迅等学者的谴责，而被学校解职，后到苏州女子师范任教，因反对日本人的逆行，而遭日军枪杀。作家杨绛，杨荫杭之女，钱钟书之妻，曾赴英、法留学，著译作品极丰，代表作有《干校六记》、《洗澡》等，曾荣获"西班牙智慧国王阿方索十世"十字勋章。计算机软件工程专家杨芙清，曾留学苏联，曾当选为学部委员、院士。据报载，比尔·盖茨每次到中国首先要见的就是杨芙清。

嵇氏中有活动家嵇良英，嵇毅复之女。第一次国内革命战争时期，她参加了国民党左派组织，参与组织工人罢工和农民运动，迎接国民革命军北伐。后在无锡成立妇女协会，开办识字班，动员妇女剪辫放足，其影响之广遍及城乡。

前西溪薛氏中，有活动家王镜秋，薛育麟之妻，辛亥革命后维护女权，提倡天足，主张女孩上学，她的爱国思想不仅影响了子女，还影响了其内侄王昆仑。养蚕专家李钟瑞，薛明剑之妻，擅长诗文，撰写了不少有关栽桑、育蚕、制丝知识的诗歌，流传江南农村。著有《宣讲笔记》、《蚕业辞典》、《实用养蚕学》、《实用养蚕法》等书，并协助丈夫薛明剑编辑《江苏乡讯》。

……

相比较而言，望族女性比一般女性有着较多的自由和权利，因而，成才的机会也多，当然，枷锁依然存在，望族对于女子的教育问题始终是矛盾心理，在一定程度上也扼杀了女性的发展。如薛育麟长女薛青萍，工于刺绣，就读职业学校，毕业后，迫切希望继续升学，但为家族中“女子无才便是德”封建习惯势力所不容，在“众言可畏”下，先后患精神病与痢疾，不幸早殇，这也激发了其余三姐妹走上反对专制、爱国革命的道路。又如从事封建新闻事业的第一人裘毓芳，21岁时嫁于留芳声巷杨氏旧家杨宗石为妻。杨宗石一年后去了安徽某县当县官幕僚，毓芳只能做了家庭妇女，过着独居生活，不久由于产后失调，患了肺病，卧病半年，不幸逝世。因此，传统社会中女性的成才是需要有合适的社会土壤的培养的，否则也只是昙花一现。

综观无锡地区望族人才群体，主要具有以下特征：

(1) 以灵秀智能见长的科技、文化、商业人士居多，而少有以胆气雄略取胜的政治家、军事人才。对于这个特点，早在民国时秦毓钧就曾说过“吾宗武科不显，四百年来仅仅五举人一进士”①。这种人才类

① 《锡山秦氏文钞》卷三《秦沅传》附注。

型的特点，无不与无锡特殊的区域位置、家族取向有密切关系。早在东晋时期，苏南地区就逐步完成了从“尚武”到“尚文”的社会风尚的转变。从此以后，不管社会发生何种变化，“重文轻武”始终是苏南文化的基本特点，无锡也不例外，这种“贫文富武”的社会风尚必然会影响各个望族，以其时的“文”为敲门砖，通过“文化”来显示家族的荣耀和权力。如《毗陵吴氏宗谱》卷一“家训”中写道：“萤窗雪案，奋迹飞腾，显祖荣亲，建功立业。”《王氏三沙全谱》记《诫子侄箴》中也说：“南渡以还，爰有学士。程门正宗，儒术不替。”

(2) 以家族为基础的文化人才群体，是家族长期的文化积累的成果，也形成了无锡文化界“和而不同”的鲜明特点。在工商文明的熏陶下，一切以学术的是非为转移的唯实精神。这点在无锡人文大家的人格上得到了充分的体现。钱钟书与父亲的关系很好，1980 年访日时有人问他对钱基博《现代文学史》的评价，他连说：“不肖！不肖！”虽亲父子也不含糊。而钱基博早年对儿子的发展也不干涉，学问面前人人平等，保持着可贵的学术个性。当然，从另一个角度看，这也使得无锡文化发展中社会宏观整合能力不强，构不成有力的中心文化，换言之，在无锡是找不到任何学术流派的，这就极易使文化在持续发展中产生断裂、逝层现象。

二、人文内涵

民国秦氏所编的《锡山秦氏文钞》，曾对本家族历经清明两代的历史作过全面的总结。从“家世能文，后先辉映”，到“道德发为文章”，再到“吴越之间，久尊文望”，“或潜或显，蜚声文苑”[①]。秦氏家族中的每一代人都继承着家族的文化传统，“代不乏人”、“敬承勿替”[②]。如秦璋，“读书过目成诵，与其叔孝廉梅村先生同笔砚，每举书中疑

① 秦毓钧：《锡山秦氏文钞序》。
② 秦赓彤：《世德清芬集书后》，《锡山秦氏文钞》卷九。

义,互相辩论,至丙夜不倦”。文化性是无锡望族所追求的理想目标。

江庆柏把这种文化特征归纳为:家族以实现本家族的文化性为自己的追求目标,家族成员具有强烈的文化意识,他们所从事的职业也以文化型为主,或具有文化特征;家族具有良好的文化环境和文化习惯,充满浓厚的文化气氛;家族具有相当的文化积累,并有一定的文献储存;家族内进行着广泛的文化交流[①]。作为文化型的家族,不仅在于精英迭出,还在于整个家族拥有完整的文化链,而这一文化链的形成是与各家族的努力分不开的。

1. 兴学育才

薛福成说:“古今盛衰之运,以才为升降久矣……是故事须才而立”,“能举天下之才会于一,乃可以平天下”。潘光旦在《明清两代嘉兴的望族》一书中则指出,能传承家风者,很重要的一点是要靠人才。人才是事关家族兴旺与否的重要因素,因此,无锡地区的望族无不把教育作为培养人才、振兴家族的重要途径。

丁福保在1906年曾写过一篇《南塘甲午谱后序》,序中总结了无锡丁氏自元末由常州迁居无锡以来五百三十余年的历史,分析其兴衰成败的原因:无锡丁氏于明初第三代由商业起家,以富闻于一乡,后来虽亦有以读书显著者,但总体上这一优势不明显。第十世丁明俊以五世无显者,先泽将斩,方思起而振之,于是以重金延聘名师,教诸子读书。自此以后到十四世,逐渐进入丁氏“全盛时期”。此“读书仕宦之明效”。十四世后,以科名显者渐少,读书者日寡,家族一度萧条。科举废后,科学渐兴,接受新教育的子弟日益增多,丁氏又渐盛。无疑,丁福保从本家族盛—衰—盛的发展历程中认识到:读书是家族兴衰的关键。

名医世家窦氏妻周氏婚后八载而寡,生活十分艰难。周氏历经

① 江庆柏:《明清苏南望族文化研究》,南京:南京师范大学出版社,2000年版,第39页。

艰辛，扶子成立，教子读书，高跃龙说："今者家日隆隆起，孙曾辈俱读书自好，他年必有大振其家声以报孺人之苦节者。"[1]即使教育的成效并非立竿见影，但望族还是相信教育在地位流动上的功能。

为此，当荣汝楫发现自己家族的家训缺少有关教育的条文后，特地将陆陇其的有关家庭教育的格言附在家训之后，"凡我族中贤者，幸展诵宣讲之，俾人人咸知此意，庶几荣氏之兴其未有艾也"[2]。他要求家族子弟牢记先哲遗训，认真宣传，搞好家族教育，以保证荣氏家族的繁荣昌盛。他始终把读书看作是族中的第一要事，不仅将这一点写入宗谱，而且还身体力行，付诸实施。当他在家待选时，曾亲自教授族中子弟，其胞弟称荣汝楫"于子弟读书一途尤为敬意"[3]。正因为注重教育，无锡荣氏后来成就很大，成为新兴的望族。

望族重视教育不仅在于传授知识，还在于其有助于成员价值观的确立和良好习性、品质的塑造。如《无锡陡门秦氏宗谱》卷二家训说："三曰勤读书，变化气质，陶淑性情，惟典籍是藉。操之在己，达之在天。勿侍富而惰学，勿不第而丧志，勿以困苦而辄止，勿以明敏而荒疏。苦心力学，自能达其道而行其志。"显然，秦氏把受教育作为改变气质的条件，如果缺乏文化修养，就不可能成为雅人，因此，宗族子弟在任何情况下都必须勤读书。

同样，吴氏也一直重视读书。一般的吴姓人家，都认为"弟子读书，尤当上体父兄之志。自图远大之程，希圣希贤，光前裕后"。世家大族，对读书则又有一层更为深刻的认识，在他们看来，读书不只是为了博取功名，最主要的是提高宗族的素质，"先贤垂训学问，须以变化气质为先"[4]，这种对读书的高度重视，使吴氏族姓在历史上产生了大批读书出身的文人学者、高官显宦，并形成了许多吴氏书香世家。

教育对于家族的意义是如此重大，以致许多望族都热心办学，邹

① 《锡山窦氏宗谱》卷一。
② 无锡《荣氏宗谱》卷二二《家训》。
③ 锡《荣氏宗谱》卷二二《家训》。
④ 光绪二十六年《吴氏宗谱·宗规》。

鹤鸣曾写道:“人文渊薮之地,士兴于学,民兴于业,义田义塾之设,比比皆是。”[1]显然,无锡望族把家塾的兴办作为兴盛家族的重要条件。无锡有历史记载的义塾是元代强以德办的强氏义塾。义塾是明清时期望族私人办学的主要形式,土地的收入是义塾经费的来源,这样族中贫寒子弟也可以得到受教育的机会。

荡口华氏,早有华氏义塾。各义庄还专门划出义学田,并把分散的学田集中于一庄,专供族间子弟攻书上学之资。所办的“学海书院”、“怀芬书屋”(后改名耕余书塾),是科举时代荡口文人会集、攻读会考之所。由义庄学田提供资金,聘有专职宿学名儒。民国初年,华绎之将其祖父华鸿模所创办华氏私立果育两等学堂,改为鸿模高等小学。义庄还设立奖学金制度,学生免费入学就读,远道学生免费住宿,每学期考试成绩名列前两名者,可领取下学期奖学金,对清寒勤学的子弟还发有生活费。此外,义庄还提供华氏子弟出国留学的全部费用,外姓优秀学员的出国费用,经义庄同意,也如数发给,以鼓励好学成材,为国效力。荡口之所以自清代以来精英辈出,义庄功不可没。

西河头陆氏,陆蓉第恪守“遗子千金,不如教子一经”的古训,认为只有读好书才能做一番大事业,从而立于不败之地。因此,他出资办学,请名师执教,让四个儿子上学苦读。陆定一的父亲陆澄宙与其三弟都中过秀才。科举废除后,陆蓉第把自己的大部分土地划作义田,把土地收入的一部分拿出来资助办学,大部分用作家族子弟的学费,并立了章程,激励所有子孙努力学习,事业有成。这里有一张表可见一斑:

长房焕一子:玉磊,交通传习所毕业

二房澄宙四子:坤一,清华留美预备学校毕业,美国耶鲁大学经济学、历史学硕士

定一,上海交通大学(当时的南洋大学)电机系毕业

亘一,上海交通大学通讯电信系毕业

---

① 邹鹤鸣:《世忠堂文集》卷三《鹅湖华氏家塾文钞序》。

正一，苏州东吴大学物理系毕业

三房佐运三子：竹安，中学毕业

贯一，美国麻省理工学院工程系主修石油探矿

宇安，上海同济大学医科毕业

四房藩三子：福元，中学毕业

福培，上海同济大学医科毕业

福臻，浙江大学毕业后派往美国学习化工

实际上，民国以来，望族办学已超出了纯粹的家族性，据过丙烈撰《荣吉人先生墓志铭》所记，无锡荣善昌"深念以为中国积弱已久，外侮狎至，非教育不足以图存"，于是在家乡协助家族荣德生创办学校。开原荣氏德生，一生只注重实业和教育两件事，他指出："事业之成，必以人才为始基也。""人才为先，一切得人则兴。""然人才之兴，必有良师导入正轨，传授心得，谆谆启发。""余有鉴于斯，缘吾乡僻处农村，贫寒子弟纵有天才，无良师授业，所以兴办学校。"[①]1928年，他在《追述工商中学始末》一文中说："余髫年经商，读书无多，迨后置身实业，职务繁冗，深感学识缺乏之痛苦，渐悟教育事业之可贵。"于是以荣氏兄弟为代表的荣氏族人，在荣巷及周围不大的地方，办小学、中学、职业学校以及大学，总数超过10所，从而使数以万计的荣氏子孙及周边孩童求学上进。

据《公益第一小学校史》记载："本校校主荣宗锦、宗铨兄弟，其先后捐资教育事业，统计在四十万元以上。初仅本校一处，其后逐渐推广，竟达男女学校十所。……而不久又续开公益初中及梅园豁然洞高中部，先后造就人才不可胜数。及金西乡民支开通，自治刷新，有模范之称，因公认为私校发达之功，要由本校发其轫耳！"乡人评价荣氏所办的学校是"实业家办实业教育"。长期从事荣氏研究的CWY介绍说：

① 朱敬圃：《乐农自订行年纪事续编》。

清光绪三十二年正月，荣德生老先生提倡新学，联合族中的开明人士，将原有的私塾改为公益小学，这是他创办学校的开始。从此以后，就一发而不可收拾，直到荣德生逝世，他的办学活动大致分为这四个阶段：

第一阶段是初创阶段(1906～1918)：先后创办四年制的公益初等小学和竞化初等女子小学各四所，二年制的公益高等小学和竞化高等女子小学各一所，而这两所高等小学实际上是“两块牌子，一套班子”。办学经费，头四年由族中捐款集资，1910 年以后，由荣德生和他的胞兄荣宗敬独力承担。到 1934 年暑假，公益第一小学初级毕业生 847 人，高级毕业生 507 人，荣德生的长子伟仁、次子尔仁、三子伊仁、四子毅仁、六子纪仁等都在其内。到 1935 年，在校学生已达 474 人，由此可见当时附近农村小学教育的普及程度了。

第二阶段是发展阶段(1919—1937)：相继开办了公益工商中学、梅园豁然洞读书处和公益初级中学。钱伟长、孙冶方都是工商中学的学生，在毕业生中，有不少人后来进了荣氏企业，成为工商管理和技术方面的骨干。读书处采用旧时书院式的教学方法，延请名师，教授国文、英文、算学、国术、修身等课程。荣德生的三子伊仁、四子毅仁、五子研仁和外孙蒋元基、丁宜生等，都是这里完成中学阶段的学业后，分别考入大学或出国留学的。这些学校的经费都由荣德生一人承担。

第三阶段是过渡阶段：抗战期间，荣德生避居武汉和上海，所办学校被严重破坏，校舍大都被强占，有的甚至被改作日军的马厩。这一时期，荣德生并未直接参与办学活动，而是支持子侄辈以申新纺织公司的名义，筹办中国纺织染工程补习学校，1940 年，又以申新九厂的名义，开办中国纺织染工业专科学校，后来发展为四年制的中国纺织染工程学院，并成为解放后建立华东纺织工学院(今东华大学)的基础之一。1944 年，又支持儿子荣尔仁，在重庆成立公益工商研究所，调查战时内地的工业状况和战后民族工业的复兴。这个研究所于 1946 年迁到上海，1955 年并入上海纺织研究所。

第四阶段是重建阶段：1946年，亲自主持了公益中学的复建工作，并把原来的三年制初级中学扩展为包括初中、高中各三年的完全中学；1947年，又亲手创办了私立江南大学，这是无锡历史上第一所正规的本科大学。可惜的是，这所学校只办了五年，1952年全国高校院系调整中被撤并，但在这里学习过的本专科毕业生，后来大多学有专长。

对于自己的办学经历，荣德生曾作过如下总结：

余昔年办学，自小学、中学而至专修，皆持此宗旨：教育贵在实学，虚有其名，无裨实用，不如无学。

余历年所办学校，以工商中学的人为盛，次则梅园读书专修班造就亦多。工商毕业生都能学得实用技术，今日各工厂、各企业任技术员、工程师、厂长者不少，尤以纺织界为最多。豁然洞人才大多精研学理，品德优良，从事社会事业或自创企业，颇不乏崭露头角者，虽非纯粹技术，亦能有裨实用。其余公益、竞化诸校，所出人才亦不少，绝鲜走入异途，或作非分之事及成为社会渣滓者。推其原因，皆为“实学实做”而已。

由是观之，荣氏所办公学已不仅仅是为了家族的发展，更是立足于社会，注重效应，质量为上。可以毫不夸张地说，在荣巷古镇周围现有的学校几乎都与荣氏有关。以个人的财力，几十年如一日，开办如此众多的学校，取得这样丰硕的成果，这在国内外实属罕见。据20世纪20年代，江苏省农民银行的一项调查表明，时荣巷成年人识字率达到了49.6%，大大超过了周边地区。

2. 言传身教

作为传统社会组织的基本单位，家族的教化功能是学校教育所无法替代的。顾维锑在《泾皋遗诗汇览序》中指出:“家庭之内,子若弟耳濡目染,类能砥砺廉隅,束身矩矱。”生存在浓郁的文化氛围中,自然而然会形成一种文化传统。换言之,望族的形成,主要有家学渊源、言教身教。

城西钱氏,引以为豪的是家族中文采风流的长传不衰:“自以使得姓于三皇,初盛于汉,衰于中唐,中兴于唐宋之际,下暨齐民于元明,儒于清,继继绳绳,卜年三千,虽家之华落不一,绩之隐曜无常,而休明著作,百祖无殊,典籍大备,灿然可征也。”①生长在这样的书香门第里,从小便会置身于一种浓浓的读书氛围的浸润之中。

在钱基厚的《孙庵年谱》中,不时可以见到这样的记载:“长侄钟书及子钟韩始由伯兄授读,余子先由室人于五岁时,每日清晨在床授以方字,谓早起精神好、口齿清、记忆真也。”“(钟达)三岁后,母姊为授唐诗短句,颇能成颂。余常闻其晨睡初醒,于母枕上诵‘春眠不觉晓,处处闻啼鸟。夜来风雨声,花落知多少’句,喃喃不休。问母有误否,母辄破颜为笑。……叔嫂王夫人有妹适鲍,尝寄余母作义女,时来余家,余子女多从问字,随从兄弟称六姨。儿五岁时,亦从识方字,语母曰:‘吾今乃为六姨学生,应称以先生矣。’”②钱基博也曾描述过自己与儿子钟书、侄子钟汉在家中读书讨论的情形:“长夏无事,课从子钟汉读番禺陈澧兰甫《东塾读书记》,时有申论,随记成册。其中有相发者,有相难者,每卷得如干事,尽四十五日以讫事。陈氏以东塾名其庐;而仆课子弟读书之室,会在宅之东偏,遂以‘后东塾’名吾室。”③

这些情景的描述,生动地反映了钱氏家族重视家族教育、重视文化气脉传承的“文化型”特征。虽然在“惟”、“福”诸辈中并没有产生什么声望特别显赫的人物,但这种“气”却在几代人中不断地积累,所谓厚积薄发,到了“基”、“钟”两代,终于硕果累累。

虹桥湾顾毓琇是一个知识渊博的世纪奇才,他“一贯服膺于关怀

① 钱基博:《无锡光复志·自叙篇第六》。
② 钱基厚:《孙庵年谱》“民国五年”、“民国二十三年”。
③ 钱基博:《〈古籍举要〉序》,见《钱基博学术论著选》,第522页。

天下，服务民众，业精于理，学博于文，好古敏求，淡泊自持，以教育英才为终身职业"①，他的这种人格魅力的形成，受到诸多因素的影响，其中家庭教育起到了相当重要的作用。

GDR：顾毓琇家与我们苏州顾家都是昆山顾氏族的后裔，从家谱上看，虹桥湾顾氏与我们唯亭顾氏虽然不是同族，但有着同一个祖先顾雍，也就是所谓的"江南无二顾"，因此，顾毓琇的家学渊源，祖上始于越王勾践，顾雍、顾恺之、顾况、顾宪成等历史名流，都是顾氏家族中引以为荣的俊秀。

毓琇的祖父顾干臣，善于医道，擅长书法。祖母秦太夫人，是秦观三十一世女孙。知书达理，为人正直，当顾毓琇生母北上时，顾毓琇的日常生活全由祖母照料。她的祖母爱好文学，工诗擅词，对孙儿循循善诱、关怀备至。毓琇的父亲顾赓明(晦农)，读书较晚，7 岁上学，青少年时经过外祖父秦苣风的精心教授，诗文有较深的根基，同时又受到著名数学家华蘅芳高足蒋仲怀的悉心指点，就对数学、物理(当时称为格致)等自然科学感兴趣，再经过保定政法学堂的学习，对法律又有了一些研究。他除了自己接受新学外，还积极培养子女，教夫人和子女学算术，还要他们做大小和尚分馒头的算题。毓琇对数学的兴趣由此而来(注：看来，他在美留学时能用"运算微积分"分析电机上瞬变现象，创立"四次方程通解法"并非出于偶然)。另外，他父亲在读书时养成的"摘抄"和"剪报"的方法，以及持之以恒写日记的习惯，也对毓琇产生了影响。鉴于自己上学晚，赓明对子女的读书特别重视，他要送大儿毓琦进同济，二儿毓琇进清华，三儿毓瑔进南洋(现交大)。进同济好学医，进南洋好学工，进清华好出洋留学。他要他们将来都自立，学实在的学问，凭着本领去做共和国的好国民。毓琇的母亲王诵芬，是王羲之第 65 代女孙，系王心

① 肇新：《记江泽民的老师顾毓琇》，南京：南京大学出版社，2000 年版。

如的阿姊，王昆仑的姑母，一位虔诚的佛教徒。她尽心培育后代成才。

毓琇15岁时，父亲因病逝世，家庭经济发生了严重困难。曾有人劝说他的母亲让孩子们弃学经商，以维持生计。但他的母亲决心要完成夫志，不让孩子辍学，毅然挑起了生活的重担，典卖了首饰和衣物供子女读书。后来毓琦毕业于同济，在上海从医，又获得德国汉堡大学博士学位；毓琇清华毕业后赴美就读于麻省理工学院，获科学博士；毓瑔毕业于上海交通大学，以半工半读赴美国康奈尔大学读书，获哲学博士；毓珍清华毕业后，获官费留学美国麻省理工学院，获科学博士；毓瑞毕业于中国公学并赴英国伦敦大学学习，后为台湾文化大学博士；毓琱毕业于沪江大学，毓琛毕业于交通大学。所以顾家"一门五博士"，都是诵芬夫人教育有方的结果。在她60岁寿辰祝寿时，顾氏兄弟说到，他们之能有如是成就，"皆吾母识见过人，勤劬抚诲""含辛茹苦、沉毅奋斗""居恒勗毓琦等努力实学为社会国家服务，故毓琦等多治医工诸学，而不敢驰骛名利"。《锡山顾氏支谱》中还列有"顾母王太夫人诵芬"专传，把她作为培养后代人才的楷模。

由于顾毓琇从小受到家庭浓郁的诗书熏陶，因此，自幼养成端庄的品格和对科学文化的兴趣，加上自身的勤勉和拼搏，最终达到文理双秀。顾毓琇在1943年编辑出版的《我的父亲》一书序里说："顾氏的事业，晦农先生创之于前，一樵昆季成之后"，可见是有其明显来历的。顾氏的贡献是，科学的兴趣与算术的能力，以及负责、讲信用的品质；秦氏的贡献是文艺的才能与学问的爱好；王氏的贡献里，最显著的是刚果的气概，咬着牙干到底的精神，再加上锡山原来就有的旧族风范，终于成就了顾氏一家人两代的志愿。

综观这些文化世家，在其背后，已不仅仅有"家"的含义，更有深层的"学术文化"的底蕴。实际上，家学上的代代相传远比血缘上的绵延流长要困难得多，既需要前代人的努力，也要依靠后代人的继承，还要有适宜的社会氛围。

三、平民精神

钱钟书在《围城》中说，无锡这个地方，人们从事的职业有三多：打铁、磨豆腐、抬轿子。显然，这是一个充满平民气息的地方，在这些平民中有不少创出了大业绩，泽及家族，称望于乡，在他们的身上，充满着务实、进取的平民精神。

社岗徐氏，既不是无锡望族，也不是大姓，最终发展成为"科技世家"、"兵工世家"、"化学世家"。在华翼纶《荔雨轩文集续集》中《二品封典直隶候补知府雪村徐征君家传》一文中说："先世居周村，十世祖朴公次子讳学，由周村迁社冈，世力田读书。学生元荣，元荣生印邦，印邦生忠柱，忠柱生秀卿，秀卿生廷选，是为君高祖。曾祖讳士才，祖讳审法，父讳文标，世为望族。"①徐寿祖父时，家道一度进入小康，于是想让儿子"书包翻身"，走读书仕进的道路，脱离原来的社会层次，提高家族的社会地位。因此，徐寿的父亲成了一名儒生，但27岁便中断了生命，在缺少劳动力的情况下，家道从此中落，幸亏母亲宋氏精明能干，幼年的徐寿还能有温饱的生活。关于他的童年，徐鄂云有过这样一段描述：

> 我对先曾祖的第一个印象，是他童年时代在社冈里成为著名的"赖学精"。他娘宋氏，盛年孀居，眼看娇儿自学步开始，就透出伶俐可爱，不为培植成才，未免愧对先夫。有一天，宋氏就因为儿子逃学，……顺手拿起"竹段"(织布机的附件)就打他的屁股。却不料小小阿寿竟不服气，反而抱怨那学堂不好，宁愿多走两里路去钱桥镇上上学。……宋氏苦苦考虑了几天，不论家境如何困难，终于咬着牙，筹了一份束修，并在儿子衣袋里塞了

① 华翼纶和徐寿是同时代人，一起在无锡办过对付太平天国的团体，抵抗太平军时无锡的攻占，他所叙述的徐寿世系应当是可信的。

一包状元糕,带他去钱桥私塾拜师。他从此对书本子发生兴趣而专心用功了。这年他约十岁。

从这段描述中,我们可以发现,徐寿从幼年起就是一个富有个性的孩子。童子试的失利,可以说是徐寿的第一个转折,他由此认识到"贴括"的无裨实用,不足以经世,于是放弃举业,在生活中选择了另一条道路。18岁时徐寿又因丧母而辍学,从此以为人修理生产及生活器具,制作手工业品维持生计,先是奔走往来于城乡,后来在城里闹市崇安寺摆摊,因为脑子聪明、手艺高超,生意火暴,但他并未满足于现状,出人头地的愿望迫使他来到上海,学习新技术、新工艺。不久,徐寿同华蘅芳结交,共同研究翻译西方科技资料,后来又一起进入曾国藩幕府,并从此成为洋务运动的积极倡议者和参加者。1862年,徐寿、徐建寅父子和华蘅芳一起,造出了中国第一台蒸汽机模型,一年半后,又造出了中国第一台以蒸汽机为动力的小火轮,成为中国近代工业技术的开山人物,以后徐氏父子又创建了中国最大最早的翻译馆——江南制造局翻译馆,与英人傅雅兰一起创办了第一所科技学校——格致书院,为发展中国的科学技术贡献了毕生的经历,他的后人也大多走上了科技的道路。

XSZ:第二代,徐建寅,自学成才,是徐寿的得力助手,不仅在科技翻译方面成绩大,而且在军事研究及枪炮制造方面更为突出,其创办和帮办过的近代兵器企业达七八个之多;徐华封,长于各种化学,除在山东冶炼方面有成绩外,以制造及化炼营生,出品中有西药、化妆品、肥皂等。

第三代,徐家宝,游历东京,历办上海制造局、湖北枪炮、铁政、工艺、洋务等局,总办保安火药局;徐尚武(南宝)是中国近代研制火炸药的科学家之一,采矿和制药是专长。

第四代,徐建(庆云)曾任四川兵工厂艺务考核员兼洋工师佐理;徐宝鼎,专攻化学,获法国国家博士,自营宝鼎橡胶厂。

第五代，徐孝雍，美国洛杉矶大学物理化学博士；徐始晴，美国生物化学硕士；徐福嘉，美国亚里桑那州大学化学博士。

《清史》卷五百四、列传二百九十，对徐寿总结了一句：“……寿狷介不求仕进，以布衣终。”以“布衣而振天下”，是中国平民文人做了千年的梦，徐氏父子以自己的不懈的努力，实现了世代平民之梦。

如果说，在徐氏父子身上显示出了平民的智慧和创造潜力，那么，在荣氏身上，更体现了平民的务实和魄力，以及坚忍不拔的精神。

CWY：荣氏兄弟出身贫寒，小时候是两个农村娃，读过几年私塾，十四五岁从无锡到上海当学徒，他们既没有政治背景当靠山，也没有经济实力作后盾，完全是靠两兄弟同心合力，艰苦创业，一步一步地发展起来的。1896年在上海开办广生钱庄，资本3 000元，他们只有1 500元，还有一半是招来的股份。1902年第一家面粉厂投资39 000元，分13股，他们两兄弟一人一股，共6 000元。经过20年奋斗，他们成为“面粉大王”；再经过10年，又成为“棉纱大王”。他们的企业，决不让官僚资本插足，也不同日伪势力合作，的确是中国民族工业的典型代表。

荣氏兄弟的艰苦创业精神和爱国主义精神，是非常突出的，把这方面的例子收集起来，可以写一本书，我这里从三个方面来作一点说明：

第一，他们创办实业的指导思想很明确：抵制外国侵略，杜塞白银外流。他们从“民以食为天”、“民生以衣食为本”的中国古训出发，创办面粉厂和纺织厂；又提出并致力于创办本国的机器制造工业，做到机器设备“自造自用”，不依赖外国进口，是一种自力更生的精神。

第二，他们的生活俭朴。在他们成了亿万富翁以后，荣宗敬每天的早餐仍然是用当天厂里生产的面粉烧煮的一碗面疙瘩，这样做，一方面表示他不忘小时候在农村的艰苦生活，另一方面，他也可以从中及时了解到企业产品的质量，一举两得。荣德生的生活十分节俭，在老一辈无锡人中间，可以说是有口皆碑的。他一生布衣布鞋，不嗜烟酒，在茂新一厂、申新三厂上班，都同普通职员一起吃饭，从不单独加菜。到了晚年，他来往于上海、无锡，都买三等车票，有时连座位都没有，他就站着。别人劝他买头等车，舒服些。他说：我乘火车，头等车到上海，三等车也到上海，何必要去多花钱呢？国学大师钱穆在江南大学当教授时，住在荣家，他在《师友杂忆》一书中写道，荣家生活"朴质无华，仆佣萧然"，"节俭有如寒素"。1995年，荣德生诞辰120周年时，无锡电视台做一档专题节目，我陪同他们访问了10多位老职员、老工人，对荣德生的俭朴生活，众口一词，人人都表示钦佩。有一位翁心鹤老先生说，在生活节俭方面，德生先生可以称得上是一位"完人"。

第三，荣氏兄弟的事业心非常强。荣德生说过，办企业，当然要想发财。发了财怎么办？一是要再谋企业之发展，二是要办公益事业，为社会造福。荣氏兄弟就是这么做的，而且一生从不间断。荣宗敬给自己定下的目标是50岁时有50万纱锭，60岁时有60万纱锭，70、80岁时，要有70、80万纱锭。这个目标他虽然没有实现，但这种生命不息、发展不止的创业精神，是令人钦佩的。1946年4月，荣德生在上海被国民党特务和黑社会匪徒联手绑架，关押了34天，震惊全国。6月初他回到无锡后，接受记者采访，讲了一篇非常感人的话，他说：我今年72岁，已经到了学道之年，本来可以不问外事，享享清福了。可是八年抗战，国家元气大伤，社会事业遭到浩劫，我和先兄经营的事业损毁过半。所以，我不但不能贪图自己享福，而要对国家社会的公共事业，担负起我应尽的责任和义务。我要将我的余年及我的一切，继续贡献给事业，贡献给社会。抗战胜利后，尽管国民党反动派越来越腐败，但荣德生带领着他的子侄辈，修复旧企业，创办新工厂，还在无锡创办了江南大学，发起捐款修复东林书院，真正做到了把自己的余年和一切，"贡献给事业"、"贡献给社会"。

对于荣氏兄弟成功的奥秘，众说纷纭，但有一点是不容忽视的，荣氏成功与他们的平民身世和精神气质密切相关。荣德生在晚年回忆自己的成功之路时说："回想四十五年前，筚路蓝缕，创业伊始，由小做大，以至今日。自思亦甚可笑，有此成就，殊出意外，深愧既无实学，又无财力，事业但凭诚心，稳步前进，虽屡遭困厄艰难，均想尽办法应付，终告化险为夷。"[①]他曾告诫子孙："……切弗因余兄弟创有事业，遂心生依赖，托庇余荫，误却前途。"[②]并对自己的子弟满怀希望地说："余创业艰难，所望诸儿成就，能继承衣钵，发扬光大。"[③]

由此，我们可以体会到荣氏兄弟身上所具有的坚韧的进取、宏伟的抱负以及吃苦耐劳的平民精神。荣氏兄弟的智囊之一薛明剑认为，荣氏昆仲之创业，既无雄厚资历，复经颠连疲困，几至难以自立，而卒能奋其精神，竭其毅力，措置裕如，遇有困难，夜以继日，终至战败不良之环境，而成今日之伟业。此时昆仲具有远大之目光，更有百折不回之精神，勤俭克己，有以至之也。这番评价明确地指出了荣氏兄弟创业过程中平民气质的重要。而事实上，发达以后的荣氏兄弟毕生保持了平民气质和平民生活习惯。

近代的无锡新贵们就是这样一步一个脚印，务实务出来的，即便他们已经拥有了一份实业，拥有了一份辉煌，已经成了当地的望族，他们的身上仍保持着平民的朴实气质和务实精神。他们巨富以后所造的一些宅第园林，显然区别于士大夫的园林住宅。如果说寄畅园是一种精致优雅的体现，充满了贵族气息，那么，梅园、太湖别墅则表现出一种质朴本色，具有大众化的特点，即使是官宦家族的薛福成，奉旨建造"钦使第"时，也难以脱去整座城市平民气质的氛围，在相对大气的建筑中，一切都以居家实用为基本原则，如仓厅的建造，务本堂的命名，使我们能真切地感受到贵族文化和平民文化的本质区别。

---

① 《乐农自订行年纪事续编》，1947年纪事。
② 《乐农自订行年纪事续编》，1940年纪事。
③ 《乐农自订行年纪事续编》，1948年纪事。

“天生我才必有用。”平民所具有的进取、渴望、竞争、创造的巨大能量，来源于他们所处的特定地位以及他们对自己实际力量的真实感觉，他们懂得，只有不懈地努力和拼搏，才能超越现状，创造未来，平民气质中所蕴藏的巨大的创造能力足以改变世界，这或许是无锡近代涌现一批平民贵族的原因之所在，也是其家业能相续相承的原因之所在。

附：

表7　清代历任无锡籍主考官

时　间	姓　名	籍　贯	官　职	地　点	级　别
顺治十一年	蔡璠枝	无锡	工部主事	四　川	乡试
康熙八年	周　弘	无锡	编　修	山　西	乡试
二十年	秦松龄	无锡	检　讨	江　西	乡试
二十三年	秦松龄	无锡	谕　德	顺天府	乡试
五十六年	秦道然	无锡	编　修	江　西	乡试
雍正元年	嵇曾筠	无锡	佥都御史	河　南	乡试
十年	邹一桂	无锡	编　修	广　西	乡试
十三年	嵇　璜	无锡	谕　德	山　西	乡试
乾隆元年	邹升恒	无锡	侍　讲	山　西	乡试
	嵇　璜	无锡	谕　德	陕　西	乡试
九年	王会汾	无锡	内阁学士	浙　江	乡试
十五年	王会汾	无锡	大理寺少卿	浙　江	乡试
十七年	秦　璜	金匮	编　修	浙　江	乡试
	邹一桂	无锡	内阁学士	北　京	会试
二十四年	周日赞	金匮	户部主事	山　西	乡试
二十五年	秦蕙田	金匮	刑部尚书	北　京	会试
	张泰开	金匮	副都御史	北　京	会试
	秦泰钧	金匮	编　修	浙　江	乡试
二十八年	秦蕙田	金匮	刑部尚书	北　京	会试
三十年	秦　潮	无锡	编　修	河　南	乡试

续表

时间	姓名	籍贯	官职	地点	级别
	邹梦皋	无锡	工部主事	云南	乡试
三十三年	秦雄飞	金匮	御史	山西	乡试
	邹奕孝	无锡	编修	陕西	乡试
三十五年	嵇承谦	无锡	编修	山西	乡试
	秦潮	无锡	编修	河南	乡试
三十九年	嵇承谦	无锡	编修	陕西	乡试
四十年	嵇璜	无锡	兵部尚书	北京	会试
四十四年	王宽	金匮	兵部主事	广西	乡试
四十五年	杜玉林	金匮	刑部侍郎	顺天府	乡试
四十八年	秦泉	无锡	编修	河南	乡试
	秦潮	无锡	编修	陕西	乡试
五十一年	秦潮	无锡	编修	云南	乡试
五十三年	邹奕孝	无锡	内阁学士	顺天府	乡试
	邹炳泰	无锡	祭酒	浙江	乡试
五十四年	邹奕孝	无锡	工部侍郎	顺天府	乡试
嘉庆十三年	邹炳泰	无锡	吏部尚书	北京	会试
十八年	邹炳泰	无锡	协办大学士、吏部尚书	浙江	乡试
二十一年	顾皋	金匮	侍读学士	陕西	乡试
道光元年	顾皋	金匮	内阁学士	顺天府	乡试
二年	顾皋	金匮	工部侍郎	浙江	乡试
五年	顾皋	金匮	工部侍郎	顺天府	乡试
十一年	侯桐	无锡	编修	陕西	乡试
十四年	侯桐	无锡	侍讲学士	湖北	乡试
二十一年	侯桐	无锡	内阁学士	浙江	乡试

资料来源：《无锡通史》。

第四章　雪泥鸿爪慕钱家

“不知何许人，亦不详其姓氏”，岂作自传而不晓己之姓名籍贯哉？正激于世之卖声名、夸门第而破除之耳。

——钱钟书

在几十年不断的城市改造中，原本老无锡城的居住人群结构已经有了很大的改变。但老屋虽拆，故人依在，走进 QZY(1913 年出生)老太太家，首先的感觉是整洁，一丝不苟的整洁。拉开话匣，那就不得了：她是无锡 20 世纪最著名的书香世家钱家的人。打开一本本相册：钱孙卿、钱钟书、钱松岩等这些无锡名人巨擘不是亲戚，就是故交。

无锡钱氏与别的姓氏所不同的是，迁锡的钱氏不是一支而是前后有两支。在原惠山钱王祠的大堂上就悬有这么一副楹联：“西临惠麓，东望锡峰，祠宇喜重新。吴越五王，亿万年馨香俎豆。派衍梁溪，源分浙水，云礽欣愈盛。堠湖两系，千百年华贵簪缨。”这就用十分精炼的语言说明了无锡钱氏源自浙江，有湖、堠两大支号在无锡繁衍。

本章将围绕着无锡城中钱氏的生活轨迹，再现书香望族的社会特性，从而揭示出社会变迁与书香望族演变的互动关系。

一、家族挽歌

钱姓是中国一个古老的族姓。按多种《钱氏宗谱》记载，上古神农时，有熊国之诸侯少典氏，被尊为钱氏第一世祖。自少典氏起历十世而有籛铿，在商为守藏吏，封彭城伯，所以又称彭祖，是为钱氏“始封之祖”，彭祖有个孙子孚，西周时担任钱府上士，专理朝廷钱币，因官为姓，去竹为钱。无锡钱氏自浙江迁来，前后的两支是：一支是钱镠的六世孙宋承郎钱进，忠献王钱弘左之后。由于无意于仕途，辞不受职，迁于无锡沙头村隐居，为无锡湖头钱氏始祖；另一支是钱镠的十一孙承事公钱迪，忠懿王钱弘俶分出。因爱慕堠山风景秀丽、山水之胜，从吴兴迁居无锡梅里乡堠山，为堠山钱氏开族始祖。

QZY：我家属于堠山一支，祖籍江阴，在我出生前迁入苏州，以后再迁回无锡。我的曾祖钱维桢，育有五子：福炜、福煐（熙元）、福员、福炯、福炽。这是钱氏在城区人口最多、影响最大的一房家族。由于二叔公就职直隶州判、三叔公早逝、五叔公自废，所以，基本上没有什么联系，只有四叔公钱福炯长住无锡，我们两家走得比较勤。四叔公20岁中秀才，以后多次乡试不中，就绝意科举，依靠祖遗租田三四十亩，和岳家的背景以及我祖父的关系，心甘情愿地当起了小乡绅。四叔公为人宽仁沉厚而又刚正性急，恬淡荣名而又急公好义，他共有两个儿子，就是我的堂叔钱基博和钱基厚（孙卿），他们都是无锡的名流，一位是国学大师，一位是活跃的社会活动家。

1. 剪辫风波

祖母在世时，家中一共有10～20人，是一个封建大家庭，我们的家宅也比较大，佣人不少，其中男佣人看门、挑水，每房有一个女佣人，负责清扫，照顾起居。由于二伯父是秀才，理所当然地做了当家，而实际上祖母执掌了经济大权，每月只给父亲4两银子，母亲2两银子，家中的重大事情一切由祖母决断，我的祖父母共有两个孩子，就是父亲和二伯父钱基鸿。我的父亲，1870年出生。受祖父影响，父亲古文相当很好，擅长字画、篆刻，算术也极好，还曾自己编写过珠算书。

听说，祖母曾经要父亲去考秀才，因为考秀才是参加科举的第一步，祖母希望父亲走读书仕宦的道路，可以光耀钱氏门庭。

但是,父亲受祖父的影响,已看破官场,也不满清朝的统治,不肯去应考,母子两人为此经常吵架,一次争吵得相当激烈,祖母说服不了父亲,只能耍赖威迫父亲说:“你不考,我就吊死在你的辫子上。”说完,两人就拖来拉去,扭作一团,父亲就乘机拿过一把剪刀说:“这根辫子是多余的,留着也无用。”把辫子剪掉了,当时把祖母吓得脸都转色了,怕父亲再做出什么骇俗的举动,就不再提赶考的事情,甚至对于父亲的任何行为也不再积极干涉了,父亲也就乐得过他自己喜欢的生活。父亲除了教课,还为革命活动奔走,参加了孙中山的同盟会,积极响应秦毓鎏组织的无锡光复起义。

伊格尔顿发现,在现代性时期,身体往往成为关注的重心。头发作为身体一部分,在中国人的观念里,一直被当作是最为重要的一部分。因此,辫子在清初更是成为了一道杀人的利器。1645年(顺治二年),清廷就以男子须剃去头顶上部分头发并留辫为标志来辨认对其合法地位的承认,“留头不留发”,“留发不留头”,留不留辫子与生死存亡直接联系起来,上演了一出身体与政治的戏剧,辫子成为了政治统治的象征,甚至是炫耀地位的资本,其间间或有关于剪辫的谣言发生,到了晚清以后,留不留辫子再次成为了直接的身体语言,只不过这一次是与革命与否相关。

无锡大规模的剪辫运动开始于清末民初,从1911年11月10日到1912年5月,不到六个月的时间里,曾先后发了四次告示:第33号公告中说,招来的民军已编成了队,但还有留着发辫的,要求“自应一律剪去辫发,用状观瞻”。第63号公告说,虽然剪辫的人蛮多了,但是“徘徊观望者亦属不少”,为此再次告知百姓“务即从速剪除”,“至于军士只应服从军纪,不得妄预他事。以后如有不遵命令,擅行迫人剪辫等事,定当从严惩治,决不宽贷”。看来,当时为了剪辫,军队也开始动手了。不过政府还是希望百姓自愿剪辫。第301号,口气就急转了,“大总统令:勒限二十日一律剪除净尽,现已逾期,为此示仰阖邑人民一体知悉,务于三日内一律剪尽，如敢抗违，以违法论，决不宽贷，切切”。到了第305号，就更严厉了，因为一些“冥顽不灵之徒甘违满奴保护一辫，或有辫虽剪去，仍剔却四周短发，仅留中顶者，种种诡谋异状，非但抗违禁令，仰且居心叵测。亟应从严惩治”。并告知整容匠，不得为此类人打辫剃发，否则重谴难逃。“本司令执法如山，万不能为尔等毫发宽也”。

看得出，光复后的无锡，剪辫——这项革除清朝陋习的工作进行得相当困难。因此，钱父在晚清的剪辫举动，愈发显得可贵了。辫子的剪除，表示了钱父与旧的封建王朝决裂的决心，也显示了家族权威来自内部的挑战，大家族已岌岌可危。

2. 各奔东西

QZY：我母亲是续弦，我上面有同父异母的两兄一姐，我是母亲生的长女，下面还有三个妹妹，我们同母的四姐妹从小一直感情很好。

当时，我们家还是和二伯父家住在一起，二伯父育有钱钟珊(殷之)、钱钟夏等四个儿子，再加上我们七个小孩，也相当热闹。特别是祖母去世以后，家里明显多了许多生机，压在我心头的“大石”被搬开了，我也慢慢地喜欢这个家了。

1933年，我正式结婚，婚后居住在宜兴丈夫家。夫家是一个破落的书香门第，有一女二子，我丈夫是最小的孩子。当时公公已经去世，但三个子女成家后仍都住在一起，因为家里房子是比较大的。由于当时丈夫还在南京中央大学读书，经济上无法独立，我们只能在大家庭中生活。这个大家庭形式上是婆婆当家，可实际上是姐姐当家。按理说，姐夫人为人很好，也相当善良，哥哥赚钱也多，经济条件相当不错，但随着一个个孩子的出世，家庭的负担也比较重，再说，总有点磕磕碰碰的，所以我经常无锡、宜兴两处住住。这样，倒反而少了很多闲气。然而，随着年龄的长大，妹妹们也相继为人妻，哥哥们，包括七尺场的隔房兄妹们，也为了各自的前程，而远赴他乡，远渡重洋，大家庭冷清了许多，只剩了空壳一般。

抗战爆发后，日寇入侵无锡，我婆家都逃往了宜兴山里避难，而我滞留在了无锡，而宜兴家里的房子，包括结婚时特地到苏州买的红木家具统统烧光了，至此，婆家的大家庭生活基本解体了。而无锡的家也四分五裂，二伯父家到上海避难，隔房叔家就更惨了，钱绳武堂被日本宪兵队霸占了八年，并在第二进东面原来钱福炯叔公住的房中挖掘水牢，作为迫害抗日爱国人士的场所。基厚叔叔整个八年时间，都息影沪滨，蓄髯称老，基博叔叔留在了湖南蓝田任教。民国三十五年(1946)，基厚叔叔回到了无锡定居。到了民国三十七年(1948)夏，叔公钱福炯的百岁冥寿，分散各地的家人，都回无锡老家聚会。钟书与杨绛结婚的那间房子已经堆满了破烂东西，根本走不进人，他俩和钱媛在七尺场只住了一晚，住在基厚叔新盖的小楼上。从那以后，叔公家就剩基厚叔和钟汉哥哥留在了无锡。我们原来的大家族都分散成了一个个独立的小家庭。

传统农业社会有限的谋生手段和经济来源加强了子女对家族的依附程度，同居共财有利于发展家族经济和维护社区。随着机器化大生产的勃兴和城市化步伐的迈进，家庭式生产作为唯一经济来源的主导地位发生了动摇。多种谋生手段扩大了人们的选择余地，随着子女们通过赚取工资而在经济上获得自立的地位，家庭已不再是一个控制个人的、自给自足的经济生产单位，原来封闭的家庭结构被打破了，在新的生产方式下产生的价值观已明显地减少了血缘和家族的渗透，因此，从理论上说，大家族的衰落是不可避免的。

然而，也应看到，由于中国的现代化是低度发展的，缺少扩散性和渗透力，新生力量不足以摧垮传统势力，以至出现新旧掺杂的特殊场面，当家族制度发生缓慢变革之时，大家族仍具有一定的生存土壤，对于望族来说，儒家的“孝”文化已将这种家长制内化为了一种行为准则，从而起到了维护大家族稳定的作用。这从钱绳武堂的由来便知一二：

LGQ：钱绳武堂建造于民国十二年(1923)。钱基博的高祖钱士镜年轻时在江阴安了家，之后他的儿子若浩、孙子维桢都侨居江阴。钱若浩有"似山居"，但后来荡于兵火。所以，钱维桢晚年徙归无锡东亭时，特地写了《似山居花木记》，"以诏勉诸儿，尚其光复旧物，恢张前绪，以绳乃祖武"。但回到无锡后的很长一段时间里，由于家庭经济状况有限，钱家一直是赁屋而居。从《孙庵年谱》可以知道，基博、基厚出生在无锡城内吴氏寓庐，光绪十八年(1892)迁中市桥，租吴氏宅；光绪二十一年(1895)迁东门驳岸上，租汤氏宅；光绪二十七年(1901)迁岸桥巷，租秦氏宅；宣统三年(1911)迁胡桥，租韩氏宅；民国四年(1915)迁大河上侯氏宅；民国八年(1919)迁留芳声巷，租朱氏宅。真可以说是居无定所，直到民国九年，基成去世之前，帮助父亲在七尺场置下了一块地产，到了民国十二年(1923)，钱基博奉父命，才有建造新屋的举动。

先建造的是前屋两进，第一进正屋七间，中为大门，门内东西各三间，东左间是家祠，平时轻易不能入内。东面其余两间为钱基博的书房及课子讲学之所，西三间为钱基成及妻毛氏、嗣子钟书的居所。前屋的第二进正屋七间，中大厅三间，钱福炯题其额曰"绳武堂"，厅东有巷前后相通，巷外各有南北灶披间，附有余屋——是为前面正屋。钱基厚因为子女众多，在墙后偏西偏隙地别建楼屋三楹及余屋居之。这是一个传统的大家族，钱福炯曾集《诗经》、《尚书》中语为一联，以示子孙："秩秩斯干，爰居爰处，莫如兄弟；明明我祖，有典有则，贻厥子孙。"上联的意思是今既有此家室，兄弟应友爱相亲，下联是说祖宗有典则相传，子孙自当毋忘先德。

由上观之，绳武堂的建造以及维系依靠的是封建礼教与孝道。比如媳妇的委曲求全，杨绛在《我们仨》中说："我婆婆一辈子谨慎，从不任情，长子既已嗣出，她绝不敢拦出来当慈母。"又比如"父债子还”：民国十三年(1934)的第二次江浙战争中，钱家与人合开的永盛典被乱军洗劫一空，钱福炯欠了一大笔债，都要由钱基博来偿还，因此，钱基博常年无日无夜地在外书房工作，等到这一大笔钱还清，他已劳累得一身是病了。而钱钟书很怜惜父亲，到了读辅仁的时期，已经通过代笔的方式，替钱基博减轻一部分负担。尽管如此，七尺场新居的建成，使钱家结束了多年居无定所的生活，终于安定下来了，也是钱氏家族日趋兴旺的标志。到20世纪20年代，不仅钱基博、钱基厚在各自领域里声誉日起，下一代的钟字辈也一个个成长了起来。因此，大家族的维系，不只是依靠经济实力，更重要的是其与社会经济、文化的契合程度。

3. 不堪回首

近代以来，威胁大家族生活的主要因素有两个：一是内部成员平等、自立意识的不断强化，如QZY的父亲就是一例；二是外部社会的动荡不安，如QZY夫家抗战时的遭遇。然而，真正使大家族走上不归路的是“文化大革命”。

QZY：我一生从未参加过什么政治组织，解放前参加的政治活动，就是前面所说的在杭州艺专时参加学生请愿，到南京要求政府抗日。但在解放前，受到基厚叔和钟汉哥等人的影响，思想倾向革命。

基厚叔是无锡工商界的代言人，为维护工商界的利益，繁荣无锡经济，发展工商业呕心沥血，不辞辛劳。民国三十七年，国民党政权岌岌可危，基厚叔与李惕平发起成立了无锡县人民公私社团联合会作为应变机构，布置应变事项。第二年他与荣德生、薛明剑、李惕平作为无锡工商界的代表，委派钱钟汉等三人前往苏北解放区与中共有关方面商量解放无锡事宜。自此，以荣、钱为首的工商界人士坚决抵制国民党当局逼迫迁厂逃资的阴谋，坚决留锡解放。同时还公开发起反征税、反征粮、反征兵、反对构筑城防工事的斗争，在苏南和上海产生了很大的影响，对完整地保护城市起到了积极作用。无锡解放初期,为稳定局势,基厚叔在人民政府中担任要职,曾积极筹集100担白米,10万银元,由钟汉哥送到苏北解放区管文蔚处,支援前线解放军,实现了钟汉哥苏北之行回无锡后的诺言。解放初期,看到解放军纪律好,待老百姓亲如家人,我热情很高,积极参加各项活动,当时在锡师学生中成立歌咏队,排练百人大合唱,我只感到浑身有使不完的劲。

1952年教师中开展自我改造运动,我自觉地暴露思想,说我自己一切为了子女,有小资情调,是封建家族的流毒。当时领导认为我思想上挖得比较深,作为典型介绍。我也一直比较靠近党组织。1958年反右整风运动中,基厚叔成了省里有名的大右派,撤去本、兼各职,从此闲居在家中。哥哥钱殷之、钱钟汉也都当了右派。"文革"开始后,基厚叔感到很不理解,认为,一个国家不能没有文化和科学,但不久受到了冲击,挨打、游街、批斗,横遭迫害,特别是在1970年的"七・三一"专案中,基厚叔、钟汉、钟珊(殷之)等一大批人又被隔离审查,集中批斗,硬说基厚叔组织"无锡县人民公私社团联合会"为迎接解放做准备是伪装的,是企图潜伏的反革命行动,并把他定为反革命分子,遭受非人的待遇,使叔叔的身心受到严重摧残。解放前,他和国民党政府屡次较量,有人说他是共产党的奸细,甚至扬言要把他"汆到苏北去",最终碍于他的影响,都能安然无恙。解放后,他信任的共产党,又说他是国民党的奸细,将他严刑逼供,人格侮辱,最终含冤去世,终年87岁。他在《还读书楼记》一文中曾引用林则徐晚年自题书楼联语云:"坐卧一楼间,因病得闲,如此散材天或恕。结交千载上,过时为学,庶几炳烛老犹明",或许这正是他晚年心情的最好写照。

在这两次运动中,钱氏族人受影响的很多:钟元姐因为1959年父亲基厚和丈夫许景渊都被打成右派,身心受到打击,一天早晨突然病逝在床上,年仅43岁。基博叔在整风运动时,给湖南省委写信,提了一些意见,反右开始后,就受到批判,病情逐渐加重,1957年11月以食道癌不治而逝,这倒反而是解脱了。弥留之际，将 1937 年以来所著论学日记，计数百万言，五百余册，及其他手稿都交给了钟霞妹，这些日记和手稿在 1966 年都被查抄焚毁，这可是大损失。至于我，入党问题始终没有解决，小儿子被下放务农，家也被抄两次，所藏书画、家谱都被付诸一炬。粉碎“四人帮”后，我参加了民盟。

一场浩劫，钟字辈的基本上都受到了冲击(唯一幸免的大概就是钟书了，他是《毛泽东选集》英译组主任委员)，甚至妻离子散，家破人亡。这样的事，在中国何止万千，知识分子伤痕累累。

1966 年 8～9 月无锡发起红卫兵抄家行动，4 700 多户被非法抄家。12 月先后下放 18 万余人到农村。大量的世家子弟被扫地出门。对于书香门第来说，如果当初是靠言传身教使儿女们自动地走上祖辈的学问路子的，那么，个人的努力终究敌不过时代，社会制度的剧烈改变以及文化的浩劫，文化世家存在的空间已无处可寻。实际上，它带来的不仅仅是家族的悲哀，也是地方社会的悲哀，传统文化的整合力量被消逝殆尽，新的文化又不足以发挥整合功能，整个社会的有序性遭到了破坏，更为严重的是，整个地区的人文氛围也被荡涤，以至在 20 世纪七八十年代，各地都在争办大学的时候，无锡在考虑利益的前提下，不动声色地让已经决定落户无锡的江苏化工学院再搬迁到常州，无动于衷地让原计划办在无锡的江苏技术师范学院最后也办到了常州，在近代开教育风气之先的无锡落得个大学数量太少、质量不高的结局，最终带来了对城市发展综合实力的影响。

二、婚姻生活

婚姻是家庭的基础，在以家族为本位的传统中国，婚姻更有着至关重要的意义。《昏义》中记有：“婚姻者合二姓之好，上以事宗庙，下以继后代。”既然婚姻关系到宗族的延续和祖先的祭祀，它又是两个家庭在社会关系上的一种和谐，那么，对于婚嫁就十分重视和慎重。

传统婚姻的特征主要表现为：一是主婚权在家长，所谓“父母之命，媒妁之言”，婚姻完全由父母包办，当事人如同玩偶，被剥夺了独立选择的机会；二是择偶的标准，是以家庭或家族利益为准，更多的考虑门第、财产因素，即使一些开明的父母为儿女着想，也多是按照自己的幸福标准或择偶观念进行的，未必就会被儿女认同，从而使婚姻缺乏必要的感情基础；三是婚礼仪繁冗复杂，浪费钱财。

清末民初以后，传统的婚姻习俗受到了来自西方近代文明婚俗的冲击，旧式婚姻受到新式知识分子的猛烈抨击，新的婚姻观念和婚姻习俗在望族内部逐步流行起来。如民国二十年(1931)，钱家与奚家订亲时，钱基厚曾自定订婚书，并附有对于男女婚嫁提出意见四条，大致主张俭婚，男宅不行聘金，女宅不用妆奁，删除一切靡费；而对于女子继承权，亦有论述。据钱基厚说：“在当时用订婚书，实尚为创见者。”①

1. 无心插柳

QZY：我父母的婚姻是祖母一手操办的。母亲是续弦，外祖父是清末秀才，父母亲的婚姻虽然是“父母之命，媒妁之言”，但父亲为人随和，夫妻感情还是比较好的。

由于母亲生了四个女儿，所以，一直为我们的人生大事操心，希望能替我们找到有钱的婆家，这样，就不用为下半辈子的生活操心了。我是长女，母亲自然首先张罗我的婚事。我第一次听到媒婆在给母亲介绍什么一个小布厂的小开，心想这是在做买卖，于是拿了一根棍子冲出去把媒人给赶走了，母亲为此号啕大哭，认为我打跑了一段好姻缘，并责怪我这么鲁莽，以后，没有媒婆肯做媒，婆家都难找了。

我的爱人是我无锡美专时的同学，两个人都是当时班上年龄最小的，劳作课做模型，我不会做，他就经常帮助我；另外，我

① 钱基厚：《孙庵年谱》“民国二十年”。

丈夫当时是管胡汀鹭先生的画稿的，我要借先生的画稿，就去找他，结果当时同在一个班读书的表姐就造谣说，我俩在谈恋爱。由于不愿意接受母亲包办的婚姻，再加上表姐的宣传和怂恿，我们就正式确定了恋爱关系。我丈夫是宜兴人，出身名门，他的祖父也是晚清举人，父亲是私塾教师，当时他家已经破落了，但他的哥哥做建筑生意很有钱，姐夫又是当地的建筑局长，而且姐弟三人感情深厚，哥哥大力扶持弟弟读书成才。所以，母亲对这门亲事是很不满意的，她认为女婿一介书生，是个穷光蛋，而且又是外乡的，谈论婚嫁时条件开得很高，母亲希望能把婚事搅了，退一步讲，也可以给我争一份体面的彩礼。当时，他的哥哥十分支持弟弟的婚姻，通过宜兴县长刘平江做媒，3两黄金、300两银子、1 400银元作聘礼，一切满足了母亲的要求。

1933年我23岁时在无锡举办婚礼，父亲12银元一桌的酒水，办了十几桌，母亲为摆阔把所有可以请的亲属都请来了，说是要让我风风光光地嫁出去。下午，我又在丈夫和伴娘的陪同下到了宜兴，进吴家的一切仪式和礼俗都是按照传统式样的，我是戴着凤冠、穿着旗袍、踩着麻袋到他家里（表示“代代相传”）的，一进门就放响双响爆竹、百子爆竹，然后拜见族中尊长，向婆婆磕头，还要向宗祠祖宗磕头。婚后我就开始在宜兴夫家生活。

应该看到，传统婚俗尽管在新思潮的冲击下有了微弱的变化，但在此变化中，习惯势力仍然是相当强大的，因此，在QZY的婚姻生活中，既有婚恋自由观念的实践，也有旧式婚俗的呈现，总体上，其婚礼仍体现着企求传宗接代、多子多福的婚姻观和长幼有序的人伦道德，起着维护家族的作用，这表明民国时期婚姻制度、婚姻礼俗、婚姻观念的变化，与社会政治、经济和思想观念的变化相比，无疑是更为缓慢的。

2. 包办婚姻

诚如第二章所言，望族是封建家长制存在的载体。虽然，在骨子里钱基博是一个非常慈爱的父亲，但却又是一个传统观念很强的人，在子侄辈面前，更多的是以严父的形象示人，所以在钱钟鲁的印象中，“伯父极其严厉，我们都很怕他”①，对于钱钟书这个自己“最器重的儿子”，更是“爱之深则责之严”，“往往责望多于宠爱”②。对于子女的婚姻，也多插手，无不显示其毫不动摇的家长权威。

QZY：基博叔为人严肃，从不苟言笑，我们小辈都十分敬畏他。钟霞妹妹，一直随侍基博叔左右，她容貌端庄秀丽，远近闻名，前来求婚的络绎不绝，基博叔都一个回绝。他有个学生石声淮，学习成绩优良，深得基博叔的赏识，便为女儿做主，想选他为婿。钟霞妹并不中意父亲替自己的选择，但又不敢违拗父亲的意愿，心中十分苦闷，当时携家住在汉口的钟纬哥哥写信回家告知此事，钟霞的母亲、叔叔和钟书本人，都站到了钟霞的一边。于是，基厚叔写信劝阻，说家里一对对小夫妻都爱吵架，唯独我们夫妻不吵，可见婚姻还是自由的好。钟书也奉母之命，写信委婉陈词，说生平只此一女，不愿嫁给外地人，希望父亲再加考虑。此外，钟书还私下里给妹妹打气，叫她抗拒。谁知道钟霞自己不敢违抗父亲，就拿出哥哥的信来，代自己说话，基博叔看了以后，很恼火，在回信中说，现在做父亲的，要等待子女来教育了。在基博叔的坚持下，钟霞和石声淮两人在民国三十一年(1942)订婚，当时，基博叔编就《金石缘谱》一册，赠送国师师生及亲友，谱中略谓：“钱从金旁，石为玉根。钱钟霞与石声淮既有金玉良缘，理当结成眷属。惟当前国难深重，一切从俭。即使订婚及他日合卺，均不举行任何仪式。”婚后他们一直和基博叔生活在一起。

杨绛也曾回忆说：“我和钟书订婚前后，钟书的父亲擅自拆看了

① 钱钟鲁：《无锡钱绳武堂沧桑史》，自印本。
② 杨绛：《我们仨》，上海三联书店，2003年版，第114、101页。

我给钟书的一封信，大为赞赏，直接给我写了一封信，郑重地把钟书托付给我。”[①]作为一位开明人士，钱基博何以在子女的婚姻问题上持保守态度呢？这一方面是家族传统的惯性使然，作为封建大家庭的长子，钱基博深受“家事统于一尊”的礼教的影响，而且他为人方正，无论是自律还是律人都十分严格，一旦自己认准了的事，则不管何时，无论何地，都一以贯之，谨守不变。另一方面，新式婚姻虽然为男女青年寻找幸福提供了机会，极大地促进了人们的人格独立和个性解放，但它并不能保证行新式婚礼者就一定能得到婚姻幸福，而且有些因为草率，或“错误的恋爱”，最终导致离婚的现象也时有发生，这在一定程度上影响了钱基博对于“婚恋自由”的态度，这从他给钟元的信中可以窥见一二，信云：

> 元女览：昨午接汝信，汝事从长考虑，阿伯极慰。阿伯以教授为业，所见青年不下数千人。景渊勤于所事，而以文史自怡，吾见亦罕。所见青年男女婚姻，或永以为好，或欢好不终；悲欢离合，所见亦多，而未有孤行己意之能永以为好者。从前宣哥订婚，吾见季康与宣信，云：“现在吾两人快乐无用，须两家父母兄弟皆大欢喜，吾两人之快乐乃彻始彻终不受障碍。”此真聪明人语！现在许氏祖孙三代，皆极欢迎汝，只须汝一切受商量，勿自托大。许氏又碍汝父面，决无不敬汝爱汝之理。汝父母在，此等说话，非阿伯所宜出，然吾兄弟少小同心，今皆垂老；汝又素听我话，故亦不恤尽言，幸深思之也。

显然，在钱基博看来，婚姻并不是两个人之间的私事，而是涉及两个家庭的大事，个人必须以家庭为重。也正因为要让两家父母兄弟皆大欢喜，所以钱钟书和杨绛明明是自由恋爱，“可还是遵循‘父母之命，媒妁之言’，默存由他父亲带来见我爸爸，正式求亲，然后请出

---

① 杨绛：《记钱钟书与〈围城〉》，《将饮茶》，上海：三联书店，1992年版，第129页。

男女两家都熟识的亲友作男家女家的媒人,在苏州举行了订婚礼”①。这种折中的态度恰恰表明了民国时期习惯势力的强大,以至婚俗中呈现出复杂多样的图景。

3. 门当户对

古德认为,当婚姻涉及两个亲属群体之间的关系时,当亲属关系是社会组织的基础时,择偶对社会结构就具有重大影响。因此,择偶不单是一个自由选择的问题,更是一个围绕择偶机会而反复权衡的过程。

费孝通先生曾在《生育制度》中提及,高度契洽不易凭空得来,只有在相近的教育和人生经验中获得,门当户对的标准也就是保证相配的人文化程度相近,使他们容易调适。“门当户对”是无锡望族择偶所遵循的主要标准,钱氏也不例外。

QZY:我四叔公的妻子孙氏是石塘湾孙竹筠的次女。四叔婆虽然没有从师读书,但耳濡目染,却自能通字义,辨句读,20岁时结婚,如果从当时两家的经济条件看,这桩婚姻不能完全算是门当户对,因为孙家大多富贵,叔公家却相当贫寒,但从社会声望来看,两家倒是门当户对,都是书香门第。四叔婆一过门,就摈除服饰,教子课读,勤于家务,将一门之内的上下事情打理得井井有条。

隔房叔基成,娶了江阴富户毛氏为妻,与四叔婆的关系并不融洽,她没有生育子女,所以基博叔一出生,就由老夫人做主,过继给基成叔,与他们一起生活。

隔房叔基厚娶了邑中名士高汝琳(高攀龙伯父高明伯十一世孙)的女儿高珍为妻。而在几年前,他在担任城西小学副教习时,曾出面反对劝学所总董裘廷梁聘请高汝琳担任该所董事,高不以为意,看中了他,成为翁婿,这是当时的一桩趣谈。

隔房叔基博娶的是附贡生王缜的女儿。王缜,无锡县附贡生,

① 杨绛:《杂忆与杂写》,上海:三联书店,1994年版,第89页。

候选训导。但由于他们夫妇去世很早,这个女儿就由其兄长王綍养大。王綍是同治二年进士,官翰林院庶吉士,光绪二年任福建副考官。王氏婶婶慈祥和蔼,十分能干,烧得一手好菜。她的哥哥王蕴章,江南乡试副榜举人,是南社社员,"鸳鸯蝴蝶派"的主要作家之一。

隔房叔基成的长女嫁给了名流秦琢如之子秦光甫为妻,秦琢如是当时锡金总司令秦毓鎏的侄子。

钟书哥娶了杨荫杭的女儿杨绛为妻,他俩都是清华的学生。杨荫杭是江苏省最早从事反清革命活动的人物之一,法学家。杨荫榆是她三姑母。结婚那天,杨荫榆穿了一身白夏布的衣裙和白皮鞋,引得贺客一阵诧异。

恩格斯说:"对于骑士或男爵,以及对于王公本身,结婚是一种政治的行为,是一种借新的联姻来扩大自己势力的机会;起决定作用的是家世的利益,而决不是个人的意愿。"[①]从原则上讲,无锡望族之间的联姻并不排除目的性,通过联姻来扩大家族的势力和影响。于是,钱氏与其他望族之间结成了交叉纵横的婚姻关系,编就了一张错综复杂的关系网:

QZY:总之,钱氏人丁兴旺,婚姻关系也错综复杂,先不说让别人记住不太容易,就是我们钟字辈自己来说,也是"我家的表叔数不清了",在这庞大的人际关系网之中,我们的生活倒是蛮安全的,虽不十分富裕,但不失显赫。特别是基厚叔叔,很热心,口才又好,有见识,地方士绅都称他为"茄官"[②],在商界和政界都吃得开。

从钱氏的婚姻网中,我们可以发现,钱氏的择偶取向从书香门第转向与革命派联姻,这是社会变革,特别是价值观念变迁的一种反映,在不同的时代背景下,"门当户对"也具有了不同的内涵:

---

① 《马克思恩格斯选集》第四卷,第74页。

② 无锡方言,称年轻而老成练达之人。

QZY：隔房叔基博的次子，钟纬哥娶了江南名士秦铭光的次女秦溶方为妻，秦铭光是基博叔的老友。秦铭光撰有《锡山风土竹枝词》，基博叔曾为之作序。而他为钟元妹妹作伐的许景渊，在他看来谈吐英爽、酬对得体，勤于所事，特别是许氏喜欢以文史自怡。而钟元妹妹是无锡国专最早的一批女生之一，擅长文史，并曾辅导年幼的弟弟们读书。并且，经过一段时间的接触了解，双方家长都表示满意。1935年底，钟元妹妹结婚，基厚叔把此前一年多来双方议婚的函札编辑成《议婚集》，并附有两人的订婚书一篇。婚后他们感情很好，基博叔对于钟元妹妹，既是伯父、老师，又多了一层"月老"的身份，两家关系一直很密切。

我子女的婚姻，主要是让他们自己考虑，按他们自己的能力去办，我们夫妻俩从不干涉，最终，他们也都是按照自己的意愿成了家，基本上双方条件相当，也可以说是志同道合，现在各自生活得都不错。我孙儿辈的婚姻也不错，他们并没有赶时髦，自己找的对象，并没有什么功利思想，主要是人品和学问，这也是我们家一贯的思想，家庭也都和睦美满，至今也没有发生离婚的。

库姆斯认为，当人们具有或他们认为自己具有类似的价值取向时，个人间的吸引会发挥促进作用。当人们具有类似的价值时，价值实际上能够证实自身，因此促进了感情的满足，加强了沟通手段。共同的价值使人们在空间和心理上聚合在一起，因为具有类似社会背景的人可能在类似的条件下完成社会化和随后形成类似的价值体系。所以，从这个角度上讲，钱氏择偶中的门当户对已不是传统社会的唯门第等级论，虽然家庭背景仍是考虑因素，但个人的自身条件更为重要，这种门当户对综合考虑双方的自然资源和社会资源，而这正是夫妻协调和整合的基础。

三、家风传承

无锡钱氏向以耕读为业，是个颇为注重家风家学的家族。《家训》中说,“欲造优美之家庭,须立良好之规则。内外门间整洁,尊卑次序谨严,父母伯叔孝敬欢愉,妯娌弟兄和睦友爱。祖宗虽远祭祀宜诚,子孙虽愚诗书须读。……勤俭为本,自必丰享。忠厚传家,乃能长久。”因此,钱家人一贯注重的是清廉自守、一心向学。

1. 从学经历

QZY:祖母重男轻女的思想相当严重,特别轻视女孩,常说什么“女孩子好养,剪了肚肠也养得大”,我从小好动,不讨祖母欢心,非常怕祖母,有一次玩得全身出汗,口渴了到厅里的桌子上拿茶壶喝水,被祖母看见挨了一顿骂。小时候,我就不喜欢这个家,因为受限制太多了,女孩子从小在家里只能读“闺门女训”,主要是讲三从四德,什么客人来了要避开,避免见生客,吃饭时也要有规矩,大人下筷后小孩才能动筷,荤菜要第二碗饭才可吃。门口还有人看门,不可以随便进进出出,要母亲到门口才可去门口看看。那时候,我家对门是裁缝店,也有个女儿,看邻居的小女孩很自在地在外面玩耍,我非常羡慕。

记得童年时最开心的是到去七尺场隔房叔叔家串门。七尺场的钱宅,当地人习惯称“钱绳武堂”,宅园不算很大,青砖黛瓦,备弄幽深,共有前屋两进,第一进和第二进之间是一个大天井,我们时常在那里分成两队做游戏,第二进后的后花园也是我最喜欢的去处,四季花常开,是我画画的好取材,特别是累累的瓜果,引得堂兄们,爬上树摘下果实,大家一起解馋。现在回想起来,还历历在目,只是时过境迁,生死茫茫两不知。对于钱绳武堂的那份感情,一般人是难以体会的。

父亲是相当开明的,爱好看书写字,经常与朋友一起谈论字画,在我懂事的时候,他就让我在家里坐书房,学诗文。写字画画,父亲采取的是一种无为而治的教学方法,从不强求我学任何东西,一切从兴趣出发,他说,学问,唯“兴趣”二字。可以说,父亲对我的一生影响很大。在他的潜移默化的影响下，我喜欢上了绘画，并且希望能像父亲一样成为一名教师。可以说，我的启蒙教育与兄长们是一样的。

7岁时，父亲决定送我进入竞志女学，认为可以获得更宽的知识面。当时祖母非常反对，认为女孩子学女红最重要，只要会背闺门女训，识些字，会吟诗作对就不辱没书香门第了。但父亲坚持，读书是最重要的，可以修身养性，而不应有男女之别。在父亲的一再坚持下，我终于有机会接受新学的训练。由于有家学的底子，直接上了小学三年级。学校总共数百人，一个班级有四十多人。学校的功课不重，课余主要活动有跳绳、踢毽子等，我觉得像出笼的小鸟，别提有多快活了。在竞志从小学上到中学，后来，我就到了无锡美专学美术。当时，我家的邻居胡汀鹭先生，是位有名的画家，和家父关系相当好，民国十三年(1924)与储建秋、贺天健一起创办了无锡美术专科学校。父亲看我喜欢画画，而且也有些天分，就让我到美专正式读书，胡汀鹭先生、陈旧村先生都是当时相当有名的花鸟画家，我就拜在他们的门下学习，给了我极深的影响，也就是在他们的教育、指点下，我对国画，特别是花鸟画产生浓厚的兴趣，以至作为终身的追求。

中学到美专对我影响最大的同学就是方召麟①了，我们是竞志女学、美专的同学。我印象最深的是，英语课上，老师都要请召麟范读，她朗读英语，语音正确清晰，音色优美，为全班同学所不及，深受大家爱慕。不久，我考入无锡女子美专，她还常来看我，并书信往来，60多年来，成了艺术上的挚友，这种友谊非泛泛之交所能想象的。

1930年我考入国立艺术专科学校，一般人都要先学三年预科，再读两年本科，因为我有无锡美专的基础，以较好的成绩直接考取了本科学习。因为出来读大学是我自已的意愿，而母亲则认为我读的书已经够找一个好婆家了，希望我早点结婚。在

① 方召麟系陈方安生的母亲。

父亲的支持下，我先当了一段时间的小学教师积攒了钱出来上大学。进校后，我很珍惜这一学习机会。为了练基本功，画素描，常常是废寝忘食，当时潘天寿先生对我的影响很大，对于我的作品，他都悉心点评，我绘画的风格深受潘天寿老师的影响。"九一八"以后，国难当头，学生无法安心读书，我们杭州的大学生当时也到南京请愿，我也参加了，看到了蒋介石，看到军警全副武装对着学生。后来听说杭州去的学生比较软弱，北京、上海去的学生抗战呼声更激烈，有些学生给军警打了。因为当时已无法上课，所以杭州艺专没有正式毕业。随后，我就成为一名自食其力的中学教师。

涂尔干认为，教育是孩子的父母和教师施加在孩子们身上的一种作用，这种作用无时不在，无处不有。在社会生活中，没有哪个时期，可以这么说，在一天中甚至没有哪个时刻，青年一代没有与年长一代进行接触。理所当然的是，青年一代接受了年长一代所施加的教育影响。这种无意的教育是永无休止的。[①] QZY 的成长过程中，有着不同的因素给予她多方面的影响：一是来自父亲的呵护和关爱，使得她的天性没有受到压抑和拘束，而且，父亲好学不倦、不慕名利、恬淡闲雅，这样的一些特点，从小就耳濡目染，深得传承；一是来自名师的悉心指导，为她在书画界的发展奠定了基础。此外，无锡地区浓厚的文化氛围，也给以丰润的滋养。毋庸讳言，在后来的几十年中，由于种种原因，这种人文气氛在这座城市里不断减弱，成为彻彻底底的"工商城市"。

2. 职业继替

QZY：我祖上累代教书。我的曾祖钱维桢曾创办江阴全县义塾，制定规章，声名远扬。同治七年，巡抚丁日昌十分欣赏义

① Durkheim, E. Education et. sociologie. Paris, Presses universitaires de France, 1966, p. 69.

塾章程，下令在全省推行。晚年，曾祖回无锡东亭以后，又倡办崇仁、向义两义塾。屡得常州府褒奖，守遗规30年不替换。

我的祖父钱福炜，前清同治丁寅科举人，曾做了两年知县，但他认为当官要作孽，自己不适合当官，不如教书，以后就一直在苏州府长洲县任教谕。在长达10多年的教谕生涯中，训导士子，每以先品行后文艺相勖勉。他常对学生背诵《左传》中的文字："国家之败，由官邪也。官之失德，宠贿章也。"祖父为人，不慕荣利，不畏强御；如人有过错，常常当面予以指斥，遇到与地方百姓有利害关系的大事情，每每果敢决断，能挺身以赴，所以口碑相当好。比如同治年间，皇帝大婚，向苏南捐布，由江苏巡抚委派苏州商人承办，苏州商人上下其手，摊派无锡、金匮、江阴三县分任，祖父便出面联络三县士绅具陈于两江总督曾国藩，请求奏撤其事，以恤民艰，这事办成之后，当地百姓颂声载道。又如光绪年间徐淮灾荒，祖父筹赈千金救灾。祖父的这些品行对父亲产生深刻的影响，祖父本人也名震乡里，曾祖也因此被诰封为朝议大夫。祖父在世时，家庭比较富裕，在苏州的住所有花园等，祖父去世后，家中有一万银元，祖母带全家从苏州迁回无锡，这是因为四叔公在无锡(即七尺场钱家)，两家常有往来。他们回到无锡后想从商，但花了钱未做成生意。

我的叔公钱福煐也是被人称誉一时的著名塾师，我的隔房叔叔钱基成，也曾开馆授徒，并先后教授过隔房叔钱基博和钱基厚以及隔房哥哥钱钟书、钱钟韩。

我的父亲也以教书为生，他的大部分时间里，都在薛福成家当家庭教师，收入不菲，所以从小过着中等生活，也使我们这么多子女都能受到正规的教育。正如前面所述，受父亲的影响，我也走上了教师岗位。

我第一次工作是在玉带桥小学教书，前后不到一年的时间，主要是为了赚取上大学的学费。从1933年起，我在省立宜兴职业中学当教师，教音乐、国画，我既喜欢音乐美术，也喜欢当教师。刚上讲台的时候，有的学生年龄比我大，有的已经结婚，当时女教师比较少，特别是在宜兴，我除了在上省中的课外，还在宜兴女中兼课。作为年轻教师，我和其他老教师的关系都很好，他们常常照顾我，那时像我们那样的教师，社会地位也比较高，受人尊重。记得当时的教导主任经常带着我和其他一些教师在饭店里聚聚。我在两个学校的收入有四五十元（当时一个小学教师的收入是24元），也已经相当满足了。

从1940年开始，我一边当教师一边画画，因为孩子多起来了，家庭负担越来越重，只能每年开一次画展，用来贴补家用。我们夫妇都是画画的，只能利用这个特长来赚钱。五年时间里，我们共卖掉80幅画（夫妻两人每人40幅），当时徐悲鸿夫妇、钱松嵒、邵力子都曾经帮助过我们。

抗日战争胜利后，全家回到无锡，我在无锡师范当教师，一直教音乐、美术，直到1970年退休。解放以来，教师的待遇经历了下降—回升的历程，但教师的地位，我觉得还是不能和解放前相比。

在我子女这一辈中，除了六儿，生不逢时，插队当过农民，应征当过兵，复员后做过工人，经历过一番周折后，最终还是继承了我家的传统，通过自学，成为高考恢复以后的第一批大学生，当了一名计算机系的教师。其余的五儿，都在机械、工程、电机等领域搞技术或科研工作。

从钱氏四代人的职业变动中，我们可以看出：由于以农业为主的家庭生产方式带有很大的承继性和延续性，职业的代际变化是相当微弱的，在注重家学的世家中，子承父业是最天经地义的。民国以降，随着社会政治、经济的不断变革和发展，职业的选择性明显多元化，选择什么样的职业看起来是各人自己的事，但社会事实对于个人的择业具有极大的约束力，钱钟书在《围城》中写道，方鸿渐家乡的“年轻人进大学，以学土木工程为最多”。这倒不是空穴来风。钱绳武堂的钟字辈，除了钟书、钟汉、钟英大学时念的是中文和外文系外，其余读的是电机、纺织、土木、机械等工科专业。从客观上讲，是符合无锡当时工商业发展的时代特征的。当然，也有主观因素，钱钟韩由于家学渊源，在文史方面的根底要远胜于其他同学，但和“博闻强记、才思敏捷、下笔千言”的伯父、父亲和堂兄相比，他仍觉得自己“显得很笨”，于是就想寻找自己的突破口。在谈到自己职业道路的选择时，钱钟韩说过这样一段话：“自己早就知道不是学文学或哲学的料子，因为在那些领域里，如果没有天才和灵感，就没有出头的日子，我立志要学理工，走自己的路；要离开他们远一点，可以少受一点批评，减少一点心理上的压力。我亦觉得学理工比较实事求是，注重逻辑思维，比学文科容易得多。”[①]到了 20 世纪 50 年代，在“有理走遍天下”的重理轻文的大环境下，QZY 的子女也都走上了工科发展的道路。因此，择业带有明显的时代烙印和环境特征。此外，正如我们所看到的 QZY 六子的职业变动，个人理想的张力也是影响职业生活的重要因素之一。

3. 绍续家风

QZY：我们家族是很重门风的，这种门风的传承方式之一，就是续修家谱。据说，钱氏的家谱或其雏形出现得很早，是以口头形式相传递的，文字谱牒开始于汉代钱氏远祖五十九世的钱让。到了唐朝，崇尚氏族，贞观初曾诏令天下贡氏族谱，勒为成书，有谱者为望族。钱氏的七十二世远祖钱元修就“录家谱上达京师”。无锡钱氏承列“祖先德不可不念，世谱不可不修”的遗训，谨记武肃王“上以承祖祢之风，下以广子孙之德”的遗训，重视家谱的修续，钱镠自撰《钱氏大宗谱》，到宋朝，先有钱维演的《吴越钱氏世系谱》，得到宋徽宗和宋钦宗撰写的御序，近代钱文选于 1929 年付梓的《钱氏家乘》，共 14 卷，分 6 册，载有 100 多个支脉，各地各支各派都拥有自己的宗谱，达到了钱泳所说的“唯我钱氏一族，家家有谱，或此详彼略，或彼祥此略，要其旨归，大

① 钱钟韩：《谈自学》，《钱钟韩教授文集》，第 224～225 页。

约相同”。无锡钱氏宗谱，始自明永乐四年，是迁锡始祖钱进的九世孙、文林公钱恒，以锡山后裔续之，称《锡山钱氏世谱》。后经多次修续，谱本很多，家藏也很普遍。

如前所说，我从来的思想就是要子女读书，有专长，有学问，反对做空头政治家，有真本事才能报效国家，为民造福。孩子们从小就知道读书的重要，一般说来，从进入中学就能比较自觉地学习，学习之余也是自己看课外书，做手工，画画，锻炼身体，下象棋，进行种种有益身心的活动。

女儿从小就会演讲，会弹钢琴，书读得好，还积极参加解放初的各项学生运动。当时学校的领导也很器重女儿，要培养女儿当干部，但我坚持要女儿读完大学再说。女儿20世纪50年代末大学毕业，留苏取得博士学位，现在中科院当博导。大儿、二儿根据当时国家的需要，考大学时都被保送华东航空学院，毕业于西北工业大学，分别从事设计、教学工作。三儿毕业于武汉工学院，粉碎“四人帮”以后又留学日本，获得博士学位。四儿毕业于南京航空学院，现在工厂从事技术工作。五儿毕业于北京大学，又到中纺大读研究生，现专门从事科研工作。六儿是小三届生，曾务农、当兵、当工人，最后还是凭他的个人毅力，自学成才，考上当时的无锡大学，现在是江南大学计算机系的骨干，一度因为出色的业务水平，被提拔当干部，作为组织部长助理，后来碍于事务性的工作太多，放弃仕途，专心于自己的教育、科研。这是符合我们钱家门风的。《家训》中就说，“子孙虽愚诗书须读”。特别欣慰的是，子女们又如他们一样，教育自己的孩子，现在我的第三、四代又都是个个进大学深造，学有所成。看到这些家传的读书好传统在延续下去，我觉得很开心。

潘光旦在《明清两代嘉兴的望族》一书中指出，能传承家风者，很重要的一点是要靠人才，钱氏通文达礼，读书成才者众多。这也正是钱氏“为人应以文章事业为重、为民造福而名世”的家风的传承。以绳武堂为例,"福"、"基"、"钟"三代中出了两位国学大师、三位社会活动家、九位专家教授,而第四代二十几个"汝"字辈也几乎全是高级知识分子。其中,"钱钟书现象"已成为独特文化现象的代名词,足见书香门第的活力和影响之大了。

小结:德泽遗存

无锡城中钱氏作为典型的江南书香门第,经历了五代时的显赫一时、归宋后的华落不一和晚清以来的重新崛起,出现了"一门多名士"的独特现象,这是社会环境的变迁所带来的机遇。进入近代以后,中国社会出现了重大的变革,钱氏的多数族员迅速适应了场域的变化,从而开创了在教育、工商、文学、科技等领域俱有建树和影响力的局面。

甲午战争以后,自杨氏创办业勤纱厂以来,无锡地区工厂林立,与上海在经济、文化上的交流与联系日益广泛而频繁,成为中国民族工商业的发祥地之一。无锡工商业的发展,推动了教育事业的发展,迫切需要科技、企业管理方面的专门人才,所以,钱氏子弟纷纷进入各类学校,学习科技知识和技能,如钱基博、钱基厚兄弟共有10个儿子,除钱钟达、钱钟鑀早逝外,都进入了公立高等学府,并有5人录取公费出国留学(见表8)。

表8

姓名	生辰	学历	出国情况
钱钟书	1910	清华大学外文系	牛津大学文学专业
钱钟纬	1912	南通纺织学院肄业	波尔登工业学院
钱钟英	1913	光华大学英文系	
钱钟韩	1911	交通大学电机系	伦敦大学帝国理工学院
钱钟汉	1912	光华大学国文系	
钱钟毅	1916	交通大学土木系	美国爱华州大学
钱钟仪(烈士)	1920	同济大学机械系	

续 表

姓 名	生 辰	学 历	出国情况
钱钟鲁	1922	交通大学机械系	
钱钟彭	1925	交通大学机械工程	1955年派往苏联
钱钟泰	1935	南京工学院电机系	列宁格勒加里宁工学院

显然,作为教育世家和地方士绅代表,钱氏家族的知识和社会关系在被承继的同时,也经历了具有时代性的发展。可以说,无锡钱氏的兴盛正是其自觉努力的结果,这从QZY的生活经历,以及基博、基厚兄弟俩知识的转向以及职业的发展上可以反映出来。

众所周知,鸦片战争以后,西方文化和先进科学技术迅速传入中国,促使封建科举制度土崩瓦解,出现了学西方的热潮,钱氏兄弟在这一新学日盛的时代大潮面前,感到了旧式教育带来的知识结构的不足,从光绪三十一年起,自学理化知识,特别是钱基博还约集了一批志同道合的人组织了理科研究会,培养造就了不少理科教育的人才,其中有不少人后来都成了无锡及邻近地区中小学理科教育的骨干力量。而这段学理经历,钱基博也派上了用场:先是担任薛南溟家的代数老师,后在无锡县立第一高小,兼任理科教员。这可以说是从旧式知识走出来的人,为追随时代的变化而作的努力。在谈到其职业的选择上,钱基博有过这样一段论述①:

我当日只有两条路可走:一条路,在本地当个绅士,地方上亦尚有人信用。一条路,靠我笔下尚来得,外间也有人知道,投到北京去活动,做一个政客。不过我觉得我自己有些危险性!我身体不健康,胆气也不够;不过我有些小聪明,能用吾脑,碰到一些事,能够正反看,不同普通人的只看表面;万一被人利用着

① 钱基博:《自我检讨书(1952)》,《天涯》2003第一期。

打我的歹主意，我将误用我的聪明害人！所以我决定选择一环境，限制我的用脑，没有机会打歹主意；还是教书！

如果说，钱基博更多地是运用知识资源，在学界崭露头角，那么，钱基厚则是综合运用了知识和社会关系资源，从而在政界和工商界发挥着重要作用。于是，当时的无锡地方上出现了一个奇特的现象：钱孙卿无工商产业，却长期执掌着商会；不任行政官员而长期操纵地方政局，非国民党党员却拥有级别最高的党政。造成这种现象的主要原因有：

一是无锡近代以来，有永泰薛氏、广勤杨氏、申茂新荣氏、庆丰唐氏及蔡氏、丽新唐氏及程氏、裕昌周氏等六大资本集团，产业规模有大有小，因为大都有着姻亲关系，大者要兼顾各地各方，小者可集中一地一业，相互之间构成了势均力敌的关系，任何一个大实业家都不愿亲自出马执政，以免成为多方面的目标，伤了和气。为求得相安平衡的关系，他们需要一个共同的代言人来协调内部和对外交涉。

二是钱基厚有着多重背景：既是地方政治实力派孙鹤卿的表弟，又是实力派薛南溟副手高映川的女婿，而且钱家又与秦家、王家、薛家、杨家、荣家等等或有直接的姻亲关系，或有连环的姻亲关系。

三是钱基厚本人是学界出身，主持地方教育行政十年中，宽筹经费，提倡私人办学，树立新式教育风尚，当时无锡私校多于公校，是教育事业发展的重要原因。与此同时，在任共和党无锡支部部长期间，他因建议在国会选举中，国民、共和两党放弃竞争，联合为地方多争票数而为社会上层各界所信服。他的“中性政治”深得地方资本集团的好感和信任，纷纷向他提供支持：1924年，在商团总董杨翰西的支持下，无锡城区议事会选举钱孙卿为市公所总董，这是钱氏从学界转入政界的关键。1925年，钱基厚应荣德生聘，出任荣氏私立公益工商中学校长，后又在荣氏的资助下，当选为江苏省议会议员，同时获得多方面的背景。在此后的二三十年中，钱基厚始终是无锡政界、商界的一个强有力的人物。

从钱氏名流成长的经历中，我们还可以发现，家族在思想行为、品行学问、求学方法等方面的熏陶、教化以及严格管教，起着至关重要的作用。钱氏远祖钱鏐非常重视家教,他曾向子孙提出10项临终要求,该遗嘱称:“第一,要尔等心存忠孝,爱兵恤民。第二,凡中国之君,虽易异姓,宜善事之。第三,要度德量力,而识事务,如遇真君主,宜速归附。……”此外还有遗传的《家训》,这些都深刻地影响了钱氏族人。对此,钱钟汉深有体会:“我们家代代克勤克俭,历来要求极严,或许是受祖辈的《家训》影响吧。”

如前所述,丹桂堂钱维桢家族向来对子孙的德才教育较为严格,一丝不苟。如钱钟汉已经是无锡市的副市长,还不敢在父亲面前抽烟,有一次晚上看电影回家晚了,便受到了父亲的批评[①]。钱钟毅在湘桂铁路任职时,经其手设计的工程,经费有五百万元之巨,直接监造的工程,也有约一百万元,未尝中饱公费一文,连受承包商或工人一支香烟或一杯水的事也未曾发生过,乃至后来调任黔桂铁路任职时,路费几无所出,钱基博知道后,深感欣慰说:“此子早岁在小学曾以拾金不昧,获有奖状,余喜其任事在外,乃无改幼年志节也。”[②]对于钱钟书的“好臧否人物、议论古今以自炫聪明”,钱基博一边替他改字默存,一边写《题画谕先儿》,以春花绽放为喻,告诫他少年人既要积极进取,又要学会内敛含蓄,只有这样才能生意久远。这对钱钟书后来的人生经历影响深远,整部《管锥篇》都是以“慎言”为戒,而在历次运动中,他也是沉默是金,埋首学问,曾有诗云:“凋疏亲故添情重,落索身名免谤憎。”

综观20世纪以来,钱氏家族的权力实践,文化资源(教育、家风)和社会关系(庞大的家族规模、复杂的联姻)在其权力资源的构成中所占的比重相当突出,当其他旧式望族相对衰落之时,钱氏却能自觉适应,与新的生产力、新的文化相融合,从而使权力转换链条顺畅而坚固,权力资本的延续和扩张呈现出一种良性状态,这从钱绳武堂的修复就可窥见一二:

---

① 张一飞:《我所认识的钱孙老》,《无锡文史资料》第22辑。
② 钱基厚:《孙庵私乘》,“民国三十年”。

关于钱钟书故居的保护争议起始于1996年。当时，与之相邻的无锡市中医院圈地扩建，而东侧的“钱绳武堂”正好在新大楼规划红线内。按门牌号码，新街巷30号和32号必须为已列入重点项目的中医院扩建工程“让道”。是“保”是“拆”，引发了多方争议。

QRJ：说到底，当年的争议基点是一种政策冲突：1984年无锡进行大规模文物普查时，市文管会办公室就已把钱氏住宅作为近代文物建筑加以内控保护，随着钱钟书声名日隆，保护钱氏故居的呼声日高。但按文保惯例，名人故居保护常适用于已故名人，加上当时国家正从严控制名人宅第的文物申报，所以在钱钟书健在的1997年，故居未被批准为文保单位。“保”，没有政策依据；“拆”，违背起码的文化觉悟，在矛盾抉择中，无锡市政府表现出了一种积极姿态，1996～1997年间，先后为如何保护钱钟书故居召开了20多次协调会和论证会。随后，市政府拟定了三种保护方案，由专人送往北京钱钟书处征求意见。方案之一是把钱先生主要生活过的30号整体平移25米左右，并原样重建，成立钱钟书纪念馆。但钱先生一贯淡泊名利，对搞纪念馆之类一直持反对态度，加上当时他已在病中，于是所有的设想都未置可否地搁浅。1998年3月，在综合多方意见和充分协调的基础上，对“钱绳武堂”的主要部分，即现今新街巷30号及部分32号建筑，做出了“原地保留保护”的决定。文件同时对“搬迁旧居内住户、逐步由政府收购产权、制定保护方案、为筹建钱氏纪念室收集资料、进行复原论证和修复及适时申报文保单位”等事项都做出了明确规定。1999年1月在钱钟书逝世一个多月后，无锡部分政协委员提出呼吁“全面保护钱钟书旧居”的“社情民意”，要求对32号内原决定移入30号的书屋也进行原地保护。当时的无锡市委主要领导也及时做出了“尽力保护钱钟书故居”的批示。

最终，原来涉及新街巷30号的城市道路“红线”让路了，市政府为保护钱绳武堂也出资不菲，仅收购30号的产权一项，市计委、卫生局、文化局三家就出资158万元。江苏省文化厅和文物管理委员会也特拨保护经费10万元，以表支持。所以，钱绳武堂的修复足见无锡钱氏家族的文化实力。

附：

表9　钱氏家族世系简表

钱鏐—钱元瓘—钱俶—钱惟演—钱晅—钱景臻—钱愐—钱端瑀—钱筠—钱显祖—钱迪—钱致濕—钱伯—钱缶—钱均辅—钱祐—钱益—钱继—钱浦—钱琰—钱宪—钱至生—钱如玉—钱法曾—钱林—钱照—钱奎—钱士镜—钱若浩—钱维桢

- 钱维桢
  - 钱福炜
    - 钱基烈
      - OZY等五女一子
    - 钱基鸿
      - 钱钟夏等四子
  - 钱福煐
  - 钱福员
  - 钱福炯
    - 钱基成
      - 钱钟书（嗣出）
    - 钱基恒（早逝）
    - 钱素琴（早逝）
    - 钱基博
      - 钱钟书等三子一女
    - 钱基厚
      - 钱钟韩等九子二女
    - 钱月琴（早逝）
  - 钱福炽

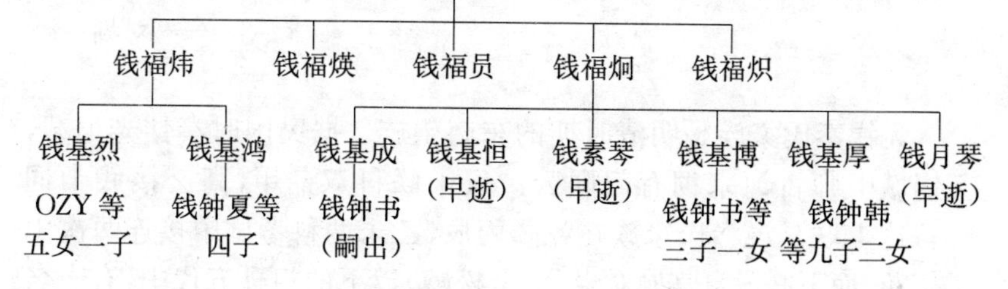

第五章　世泽流长仰秦氏

墉自辛酉乡闱，受知于秦薪岩（秦仁）老夫子，后履任江苏学政，舟行龙尾陵下，水窗之际，遥瞻秦氏世墓，未尝不叹其世泽流长，发祥正未有艾。……兹将建碑于凤山始祖瑞五公之茔（胡埭凤山秦维桢墓），乃知龙山世墓（惠山秦观墓）海内所称。而先发源于凤麓，攀龙附凤，秦氏故多英俊也。

——刘墉

无锡秦氏家族是明清时期的东南望族。据民国时秦铭光记载，无锡城中师古河宗祠有门联云："辰未联科双鼎甲，高玄接武十词林。"这上联是说秦氏家族在乾隆丙辰、乙未两科考试中接连两次中了探花，而下联说自宫谕对岩公（秦松龄）以下的祖孙五代中，有十名进士点了翰林。有诗云："祠堂乔木郁森森，问鼎联翩说至今，五世科名十士第，词宗继起有词林。"

至今，在秦氏聚族而居的师古河（即今崇宁路）两侧留下了众多的府第故宅、祠堂、义庄等古典建筑。尽管韶光流年已剥蚀尽雕梁画栋，但我们依稀能感受到秦氏家族往日的繁荣。本章将以秦氏宅院为切入点，来把握簪缨世家的生存之道，以及其兴衰对于无锡社会的影响。

一、诗书传家

秦氏主要有两个来源，其中东部及东南部的一支，是黄帝姬姓的后裔。据《古今姓氏辨证》所载，周武王时，把少昊之墟曲阜赐给其弟周公旦，封他为鲁公。因后留周郡辅佐周王，儿子伯禽便去接封鲁国，其裔孙以公族为大夫，食采于秦邑，其后有以邑为姓，称为秦氏，史称“秦姓正宗”。秦姓南迁始于秦代以前，魏晋南北朝时，因北方连年战争，秦姓再度南迁，以江苏、浙江为主。

QZH：根据历史渊源和人数的多寡，无锡秦氏大致有以下几支，而且都是淮海公秦观的后裔：① 锡山秦氏，始迁祖为瑞五公惟桢。瑞五公时淮海公十一世孙，落籍胡埭，后裔在城中有“河上秦”、“西关秦”两大支；② 夫椒秦氏（马山耿湾），始迁祖为瑞八公惟福，淮海公十一世孙；③ 陡门秦氏，始迁祖为秀二公集，淮海公十四世孙；④ 洛社秦氏，始迁祖为正衮公槃，淮海公十四世孙；⑤ 胡埭西溪秦氏，据1990年版的《胡埭乡志》称：“明朝初年，由秦淮海公后裔秦福三从武进秦村迁居西溪，子孙繁衍，分为河东、河西两巷。”

1. 先世源流

秦氏后裔在无锡分为几十派百多支，而现在所说的无锡秦氏是以锡山秦氏为主兼顾其他分支。锡山秦氏先祖可追溯到北宋文学家秦观。他与苏轼等人多次游览无锡惠山，吟诗咏唱，为惠山的景色所倾倒，认为在此可“俯仰佳览眺，悠哉身世忘”。愿意“山阿相与邻”。秦观去世后，其子处度公（湛）将他的墓由高邮迁葬于无锡。据《锡山秦氏宗谱》记载，南宁淳祐年间，淮海十一世孙秦惟祯因淮海先生墓在无锡，自武进迁居无锡富安乡，入赘胡埭王野舟家，遂为锡山始迁祖。

QZH：南宋末年，瑞五公秦惟祯从常州武进入赘无锡富安乡（今胡埭）王野舟家，成为秦氏家族的锡山始祖。瑞五公孙（遯轩公）彦和在元代末年，从胡埭迁居城中六箭河北岸玄文里，被族内称为“河上秦”。明代成化二十二年，瑞五公七世孙（端敏公）金，也从胡埭之张舍迁居县城西水关，被族内称为“西关秦”。河上秦与西关秦是城中秦氏的两大支系。明天顺三年，遯轩公彦和之曾孙中斋公夔、养恬公永孚在科举中取胜，同时中举，以后中斋公和端敏公又连捷为进士，从此奠定了无锡秦氏家族发迹的基础。

嗣后，秦氏子孙蕃衍，特别是河上秦氏栋厦云连，鳞次栉比，跨师古河两岸都为秦姓住宅。清初，又向大、小娄巷、中市桥巷、东河头巷、虹桥下、县下塘等处发展，成为聚族而居的中心大家族形态。如德藻生前五世同堂，有子六人，孙二十三人，曾孙五十人，玄孙百有六人，女合孙曾以下亦有四十七人。

清代顺、康、乾、嘉四朝是秦氏家族的鼎盛时期，据《金匮县志·乡辈殿试卷移储无锡图书馆记》："起顺治丙戌，讫光绪甲辰，凡一百十三科约有十之六七，而锡籍之存者九十有七卷，其中秦氏则十二卷焉。立学统者：侍御（德藻，字以新）、宫谕（松龄，字留仙，晚呈苍岘山人）、灯岩（松岱）、给谏、文恭（蕙田，探花、刑部尚书）、司寇（瀛，字小岘，刑部侍郎）诸公。"康乾盛世，秦氏家族科第联翩，簪缨不绝：

QYY：松龄19岁改庶吉士，授检讨，康熙乙未举博学鸿儒，有咏鹤诗"高鸣常向月，善舞不迎人"。著有《苍岘山人诗集》、《文集》各六卷，《毛诗日笺》八卷、《明史擬稿》四卷。松龄弟松岱，国子生，著有《蜀学晰微》二十卷。德藻孙道然，康熙已丑改翰林院庶吉士，充值讲起注习官。雍正时因藩邸事，下狱十四年，以子蕙田通籍后，陈情得释，著有《泉南山人诗集》六卷、《明儒语要》四卷、《困知私记》一卷。道然子蕙田，嗣易然，累官刑部尚书，著《五礼通考》二百六十卷、《味经窝诗文类稿》二十八卷、《周易象日钞》十七卷，建议古韵二百六韵并为一百七韵。春田孙瀛，乾隆甲午举人，历任刑工户礼四部侍郎，迁仓场总督，任都察院左副都御史，著有《小岘山人文集》三十六卷、《淮海公年谱》六卷、《已未词科录》十卷。瀛子缃业，道光丙午副贡，以盐大使分发浙江，著有《虹桥老屋遗稿》、《西泠酬唱集》、《消寒酬唱集》。

又据《县志》、《家谱》、《诗钞》、《文钞》、《锡山游庠录》等文献统计,锡山秦氏有举人76名。另据北京孔庙的明清进士题名碑统计,锡山秦氏有33名进士,并且先后有10人为词林,即被授予翰林院编修,他们是:鉽(顺治乙未会试第一,廷对第三);松龄(顺治乙未进士,时年十九);道然(康熙乙丑进士);靖然(康熙壬辰进士);蕙田(乾隆元年一甲第三);勇均(乾隆四年一甲第三);鐄(乾隆乙丑进士);泰均(乾隆甲戌进士);潮(乾隆丙戌进士);泉(乾隆乙丑进士),其中,道然、靖然都是松龄的儿子,蕙田是道然的儿子,而泰均则是蕙田的儿子,可以说是"代不乏人"、"敬承勿替"①。

2. 文脉悠悠

大浮老人曾在"续修锡山秦氏宗谱序"中写道:"秦氏世代书香,有家法,有学统。谱系断自锡山,世德当溯之淮海。历世三十,历年九百。先人之遗泽至深至远。发祥于明方伯(夔,字廷韶,武昌府知府,江西布政使)、端敏(金,字国声,湖广巡抚,兵部、工部、户部尚书,赠少保,谥端敏——无锡寄畅园第一任园主)、中丞(燿,字舜峰,湖广巡抚,其两子:太清、太宁——无锡市清名桥建造者)三公,盛昌于清顺、康、雍、乾、嘉五朝。曾兄弟双鼎甲,祖孙十词林,极风虎云龙之际会。""所谓家法立则积厚者流光,学统立则父作而子述。"②

作为江南名族之冠的秦氏家族,在其发展、壮大过程中,写有大量的著作,除了个人的专著以外,还为无锡留下了大量的典籍文献。

明清以来,锡山秦氏多人参加编纂县志,有四次编志任主纂,为后代留下了众多宝贵的资料。QYY自豪地说:

> 明清以来的地方志书大多是秦氏所纂修的。如秦夔自纂明弘治《无锡县志》;明隆庆六年,无锡县知县周邦杰聘秦梁等纂修

① 秦赓彤:《世德清芬集书后》,《锡山秦氏文钞》卷九。

② 顾毓琇:重印《大浮老人诗文钞》序言。顾毓琇为大浮老人胞姐之孙,自述就读于清华时每得赴北京老人处常随侍,国文之基多多得益于大浮老人。

《无锡县志》，析目 24 卷，万历二年完稿。清康熙二年，吴兴祚在补无锡知县期间，聘秦松龄、钱肃润主纂《无锡县志》，后因故中断。康熙二十三年，知县徐永言聘秦松龄、严绳孙任《无锡县志》总纂，康熙二十九年完成，全志 42 卷 69 门。嘉庆十七年，无锡县知县韩履宠、金匮县知县齐彦槐倡修《无锡金匮县志》，委秦瀛主纂，全志 40 卷 44 门。光绪初年，无锡县知县裴大中、金匮县知县倪咸生倡修《无锡金匮县志》，由秦缃业主纂，秦赓彤等 26 人协纂，光绪六年书成，全志 40 卷，首 1 卷，附编 6 卷。

乾隆曾作诗褒奖秦氏家族“书史传家学”。这倒是十分贴切的。正是对于家族文化实力的重视，作为锡山的秦氏，代有闻人，其中不乏皇皇之作，所谓“征锡山之文献者，必以吾家为称首”①，因而秦氏被称为“文献之家”。

QYY：我们家族，人文秀起，著述之富，为各姓之冠。可惜的是，由于战乱家难以及保管不善，佚亡甚多。清道光年间，秦彬网罗散佚，搜集遗篇，编辑《锡山秦氏诗钞》十八卷，汇集宋元明清之锡山秦氏家族成员 242 人的诗篇，由他的儿子请邑人王芝林进行删订，编成四册，最后经族子殿楹等重加订正，方才完成。民国七年(1918 年)，秦毓钧笔耕之余，随时留意家族文献，风钞雪纂，取其精华，得文 123 人、490 余篇，经过十年，编辑成《锡山秦氏文钞》十二卷，稿成后又因无钱刊印而搁置数年，直到民国二十九年(1940)利用刻印家谱的余钱，加上族人的支持，才得以刊印出版。国学大师唐文治作序，说“从未有以家族之著述，汇为鸿编者，即有之，亦不过三五人，或十数人而上，然已不数数觏，而吾锡秦氏乃独擅其胜，弥令人起羡而起敬矣”。

① 秦国璋：《嘉会堂诗文汇稿序》，《锡山秦氏文钞》卷一〇。

文献作为一种记录知识的载体，既是宗族源远流长的历史见证，也是家族的光荣与地位的象征，更是其“文化实力”的体现。正因为如此，秦氏家族对文献投入了空前的热情和努力。如秦桂枝，图绘先人遗像以及碑铭传记汇为一集，逾二十载而后成，曰《金石录》。秦焕曾汇辑家族制艺，甄录百有余家，文约四五百篇，写成定本八大巨册，藏于家中。秦毓钧编《锡山秦氏文钞》时，得到了族人无私的帮助。当时，其族叔秦国璋也正在从事“文钞”的收集，在听到了秦毓钧正在从事与他相同的工作时，马上将自己所收集到的资料全部奉送。而且，他还进一步遍求故家谱牒，凡是其中有秦氏所传状碑志及诗文序跋，均一一录出，同时还辗转相托，远求各地，最后将收集到的资料全部转给秦毓钧。为保存家族文献，秦氏族人真是费尽心思。

QZH：太平天国运动期间，无锡地处太平军与清军作战的中心，秦氏家族遭遇凄惨，被迫几经搬迁，许多家庭都遭灭门之灾，只要看一下我们的宗谱就知道了，比如廉泉第五支太室公后十四房子弟，除二人早卒外，其余都在1860年前后失踪；在竹第二支子济公后八房除元培一房幸存外，其余子弟也全无下落。也正是在太平天国以后，我们家族开始衰落了，其实整个社会大环境是这样，所以，也不能说是衰败。尽管如此，《秦氏诗抄》的版片还是在许多家族的精心保护下，接近完整地保存了下来，战争结束后，家族又在光绪五年将损失的版片补刻完整。这更好地反映出我们家族注重文化的特点。

《锡山秦氏文钞》曾对本家族的历史作过全面的回顾。从“家世能文，后先辉映”，到“道德发为文章”，再到“吴越之间，久尊文望”，“或潜或显，蜚声文苑”①，反映了秦氏家族五百多年间（明清两代）家族文脉生生不息的历史。

① 秦毓钧：《锡山秦氏文钞序》。

3. 诗书之泽

陈寅恪先生曾有“学术文化与大族盛门不可分离”之语，家学传承正是秦氏家族的最大特色。即使近代以来，社会制度的剧烈变化以及文化的浩劫，隔断了这种传承的纽带，但读书为善、穷达安命的祖训仍代代相传，表现在职业选择上，大都以文教界或与文化性相关领域为主，而且儒家文化的为人之道已内化为大多数族员的行为准则，即使身遭困境，也保持着知识分子的本色。

QBY：我父亲抗战前是无锡的开业律师，酷爱文史，知识渊博。抗战爆发，举家避难到上海。抗战期间，父亲坚持不与敌伪司法机构沾边，毅然歇业明志，后由无锡旅沪同乡会委任，任该会办的无锡小学校长，母亲也在该校教书。抗战八年，我家十分清苦，一家人蜗居在上海两间小亭子间里，每月除去生活必需开支外只剩下很少的零用钱，当时也不是没有别的生财之道，但父亲甘守清贫。

抗战胜利后，全家回到无锡。第一批批准复业的只有父亲和冯晓钟律师。不久审理汉奸案件开始，如果审理这类案件，可以很快致富，但父亲却坚持不为汉奸辩护，即使口碑很好的族长秦亮工的案件，父亲也没有出庭。父亲始终教育我们要坚守民族气节，这是做人的第一根本。当时父亲在办案上有几条律己的原则：不为确切违法方辩护，不接受完全没有道理的案件，不以酬金的多少决定对当事人的态度，有些贫苦的当事人如确有冤屈，可以义务辩护等。他公开声称“以保障人权，排难解纷为己任”，总是劝人“居家戒争讼，讼则终凶”，这种“儒者风范”在当时司法界是独树一帜的。

刚解放时，父亲在政治态度上是有一定矛盾的，一方面有鉴于中国长期贫弱，国民党腐败不堪，渴求革故鼎新，民族复兴，对新政府寄予希望；另一方面，父亲作为从旧社会过来的知识分子，对当时的社会大变革有疑虑，有观望，尤其对父亲来说，还有一个职业问题摆在面前。解放后，原来的司法体系全部中止，他也当不成律师了。但不久父亲就经教育局批准，出任无锡中学校长，1953年调无锡市图书馆当馆长，这对父亲来说，也不失为用其所长。解放初期，父亲曾是当地教育界代表、人大代表和政协委员。但随着党的政策越来越左，文教界从批武训、批俞平伯、批胡风，直到在全国大规模地批右派，父亲就在劫难逃了。

1956年父亲在市人大代表会上提出"大学分科不宜过细"、"桑蚕政策上收购价太低，谷贱伤农"、"政府不应干涉司法判决"、"被告应有申诉的权利"等等意见，这些后来就成为他"以旧教育观点和旧司法观念攻击党的教育政策和司法政策"的罪行了。在他任民主促进会后组织部长时，曾在无锡发展了两名会员，结果被批成"恶性大发展，与党分庭抗礼"。1957年父亲被打成右派分子，当时我在苏联留学，有斐音乐学院即将毕业，牟斐上小学，幼骆才3岁。

1961年全国开始给少数右派摘帽，当时图书馆党组织也考虑给父亲及早解决，当然要写一份深刻的检讨，但他认为所提意见没有错，即使有些话不合时宜，也不是攻击党。他始终不作违心的检讨，因此，他的右派结论直到身后4年，1978年才改正。这期间，1965年被迫"退职"，从此分文无收。"文革"中被里弄专政、被强制下放苏北大丰盐碱地接受劳动改造。因为牟斐作为老三届知青已在那里插队。父女俩就靠一点有限的工分度日。对一向从事文字工作、身体羸弱的父亲来说，生活的巨变，无疑是又一次沉重的打击，因此，也时而犯病。还是贫下中农好，当得知父亲是右派时，不以为意，只平和地说："右派不是什么坏人，只是吃了嘴巴上的亏。"接着，乡亲子弟时有学习上的问题向父亲请教，父亲总是耐心地讲解。乡亲们日益觉得父亲是一位很正派的、有学问的人，都很善待他，尊敬他。当父亲有病时，乡亲们还时不时悄悄地送一些鸡、蛋、菜之类，放在门口，不留姓名。后来经过苏北政府努力，终于把父亲又接回无锡，临别时很多老乡都留恋相送。

1974年父亲凄苦地离开了人世。他的一生都在社会战乱和动荡中无奈地沉浮,贫病交迫。他是戴着沉重的右派帽子、拖着病残的身躯走的,他没有能看到极"左"路线的结束,没有能活到可以重新受到人们尊敬并再次施展才华的时候,这是无法弥补的缺憾。父亲的问题使我们全家长达20年政治负罪,对我的母亲打击尤大,对牟斐和幼骆的成长与发展造成了巨大的损失。但在父亲的教育和影响下,我们子女都没有学会说假话。反右以后,中华大地上掀起过一浪接一浪左得出奇的运动,我们没有一个以说假话而发迹或免灾的,这是可以告慰父亲在天之灵的。

一场反右斗争,全国55万名知识分子罹殃。空遗满腹经纶智,辜负胸中万卷书,这是QBY父亲的悲哀,也是他那一时代很多知识分子的悲哀。然而,在秦父身上,我们可以看到一种极为可贵的知识分子精神,即愿受炼狱之苦,不失人格之尊;宁肯受辱于身,不肯有愧于心。正是这种精神,使得他身处逆境仍坚持实事求是,并不断运用自身的知识和信息来帮助他人,最终,原本下去时是被改造的对象,回来时却成了改造者的良师益友。他的这种精神也影响着家人,如QBY在"文革"中因说真话,全家被送到远离北京的贺兰山"五七"干校进行改造,仍能用颇为平静乐观的心态参加最苦最累的打井队。劳动改造回北京后,QBY没有在平反问题上纠缠,他说,对平反结论我不在乎,写好了不是护身符,说坏了也不是卖身契,只一心想着工作,15年内搞出三个国家研究成果。无疑,老一代知识分子所遗留下来的这种精神财富将是社会发展的不竭动力。

二、孝传秦园

秦园,又名寄畅园,自明嘉靖年间初建,历经清朝和民国时期,虽几度沧桑,屡经易主,却500年间始终保持在秦氏一姓手中,而与它齐名的愚公谷，终因后人不振，家败园废，前后仅存了五十余年。秦园之所以能百年不改一姓，主要原因之一，就在于秦氏以孝友传家。

1. 建园行孝

嘉靖六年，秦金以惠山寺南隐、沤寓房僧舍建为别墅园林，名“凤谷行窝”，这就是寄畅园的前身。秦金之所以选择惠山，并以“凤谷”来表示园的归属，并非只是出于自然地理因素的考虑，更有其深层次的文化内涵。作为秦金的第十四世孙，QZH如是说：

> 端敏公（秦金）父卑牧公（秦霖）筑有凤山书屋，邵文庄公《凤山书屋记》中这样评述：“凤之惟物长百鸟而瑞王者，号称四灵。……而求凤之德，犹龙之德。然龙以潜为隐，以飞为显，而凤也则异於是，隐也以翔，见也以下。……盖所谓翔于千仞者，览德而下，鸣岗栖梧，则付之其子，且将有群雏出焉，殊形而一德，随时而为用，诚无愧于凤矣。”
>
> 惠山又称龙山，而归山也称凤山。端敏公秦金把园墅选址在惠山，以凤谷为名，不仅合龙凤相谐之意，这里的龙和凤已不是空洞的抽象，这里的凤更有凤山的含意。凤山是秦金出身之地，有其父的“凤山书屋”，也是迁锡始祖落籍之处，也就是说秦氏迁锡始祖的根扎在凤山，因而他以凤山为号，而龙山则有始祖淮海公的墓茔。把行窝称为凤谷，也反映了他的孝思，对家乡的眷恋，不忘祖先，不忘本，且带有自律之意，这样凤倚龙，凤鸣朝阳。

其实，秦氏与无锡结下不解之源，全拜孝文化所赐。处度公湛通判常州时，把淮海公墓迁葬于惠山，实现了秦观生前的意愿。这一迁葬行为正是“孝”的实践。一百多年后，秦观十一世孙瑞五公惟祯，“以始祖少游公墓在锡，遂占籍守墓，锡秦始此”①，因此在凤山（胡埭）

① 秦云锦：《先域集补》。

占籍守墓也体现了孝道。孝可以说是秦氏家族身教的重要内容之一。秦淮海祠堂有一楹联云:“贻厥孙谋,曰气节、曰道德、曰文章,赫赫典型垂宇宙;绳其祖武,为宦望、为孝友、为隐逸,煌煌史乘是箕裘。”这就是告诫秦氏子孙,要沿着祖先的步伐,走读书入仕的道路,做官要做有名望的官,做人要做孝顺父母、友爱兄弟的典范,做学问要做高洁隐居之士。而秦园的历史正是秦氏家族以孝为本的充分体现。

2. 保园守孝

寄畅园的守业问题早在建园之初就出现了,即秦金卒于嘉靖二十三年(1544),嘉靖三十九年(1560)凤谷行窝转为江西右布政司秦梁所有。

QZH:端敏公的长子泮是他在家乡办事的得力助手,建淮海宗祠时,具体工作都是由秦泮和秦锐经手。当时是正德十三年,泮28岁,次年中举。《江苏艺文志·无锡卷》中讲到秦泮“少负奇气,究心诸子百家,为士林翘初”。然而这位深得端敏公喜爱的长子却英年早逝,为此端敏公心情不佳,很少去凤谷行窝,以免触景生情,交往也减少了,只是在西水关尚书第中“退率诸孙课以举子业”。嘉靖二十三年,端敏公逝世,享年78岁,六年后,钮氏夫人也去世,这样仲子汴就肩负治家的重任,但他却不善管理,担子就落在汴妻杨孺人身上。汴既悲父母之亡,兄泮又早卒,其趣不在于山林胜景,就埋头刻书、收藏、建万卷楼,凤谷行窝渐趋荒凉。

《秦氏献徵录·从川公年谱》中讲道:“端敏公既殁,园渐废,墅属于虹洲公。”显然,汴不能让其父生前倾注心力所建的墅园破败,落入异性之手,就转让给秦瀚父子。《从川公年谱》中有“嘉靖三十九年庚申,公年六十八岁,葺园池于惠山之阳”的记载。梁是汴的族侄,和汴的长子柄关系密切,而瀚曾重开碧山吟社,对山林别墅情有独钟,而且有经济能力开发,在亲情和友情以及孝思的支配下,园子就属梁所有。瀚在“凤谷行窝”中凿池、叠山,从事拓建:“百仞之山,数亩之园。

有泉有池，有竹千竿，有繁古木，青荫盘旋……有堂有室，有桥有船，有阁焕若，有亭翼然，菜畦花径，曲涧平川”①。园景设施与原有的山色、长松、曲涧、泉声，荒凉空旷的自然山林野景相比，丰富了许多，园名也变更为“凤谷山庄”。

秦梁卒于万历六年(1578)，到万历十九年(1591)，凤谷山庄又改属秦梁的族侄，都察院右副都御史、湖广巡抚秦燿所有。中年被罢官的秦燿心情忧郁，看空一切，寄情山水，优游林泉。他认为凤谷行窝是秦家“故业不忍荒秽”，可作“子孙习静之所”和“善守于将来”，就把凤谷行窝原址“大费剪裁”，“变迁陵谷，大改旧观”，悉心改建，在园中消磨时日，并取王羲之“寄畅山水阴”的意境，改园名为寄畅园。秦燿死后，寄畅园“析而为四”，归四个儿子执业。顺治年间，秦燿曾孙秦德藻将园合并为一，并延请张涟、张鉽叔侄改建园林，寄畅园也因这次改建而声名鹊起，吸引了清代康熙、乾隆两个皇帝，寄畅园大厅西侧的粉墙上，嵌着两道石匾额，分别为康熙、乾隆手书的“山色溪光”和“玉戛金枞”，它们正是寄畅园12次接驾盛举的历史见证，秦园之名也经过两个皇帝的题诗赐匾，而赫奕一时。

QYY：清代康熙、乾隆两位皇帝前后12次南巡江南时，每次必游寄畅园，题匾赋诗。秦氏家族每次都要跪接圣驾。卧云堂是康熙、乾隆巡幸寄畅园时的“接驾处”，曾以康熙御书“山色溪光”命名此堂，所以又称“御书碑厅”。康熙第三次南巡，幸游寄畅园时，年已83岁的族祖秦德藻还穿上一品红顶戴朝服迎驾。乾隆十六年(1751)二月，弘历临幸寄畅园，锡山秦氏组织年龄最大的九位老人带领族中代表24人在园内外迎驾，这九位老人是：慕庐公孝然，90岁；讱庵公实然，87岁；真斋公敬然，85岁；素村公荣然，70岁；蓉溪公寿然66岁；寄园公芝田，76岁；耐圃公瑞熙，61岁；待轩公莘田，60岁；约斋公东田，62岁。他们的年龄加

① 秦瀚：《广池上篇》。

起来已超过六百岁。乾隆皇帝看到面前一片银须白发，加之皇太后也是六旬万寿，龙颜大悦，吟诗云："近族九人年六百，耆英高会胜香山。"并把"耆英"两字赐给年龄最大的孝然和实然，恩准他们制匾挂在大门上，巧的是，两位都住在中市桥巷且"衡宇相望"，这样，中市桥又称为"耆英里"。此后，秦氏家族的耆老也经常聚会，逐渐形成了习俗。

然而，否极泰来，接驾的故事最终演绎成为一场灾难，并在寄畅园留下了历史的烙印。

QYY：康熙四十二年(1703)，岩公的长房长孙道然随驾进宫，作了九皇子的侍读，后任贝子府总管，处理一些往来文牍。六年后道然考中进士，授职翰林，任礼科给事中之职，同僚问起往事，他随口说九贝子待人宽宏大量，慈祥恺悌。言者无心，听者有意，传到雍正耳中，种下祸根。康熙六十一年十一月，玄烨去世，皇四子胤禛立，未办完丧事，就以"仗势作恶，家资饶裕"为由抓了道然，下令抄家，结果只抄到银子千余两，也没有发现什么悖逆和协助允禟争位的证据。但"王言如丝，其出如纶"，仍责令追银十万两，圈禁追讨，房舍田产连同寄畅园统统抄没入官，并割出西南角，建无锡县贞节祠。现在"凤谷行窝"厅就是该祠的享堂。而东建钱武肃王祠。

秦道然获罪的时候，儿子蕙田年方弱冠。于是租了一间小屋，在祖父的严格教育下，日夜苦读，十年后文名大噪，参与修订了《江南通志》，乾隆元年(1736)殿试得一甲第三名，授翰林，入直南书房。第二年，蕙田适时地上了一份《陈情表》，恳请以身代父赎罪：

臣生父道然犯重罪，蒙皇恩原宥，但因未能追回库银而坐大牢九年。今年已八十，身体本极衰朽，又染上暑湿，虐疹时作，几至瘐死狱中。情关骨肉至亲,臣内心痛楚实难忍受,想老父重病拘禁,既无完解之期,更无生存之望……臣实在不能昧着良心,窃据禄位,内心有惭于名教。皇上以孝治天下。臣父已垂死之年,恳请矜怜宽释臣父,使其在家终老,臣愿去职为皇上奔走效力,以赎父罪。

其实,秦道然案,诚如查嗣庭文字狱一样,不过是清皇室政治斗争的牺牲品,也是满清初期为巩固统治,打击江南势力的一种政治策略。而到了乾隆年间,统治已稳,对于江南士子采取安抚、笼络的策略,再加上秦蕙田孝心一片,疏文又情词恳切,乾隆旨准释放道然,发还寄畅园,这也正是秦氏家族重新崛起的标志。

对于秦氏家族来说,寄畅园是其精神的家园。大凡望族出仕之人,大都有"市隐"之心,即回归自己的文化圈,以规避政治风险或排遣政治上的打击。比如,秦金建造凤谷行窝之时,正是官场失意,思想消沉之时,想回乡找个怡性养老,与友人吟诗酬唱的场所,凤谷行窝就如世外桃源。秦燿改造寄畅园的时候,也是盛年坐废终身之时,他将抑郁不平的情怀寄于山水之间。当明朝灭亡以后,秦德藻、秦松龄父子,都曾先后结交昆曲名流,蓄有昆伶家班,把寄畅园作为借古喻今,抒发情怀的场所。清康熙九年(1670)九月九日,乔居江宁府的余曼翁,写了篇在昆曲史上颇有价值的《寄畅园闻歌记》,叙述了秦氏家班的昆伶们"着青衣,蹑五丝履,恂恂如书生,绰约如处子。列坐文石,或弹或吹,须臾歌喉乍啭,累累如贯珠,行云不流,万籁俱寂……",这充分体现了江南士大夫所特有的古雅闲适的生活方式,也是其逃避满清王朝迫害的一种方式。

寄畅园是秦氏家族地位和身份的象征,守住这份世产和荣耀是家族的共同追求。

乾隆十一年(1746)道然九旬大庆时,蕙田回家拜寿,在宴请亲朋时,对秦家十八房代表建议,把园中正屋尊奉康熙御书,改名宸翰堂,将嘉树堂改为保佑子孙福泽连绵的双孝祠,供奉明代诏旌的孝子秦永孚、秦仲孚兄弟，配祀秦燿一支的几代祖先。设置宜茔、祭田、义庄、家庙的一个好处是，后裔一旦获罪，这几项仍予保全，不在入官之例，可赖以立足勉强存活。因此，蕙田的这个建议得到了一致赞同，并由他执笔写了《寄畅园祖祠公议》，各房代表画押。至此，寄畅园由私家别墅，改为秦德藻一支后裔共有的祠堂园林。从此，秦园避免了分割、转让、没官等人为因素的破坏。

道光年间，秦氏首富秦瑞熙的后裔由于家境困难，想到寄畅园盗伐大树变卖生活，激起了全族的公愤，于是把寄畅园内所有树林建立树册，写明树木名称、坐落、棵数、大小围圆，每逢春秋祭祀，就由各房族推派代表根据树册所载逐一清点，并且明文规定："设有一二碍屋枯枝，应该园丁赴诉，各族跟同芟治，毋得擅行私戕，以遵遗训。倘园丁戕枝，当即送官斥责。各房子孙知情故纵，鸣鼓共攻，以惩共过。"

1921年，有个别有权的族人因私欲驱使，瞒着族众，订立租约，要将整个寄畅园长期租给商人莫如爵开设游戏场，秦毓钧第一个挺身而出，致函义庄董事和族长，指出："寄畅园为先祖十余世相传之地，而一旦以贪其微息，租作游戏场，殊不知游戏二字作何解释？此辈承租究作何用？道路啧啧宣传将为第二个新世界。果尔则二泉增羞，九龙减色，玷辱一邑之名山，实以吾族开其先路……设或演出风纪败坏之事，安乎不安乎？……既曰游戏，更何施而不可？限制设法，是否发生效力？"并提出"应召集通族会议，听候公决，不应任令秘密结合，坠列祖相传之遗绪，以贻羞通族之名誉，……伏怜收回成命。"后来全族开会，一致决议废约，决议组织维持寄畅园会。莫如爵在强大压力下，只得同意废约。

3. 修园尽孝

近代以来，中国社会动荡不安，寄畅园也难幸免。根据邵涵初《慧山记续编》所载："庚申之变，惟寄畅园全行被毁。"同治二年(1863)太平军失守，清军攻占无锡，秦焕重游惠山后，在杂感中谈到："鹤滩鱼槛已荒凉，月榭梅亭亦渺茫，惟有凌虚高阁在，三层木末耸斜阳。"最后，秦焕只得悲叹："凤谷行窝迹已陈，舜峰遗构孰新，一片斜阳荆与榛。"

重新恢复寄畅园鼎盛时期的旧貌，以夸耀祖先的功德，一直是秦氏后裔的心愿。

光绪九年，秦德藻后裔秦复培、秦宝瓒集资重建知鱼槛，修缮即将倒塌的凌虚阁。民国十三年(1924)，修缮的凌虚阁又在齐卢交战中被烧毁。

民国十四年，秦仁存见到寄畅园"冈峦涧石，益见倾斜，亭榭墙垣，日形隳颓"，于是，就和族人秦毓钧等组织理事会，管理寄畅园，整理寄畅园的有关资料，收回园田 90 亩，将寄畅园法贴石刻集中保管于园内，又重建涵碧亭、清响斋两处景点。民国二十二年，又重建含贞斋，但卧云堂、天香阁、宸翰堂等无力恢复。民国二十六年，双孝祠在抗战中被毁，限于财力，在被毁后的近百年中，寄畅园始终未能还复旧观。到解放前，秦园已沦为戏楼茶廊。解放后，也只有七星桥、元宝树等几处残存景点。

为了避免寄畅园再次被瓜分的窘境，1952 年，寄畅园主秦仁存将寄畅园献给人民政府，立即得到了保护性的修复，然而，在随后的历次运动中，为书法界人士所推崇的寄畅园法帖，全部被毁，乾隆游园的诗图石碑也被砸，寄畅园的人文特色几乎破坏殆尽，直到 20 世纪 80～90 年代初，寄畅园才得到全面维护，使该园东南部恢复了乾隆年间鼎盛时期的历史风貌。

在谈到寄畅园的修复时，园主后裔 QYY 侃侃而谈：

寄畅园毁于太平天国时期的一场大火，时至今年正好是 140 周年，之后又历经数劫，先月榭等建筑曾修复过，但移动了位置，与旧貌相去甚远。记得小时候，祭祖的时候，园中亭颓栏倾，杂草丛生，名园风范几近湮没。140 年后，寄畅园又重新以完整的面目面向世人，正可谓是太平盛世才有的景观。

这次寄畅园的修复，得到了很多支持：道教协会会长闵智亭题下“凌虚阁”的匾额；擅仿“乾隆体”的盛锡珊先生为寄畅园写了一副集乾隆诗句的楹联；宣统皇帝的弟弟溥任先生专门题写了堂匾和嘉庆咏寄畅园的楹联。红学专家冯其庸先生对待无锡老乡也特别客气。当听说请他题写寄畅园“先月榭”的匾额时，冯老先生也欣然同意，并说：“曹寅是到过寄畅园的。”幸亏园林1952 年上交给了政府，才得以保留至今，否则我们将愧对祖先了。今天园林得以全面修复，可见寄畅园的修复绝非个人财力所能为，只有依靠政府才能得以顿还旧观。

时光就在这一草一木中流转过百年，历史就在这林泉幽壑里凝聚成斑斓。寄畅园犹如永生的凤凰，有着说不完的故事，它的兴衰是锡山秦氏兴衰的缩影。

三、再见故居

在无锡的社会舆论中，通常把书香作为门第高下的标志。因此，无锡秦氏二十一世孙秦瑞玠在《锡山秦氏文钞序》中说道：“自古名门右族，世称邑望者，非特侈阀阅炫簪缨科第以夸耀庸俗而已，必其人文秀起，世多贤士大夫卓然有可传者，始克光昭累叶，闻望勿坠。”文化性正是秦氏家族所追求的理想目标。这一点在秦氏故居中得到了很好的体现。

1. 文采秦宅第

师古河（崇宁路）曾是前朝官宦人家的集中之地，也是锡山秦氏世代聚居之地，这里文化气息相当浓厚，具有较高的历史人文价值。

QYY：秦氏章庆堂、景福楼原在崇宁路 48 号和 50 号，是一组明代建筑，共六进，第一进原为石库门，门屏上绘有秦琼、尉迟恭像。第二进为小厅，第三进大厅内原悬有清代书法家王澍所书的“章庆堂”匾额和倪承宽所书的“雅望堂深推仰岱，宏猷溥洽庆为霖”楹联。第四进房屋已毁，仅存石础。第五、六进构成中为天井的“回”字形楼，名为“景福楼”，取“景星庆云，百福骈盘”之意。南北各有面阔五间的建筑，与东西南厢房相连接，楼上下有走廊相通，俗称“转盘楼”，这是江南地区特有的建筑形式。转盘楼飞檐曲椽，廊下有镂形连环栏杆。门窗、户格、裙板都装饰有方格眼、满天星等图案，雕镂精致。楼上楠木窗原镶嵌玲珑，雕有“孟母断机教子”、“欧母画荻识字”、“八锤大闹朱仙镇”等故事戏文，飞金熠然。前两进西部的牡丹书屋，别成院落，庭中有湖石、朱藤。其南有旧舫书屋，内缀竹石小景，错落有致，壁间嵌砌石刻《兰竹图》。这座章庆堂一直为秦氏子孙世居。

秦淮海祠，在崇宁路112号，建于明代，是较早的一所纪念秦观的建筑物。也是祀秦湛及无锡秦氏家族的宗祠。邵宝、尤棟撰写的碑记内记：“淮海秦先生祠堂者，先生十七世孙锐所建也。”其中咏烈堂就是享堂，堂内壁间嵌有明邵宝《秦淮海先生祠记》碑和清代重刻的南宋追赠秦观直龙图阁制词、秦观像等石刻。

秦氏对照厅，在无锡市新生路216号之6，原是秦氏宝彝堂住宅的一部分，建于明末清初。此通厅坐北朝南，一厅两厢，面阔五间，进深六架，前后单步廊。厅内方砖铺地，西次间槅窗为小方槅心，条环板雕刻人物故事。厅前是园，山石点缀的小型假山居园的南面，衬配曲池小桥，北面设花岗石栏凳。对照厅虽然是宅第的一部分，但是厅堂厢房，配以园林小品，反映出明清时期江南水乡住宅的特点。

秦氏承志堂（崇宁路92、94号）是耐圃公（瑞然）开始建造的，他的子介庵公（兆雷）踵成之，所以叫做“承志堂”。秦氏宝仁堂（126号），最初为蓉庄公（震钧）购来建义庄所用的，后来在那里居住，室内藏有寄畅园帖。

秦氏“文献之家”在崇宁路114号和116号，这里先后是夔的寿安堂和梁的既翕堂。祖孙先后在这里主持自修明弘治《无锡县志》和明万历《无锡县志》,所以梁榜其门曰:“文献之家”。清嘉庆初年,为族人秦震钧居住,成为宝仁堂东院。

显然,秦氏的故居已不纯粹是遮风避雨的场所,而更多的承担多方位的文化功能,为其族人阅读、著作、休憩和交流提供了种种便利,其中,吟诗结社是主要的文化活动。

QYY:“碧山吟社”,是明代成化壬寅年(1482年),秦旭所创建的诗社,参加诗社的有十位老人,都是布衣,每月聚会一次,作诗吟词,怡然自得,名满江南。著名画家沈周画有“碧山吟社图”。嘉靖十六年,端敏公秦金71岁,恩准告老还乡,于是邀请亲友耆旧,再次以碧山吟社之名,在凤谷行窝和诸老别墅结社诗会,次第举会,慕修敬之风而寄意也。清秦琦有诗云:“勋名事业推端敏,青史千秋柄不磨。剩得闲情续吟社,至今凤谷有行窝。”嘉靖三十二年,从川公秦瀚修复碧山吟社,重开诗社,与好友酒杯棋局,唱酬诗篇,参加诗社者有顾可久、俞宪等19人。民国秦铭光有诗云:“名山觞咏孰追攀,往事风流去不还。岂分弦歌到童稚,摩崖片石尚人间。”到清代,对岩公秦松龄又再开诗社,姜宸英集有《碧山集》。碧山吟社从明成化年间首创至清初,时或间断,共延续了一百五六十年,而且都是以秦氏族员为首,邀耆宿诗会于山石林泉之间。

秦氏故居群汇集了明、清及民国时代的无锡传统风格的建筑,尽显江南楼阁花园的精巧典雅和幽深秀丽,具有较高的历史人文价值。然而,解放以来,这些建筑逐步被破坏。

QH:我家世居无锡市中心的崇宁路,这里曾是孙、秦、王、侯、许诸望族世代聚居之地,文化气息甚浓。家中一座镶嵌着一组组透雕戏文和《山渊湖海》四个古篆字的精美的砖雕门楼在“文革”后文物普查时被“发现”是崇宁路上最好的晚清建筑。同济大学古建系闻讯，师生搭了架子，忙了三天将我家厅堂（宝善堂）拍摄下来，可惜整座宅院在旧城改造中还是被拆毁了。我就是在这一进进斋匾高挂的深宅大院中长大的。

祖父为官，两袖清风，不问家事，而祖母早已参透人生，长年住在无锡佛学会，一心研佛，家中只有老妈子照料，军阀混战，八年抗战，乱世中入不敷出，只得靠变卖祖上留下的田产家当过活。祖父曾是创办中国垦业银行拔头筹之人，但祖母其后与苏州孙老太的一场官司，遇到了恶讼师，银行股票全部抵押光了。抗战逃难前，祖母将十几只皮箱和一堂红木家具存放在老友钱伯母家，谁料到钱家宅邸被日寇付之一炬。“旧业已随征战尽，更堪江上鼓鼙声”，祖母这样吟道并感叹地认为幸亏祖父早逝、股票没了，否则后来的事很难说。

祖母出生于常州世家，家学渊源，作为独女，从小熟读四书五经，满腹经纶，极“左”的年代里，只能赋闲。自记忆起，祖母总是戴着金丝眼镜手不释卷，三餐外日夜读书。她对我这长孙深冀厚望，带在身边，亲自教导。小学时随父母迁到省城后，年年寒暑假返无锡老家，我们祖孙俩整日在房内阅读，有时竟忘了烧饭。至今犹深记得老人教我四声时的吟唱声：“平声平调莫低昂，上声高呼猛烈强，去声分明哀远道，入声短促急收藏。”祖母对国学的痴迷，对佛典的沉醉，使我自幼对国学兴趣浓厚，于是祖母也悄悄跟我讲点她亲身经历的前朝旧事，听评弹《杨乃武与小白菜》，她说真有其事，当年她在北京看到过登载此事的《朝报》，回回语罢总要叮嘱我“不能跟外面人讲啊”。今日忆及，不禁感慨。

父亲初中毕业即入钱庄学生意，他能在“文革”中被诬为反动权威，全靠苦心自学。有这样的“官僚地主”家庭背景，尽管解放前夕就参加革命，在老干部众多的省级机关里，每次运动都是对象，1952年“三反五反”吃冤枉官司时，没有生活来源，我的一个弟弟生下来就送给了别人。“文革”浩劫，家中旧物百不存一。

一个生性耿直又向往自由的人，在政治第一的过去的几十年里，自然过得不开心。是邓小平的改革开放，使我久已冷却的心日渐暖转过来，然而近年的吏治腐败，又使人愤懑不已。我们任何的努力，都是为了更高层次的生存方式，一个人在有生之年能做点自已喜欢的事，这在从前是不敢想象的，我很欣慰地看到中国有了巨大的改变。我现在是主内，妻子是搞建筑设计的，忙忙碌碌，儿子十岁，读四年级，很聪明，钢琴弹得很好。他们早出晚归，我只需每天做顿晚饭。平日里频频往来的是几位老朋友老同窗，不时相互邀请聚聚。劳作之余，日夕与海内外同学、友人舞文弄墨。我非常珍惜他们的友谊。我这辈子漂泊至今，能让我开怀或者落泪的，全是这些知心的朋友们。毕竟我们这些文绉绉的人都有个缺点，就是太过依赖于精神世界。

在旧城改造中，秦氏故居已被破坏得面目全非了：1998 年，无锡市文物遗迹控制保护单位秦氏既翕堂被无锡市检察院拆除改建办公大楼；无锡市市级文物保护单位秦氏章庆堂、景福楼，被无锡市中级法院拆除兴建高层办公大楼；2000 年无锡市市级文物保护单位秦氏对照厅也因无锡市公安局要在附近兴建大型地下车库，被迫异地'保护'。当年，为保全对照厅秦氏族人呼号多年，但结果还是拆了。当前，即使是现在异地而建的秦氏故居群——文渊坊，也已少了当年的文化气息，多了几分经济味道。

2. 失约的故居

秦邦宪故居，原本是无锡地方名流秦琢如的家宅(既翕堂)，共七进 40 余间，建于清光绪末年。1916 年，秦邦宪在读小学时，长期在浙江任地方官的父亲秦肇煌患了肺病，只能离任回无锡，因家境清寒，就将祖宅(今无锡城中中市桥巷 23 号)卖给王姓，租赁族叔秦琢如家宅的第四进居住，这三间平房，面积约 89 平方米，石库墙门门额上有砖刻"进德修业"四字。自 1916～1921 年，秦邦宪在此居住了六年，度过了他的青少年时代。

1986 年 7 月无锡市人民政府公布为市级文保单位。2002 年 10 月，又升为省级文保单位。秦邦宪故居自 2002 年修缮启动，定下了第二年开馆的计划;2003年,施工单位对故居的大门进行了整修,当年的报道说(2003年5月),故居修缮全面启动,有望于年底整修完成,建成爱国主义教育基地。2004年7月,秦邦宪故居的修复工作中,出土了20多块秦氏碑刻,每块碑长约1米、宽为0.35米,碑上书法真、草、隶、篆、楷都有,书法作品都是珍品。14块被居民当做了垫脚石,6块则被作为建筑材料镶嵌在墙内。据鉴定,其中有1块是秦氏先人的像,其余部分是《三希堂法帖》和《寄畅园法帖》[①]。这些碑刻的出现既为秦邦宪故居增添了几分历史的厚重感,也让业内人士多了几分期盼。

"从现在开始,修复工作会有起色,目前秦邦宪故居修缮动迁工作已完成80%。预计年底完成全部修复工作",知情者如是说。然而,走进这座典雅的晚清地方传统宅院时,映入眼帘的仍是一片狼藉,砖砾木堆随处可见,难免让人心存疑虑。

是什么阻挡了名人故居走出"围城"的步伐?

业内人士说:"最难的是动迁。秦邦宪故居从2002年开始居民动迁,一直到今年3月故居部分的动迁才全部结束,保护区仍有2户未迁;同时,与周边环境建设的配套、与周围开发商的协调等问题,都影响了施工进展。所以,不是不作为,实在是难以作为。"

居民说:"干嘛,要让我伲搬。我伲一直住在这里,已经惯了,虽然条件差一些,但出脚方便。为啥不能换个地方重修一座纪念馆,就像水浒城、三国城那样。退一步讲,就算我伲搬走,给我们的补偿费,也只够买一间房间,不见得我伲住了露天去?总不能为了死人,逼走活人吧。"

失约的名人故居背后,是对历史文化、承继传统的漠视。诚如前面所述,平民的特点之一就是务实,往往很少留恋过去。长期以来,以聪明见称的无锡人,在城市建设与文脉保护之间,终究未能突破认

① 《三希堂法帖》是一部大型书法丛贴,共收集魏、晋至明末135人的340余件书法珍品。乾隆18年秦氏获赐此帖拓本。秦氏十七世孙秦震钧邀人镌刻的是拓本中的佳墨,于嘉庆四年八月刻成。内收王羲之、王献之、王珣至董其昌近20家书迹。《寄畅园法帖》摹刻的是秦氏家藏的宋至清四朝书法,分为秦氏先人手泽(如秦金、秦梁、秦松龄、秦大士等)、历代名人墨迹(如陆游、祝允明、唐寅、文徵明、顾宪成、高攀龙、刘墉、铁保等),共90余家书迹。

识上的“围城”，而投入与产出之间的矛盾更难以使建设者在孰重孰轻中迅速作出正确的判断。于是，城市越大越新，旧宅越少越破。在快速现代化的进程中，无锡城正在慢慢失去记忆。

家族文脉既是家族的记忆，也是城市的记忆。当一个城市的历史文脉消逝殆尽的时候，这个城市也就毫无特色可言，其综合竞争力势必受到影响。对此，新一轮政府有了清醒的认识，于是，在历史故居的保护上投入了大量的人力、物力和财力，如以秦故居为中心的文渊坊建设，仅搬迁居民就有317户，动迁资金5 000万元，再加建设资金2 500万元，总投入资金7 500万元。显然，秦氏后裔保护故居的奔走终于得到了回应。

实际上，无锡政府在“文化摸底”中，浮出水面的晚清至民国时期的遗迹，包括名人故居、作坊字号以及钱庄、公所和会馆等多达40多处，从这些“凝固的音乐”中汩汩流出的人文血脉和先人信息，将改写这座被经济淹没的城市文化历史，为无锡平添了许多人文气息。对于政府的这一举措，许多市民表示了赞许。调查数据显示，无锡市民中保护文物古迹、修缮名人故居的文化意识已初步形成，对政府文物保护工作有较大的认同度，持肯定态度的比例达到七成以上(见表10、表11)。

表10

您认为保护名人故居有必要吗	百分比/%
有必要	48.8
要看是什么名人	26.7
认为无所谓	20.1
认为没必要	4.2

表11

当城市建设与保护文物发生冲突时，您认为应该	百分比/%
保护文物	36.3
服从建设需要	13.5
寻找两者兼顾的方案	50.1

当那些曾经光耀一时的名人似流星般在天宇消逝以后，人们总希望能够凭借一些可触摸的事物来挽住记忆。故居是家族记忆的载体，随着时间的流淌，捍卫着历史的真实影像，充当着最后的证人。秦氏故居见证了无锡城市的沧桑变换，也见证了秦氏家族的兴衰沉浮。

小结：曾经灿烂

综观秦氏家族，是从耕读世家进而为科第显赫的官宦世家的典型，其间经历了贫弱—强盛—相对衰落的发展历程。《江苏省志·文物志》中有这样一段关于"秦观墓"的记载：

> 墓地背依惠山，面对东大池，林木荫翳，环境清幽。……墓上原有一亭，亭中有赠碑、诗石，碑上刻南宋建炎四年(1130)追赠秦观为直龙图的诰命，诗石上刻黄庭坚送行诗。南宋中叶，秦氏后裔逐渐贫困，墓址四周土地被豪绅侵占，墓地遭到破坏。南宋开禧二年(1206)，修复碑亭，赎回诗石，重立赠碑。明清以来，秦氏后裔对墓地曾作过多次修葺。

上述文字可以看出，无锡秦家在南宋后半期已经沦为平民，其真正崛起是在明清时期。而这一时期是中国科举制度最为完善的时期，制度化了的科举考试可以使一个平民通过一种固定的渠道变成统治阶级，诚如，何炳棣在《明清社会史论》中所言：中国的缙绅阶级在明清两代大部分时期中，"他们的地位的由来只有部分是财富，而极大部分是(科举所得的)功名"①。实际上，功名本身就会为功名的拥有者带来社会地位和经济利益，从而带动整个家族的兴旺。例如秦金，世居凤山之西，家世清贫，以课读为业，20岁考中南京举人，26岁进士及第，28岁任户部福建司主事，历任五部尚书。他在无锡城中修建了府第"后

① 转引自江庆柏：《明清苏南望族文化研究》，南京师范大学出版社2000年版，第118页。

乐”,并在赫赫的尚书府第大书一联:“九转三朝太保,两京五部尚书。”还在惠山兴建了凤谷行窝。因此,凤谷行窝的修建可以说是秦氏家族开始发迹的标志。此后,秦氏家族凭借其文化优势,在科举方面的实力得到了稳定的发挥。根据秦氏宗谱统计,秦氏中进士34人,中举人77人。在34名进士中,有13人点了翰林,入翰林院任职。

如果说,科举考试是秦氏家族获取权力的正途,那么,对于皇权的依附是秦氏获取地位和权力的捷径。据县志记载,康熙十分欣赏寄畅园的掇石理水,把十几亩大的园子布置得意境深远,曲折宜人,尤其喜爱园中的一棵老樟树,交枝翳空,皮如龙鳞,每次都要高兴地抚摸一番。对于园主秦家的谨敬接驾也颇有好感,不仅为秦梁翻案,让他配享祠庙,还在第四次南巡时赏还因科场案受累回籍的秦松龄原品,又把他儿子道然带回北京,作为九皇子允禟的侍读。乾隆更是御赐《三希堂法帖》拓本以示恩宠。

然而,18世纪末期,当满清王朝逐步走向衰落,无锡秦氏家族,特别是处于这个家族核心地位的官僚地主阶层,也随之日趋衰落。咸丰十年,太平军席卷江浙,更给予秦氏家族的上层以致命的打击。据《锡山秦氏宗谱》记载,清代顺治至乾隆四朝中,秦氏家族登进士第者共22人,其中授翰林职者10人,而嘉庆以后各朝登进士第者仅3人,其中授翰林职者1人,同治、光绪两朝秦氏家族无一人中进士。辛亥革命后,工商显贵逐渐取代了旧式世家的地位,秦氏除个别家境比较富裕,大多数族人生活较为困苦。秦焕曾在《光绪重兴书塾记》中写道:“吾邑秦氏乾隆年间科名最盛,宗人子孙不特岁科两案入泮者多,而乡会两榜亦鲜脱科者,至嘉庆年间而渐少矣,道光间尤少。”其中原因在于族中贫苦者无力读书,这样就影响了整个家族的文化实力,因此倡议重新兴办族塾。这一倡议得到了家族其他成员的经济支持,秦焕本人也捐了相当的钱财,于是重新设立了秦氏书塾。光绪四年,在义庄会议制定了相应的规程,并在族中访得无力延师课读者,按节助钱,量资修脯[①]。

① 参见《锡山秦氏文钞》卷九。

对于秦氏族人来讲，读书、学问是存身立命的根本，即使贵为官宦者，也将学问视作为一生的兴趣，清代的秦蕙田就是这样的文化型官吏。他精于经学和典章制度，穷毕生精力写成《五礼通考》262卷，当时学者称他能竟朱熹未竟之业。民国的秦毓鎏也复如此。在陆军监狱被囚3年，他参悟《庄子》颇有心得，三易其稿，著成《读庄穷年录》两卷。他在《自序》中写道："余少年时即好其书，跋涉山海，未尝弃置。癸秋入狱，忽已三年，斗室幽居，日如年永，藉治此书，用以遣愁。于前人之注所未备或有未惬者辄以己意解之。其微言奥旨不能猝解者，穷日以思之。及其豁然有得，则轩眉而喜，放声而诵，琅琅然与锒铛之声相和答，竟自忘其在圜土之中也。"文人的品质跃然纸上。

作为无锡地区望族之魁首，秦氏家族曾经权及一方，其权力运作所植根的社会场域是明显带有封建士绅制度属性的，换言之，秦氏家族的兴旺在于人文蔚起，进士及第之族人灿若星辰，而康乾两帝的数次驾临秦园，更是赐予了秦氏无以复加的声望资本，封建制度使得秦氏家族权力的延续和扩张如鱼得水，其间虽有波折盛衰，却无损于家族的权力根基，正如前面所述的，秦道然的下狱对于秦氏是沉重的打击，但他的儿子蕙田仍能读书科举，使得家族有翻身的可能性，并获得成功。

然而，一旦封建王朝被颠覆，作为旧制度、旧文化的维护者、宣传者和得益者，秦氏族人原本引以为豪的权力资源——声望和文脉，如同寄畅园一样由金玉变成了瓦砾，依附于皇权的声望和知识在新的社会场域中已很难有效地转化为权力，这种失去了价值的资源当然不会被族人有效地传承下去，于是，秦氏家族也被迫进行资源转化，如适应新学。在废科举，兴新学后，秦氏家族在光绪三十二年将秦氏书塾改造为秦氏公学。为此，秦毓钧写《公学因革记》一文叙述了秦氏设立家塾的经过以及转变的过程："世变风移，西学东来，苏省当瀛海之冲，邑人群以兴学为亟。……今因时制宜，改设公学，体吾祖聚族而教之一语，以嘉惠于幼子童孙。"因此，创办公学既是顺应时势，也是家族发展的需要。尽管如此，在基于人文资源积累之上的家族发展，并不能适应商品经济的浪潮，秦氏的衰落已是一种不可控力。

就像秦园，曾几何时，守住这份象征地位的族产是秦氏数代人的执著追求，但进入 20 世纪以后，光环已逝的秦园也随着秦氏的衰败而日形隳颓了。因此，秦氏家族的衰落并非仅仅是人为的因素，也是社会环境使然，秦园就是例证（见表 12）。

表 12

年代	16 世纪 20 年代—	1644—18 世纪末	19 世纪末—1910	民国—1952
秦园发展	1527 年金建凤谷行窝； 1560 年梁扩建为凤谷山庄； 1591 年始燿扩建为寄畅园，死后寄畅园被析分为四	康熙初年德藻改建寄畅园而誉满海内； 雍正初年寄畅园没官； 乾隆元年发还并由熙瑞重修，后改为孝园	同治年间毁于战火，仅存双孝祠老屋三间和凌虚阁； 光绪年间重建知鱼槛和大石山房	民国六年，翻造凌虚阁为西式大楼，后毁于战火； 抗战时双孝祠被毁，以后园林荒芜
秦氏走向	由秦金的官运亨通到秦燿的中年被罢官	辰未联科双鼎甲，祖孙十词林，簪缨不绝	太平天国后，秦氏族人无人中式	大多数族人生活困苦
社会趋势	明朝逐步衰落	康乾盛世	满清逐步衰亡	社会战乱和动荡

当然，秦氏家族的注重文教、孝悌为本的家训则世代流传，这种传承并非出于权力的维持，而是归附于感情，激励着秦氏族人不遗余力地为续写家族的光辉和荣耀而努力：

QBY：父亲对子女的素质教育自然而然地体现在日常生活和待人处世中。父亲不是一个干巴巴的旧式文人，我对文学、历史、京剧的爱好就是从小受父亲的熏陶，他常给我讲历史故事，吟诵诗词，带我看激昂慷慨的京戏，鼓励有斐学游泳、弹钢琴、学英语。而且，我几次人生重大转折关头都是父亲把了舵，如当我高二因参与地下学生运动而被学校勒令退学时，父亲以坦然的心态叫我不必太当回事，鼓励我奋发努力，来日方长。当解放初我奔忙于各种社会活动时，父亲冷静地劝我不要分心，应该上大学，潜心业务。他经常说："我宁当名律师，不当红律师。"意思是说不当业务很忙、赚钱很多很走红的律师，而愿当法理精通、操行良好、以能解决疑难案件而著称的名律师。当我决定学医后，他也告诫我："宁当名医师，不当红医师。"父亲的影响在我们子女一生中都留下了深刻的记忆。

QH：人到中年，我盼着孩子快快长大。我要将家族的历史，我们父子两代的经历告诉他，让他从前人的成败得失中，自己去认识社会，自己决定取舍，更好地生活。我的儿子还很小，文化教育至关重要，首先他得完成自己的全部教育，作为中国人要有扎实的国学根底，然后靠自己的本事去欧美深造，这是我的愿望。至于学什么，往哪方面发展，要看他的天赋和兴趣。教育是终身的事，人要不断提高，紧跟时代。不能做九斤老太。儿子应当是心理健康，体魄健壮，博学多才，气质高雅，我希望我的儿子心地高贵，对周围的一切均心怀爱心。历史是不能割断的，但家族的历史不应成为下一代的负担，应是动力。工作之余，会享受人生，不要像我们这两代人，活得这么累，这么苦。只是我对现行的教育制度很不理解，我们小时候读书也没这么苦，我的儿子是小班长，每学期三好生，回来就做家庭作业，经常还做得很迟，十岁的孩子，你不让他有活动长身体的宽松时间，每天动也不动坐那么长时间，只要脑袋不要身体，中国人的体质什么时候能赶上欧美国家？

20世纪80年代，美籍华人秦家骢借助家谱的帮助，到大陆寻访九百年前的祖宗陵寝，费时三年，写出关于锡山秦氏的《宗族之恋》，在海内外广为流传。至今，来自美国、加拿大、澳大利亚等国家及我国台湾地区的秦氏后裔，陆续不断地到无锡寻根问祖。当一个家族重视留住历史、播扬文明的时候，离开延续历史、再创辉煌的未来，就不会太远了。

附：

图 6　寄畅园园主谱系略图（□表示园主）

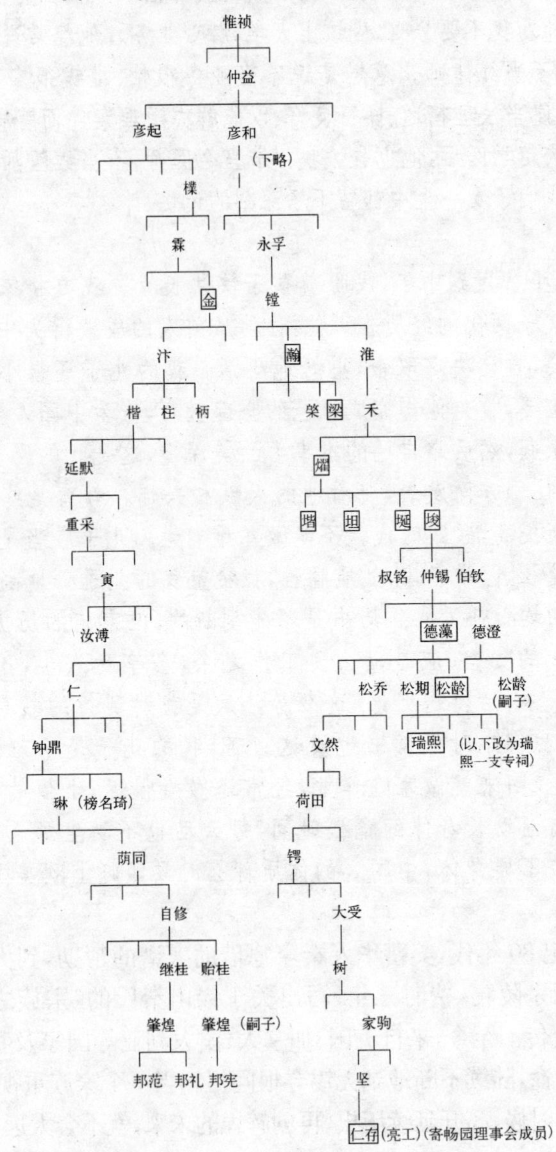

第六章　六世其昌耀唐门

这是一个神奇而又庞大的家族，他们似乎具有擅长经营的遗传基因，他们的许多子孙成了海内和海外、过去和现在的著名实业家。

——《中国工商界的四大家族》

以民族工商业而盛极锡城的唐氏家族是无锡新兴望族中的典型代表。从家族根基上讲，唐家是难以与无锡旧式望族，诸如华氏、顾氏、秦氏相提并论的，但正是从唐懋勋开始，唐氏借着资本主义工商业萌芽发展的东风，后来居上，富甲一方，名重一时，最终跻身于20世纪上半叶无锡“荣、唐、薛、杨”四大家族之列。

本章试图通过分析无锡唐家白手起家的发展兴盛史，来探究工商实业世家为顺应社会变迁所运用的独特的策略以及家族传承的过程。

一、先世源流

唐氏家族为四千年前唐尧后裔。据《通志・氏族略》记载：“唐氏，祁姓，亦曰伊祁，出陶唐之后。尧初封唐侯，其地中山唐县；舜封尧子丹朱为唐侯；至夏时，丹朱裔孙刘累迁于鲁县，累孙犹守故地；至商，更史豕韦氏，周复改为唐公。成王灭唐，以封地叔虞，号曰唐叔，乃迁唐公于社，降爵为伯，今长安杜城是也。周之季世，又封刘累裔孙在鲁县者为诸侯，以奉尧嗣，其地今唐州方城是也。”

由此可见，帝尧以唐为国号，他的子孙就以国号为姓，繁衍于大河南北，以山东定陶、河北唐县为著。在辽金侵入、宋室南渡时，族人大多随之迁移到江浙定居，以苏常人物超群。

1. 占籍常州

严家桥唐氏，祖籍常州武进，世称毗陵唐氏，自奉宋朝翰林院检讨唐华甫为始祖。自华甫公从安徽迁移到江苏，定居毗陵。其先祖唐荆川，曾任明朝兵部侍郎，又是著名的散文家。

TZQ：据家谱记载，我祖籍江苏常州。家谱是在20世纪30年代，由同属十九世的唐肯主编，发源、淞源襄助，1948年完成，1966年经"文革"动乱，绝大部分家谱被毁。"文革"末期，淞源曾屡次去有关部门要求发还，执事为其精神感动，一日通知已找到，可前去领取。当携归后才发觉是苏州唐氏家谱，立即将原件送还。最终先后得到家谱五部，分送慕汾、君远、岷春及常州玉虬。现存本为香港版本的复制。

先祖为明朝散文家唐顺元，字应德，号荆川，谥襄文，为"唐宋派"之一，集军事家、文学家、科学家（擅长算数）于一身。嘉靖戊子乡试第六，乙丑会试第一，廷试二甲第一名。曾是抗倭名将戚继光的老师，也曾督领兵船在崇明抵御倭寇，屡建战功，以功升右佥都御史、代凤阳巡抚，最后倭寇全军覆灭，而公也积劳成疾，卒于舟次，以身殉国。扬州、常州、无锡、太仓等地都建有专祠。

唐立元，字应礼，号慊庵。虽然父亲瑶（湖广永州府知府）、兄长荆川贵显，而立元从不以势凌人，以权谋利。事兄如父、师。荆川为抵御倭寇，招贤纳士，良莠不分，立元帮助他甄别。妻毛氏温柔贤惠，对立元不善经营，日用不给，田地荒废亦毫无怨言，出其私蓄复置田土，均分给子孙。

由此可知，毗陵唐氏基本上是以耕读为主。清康熙初年，为避战乱，唐氏十世祖献赤，从武进迁至太湖之滨无锡，繁衍生息，谱称东门支，至今已有300多年历史。

表 13　华甫公下唐氏十七代序列

序　列	名(字,号)	妻	职　　位
一世祖	华甫	陈氏	宋末翰林院检讨
二世祖	汝文(缺元)	陈氏	筠州提举
三世祖	诚(伯成)	张氏	赠儒林郎
四世祖	衍(仲远)	左氏,继娶徐太孺人	赠徵士郎,户部给事中
五世祖	贵(用思)	周宜人	户部给事中,敕祀乡贤祠,赠奉直大夫
六世祖	瑶(国秀,号有怀)	任宜人	湖广永州知府
七世祖	顺元(荆川) 立元(歉庵)	庄恭人毛氏	督抚凤阳军处,右佥都御史,谥襄文附例监生(以下均为歉庵公之后)
八世祖	韩徵(良卿)	周氏	
九世祖	毅(致远)	朱氏	
十世祖	献赤(玉裕)	计氏	始迁无锡东门,系迁锡始祖
十一世祖	宇鑣(康侯)	刘氏	
十二世祖	士舜(孟明)	尤氏	
十三世祖	锦章	杨氏	
十四世祖	阳和(蕙均)	胡孺人	赠徵士郎
十五世祖	应龙	张孺人	赠徵士郎
十六世祖	懋勋(景溪)	葛宜人	候选按察司,封奉政大夫,赠朝议大夫
十七世祖	洪培(子良)	余氏,继娶余氏	国学生候选都察院都事,封光禄大夫,迁无锡石皮巷

2. 避难严家桥

唐氏家族企业的开山鼻祖唐懋勋便是无锡东门支中的一个小支。祖上几代，家势微弱，不过惨淡经营，略有家底。

TZQ：唐懋勋，号景溪，善于经营。道光年间，先后在无锡东门及北塘街开设了"恒升布庄"经营土布，专销六合、浦口、松江等地。因为为人忠厚，真诚待客，生意相当兴旺。后蒙一安徽巨商赠言"时长"二字，表示愿意"时时贸易，长久合作"，恒升布庄也因此而改名为"唐时长布庄"。从此，营业更加兴隆，成为当时无锡著名的四大布庄之首(唐时长、李茂记、张信盛、胡孟英)，名扬苏南苏北。

正当生意越来越红火之时，却遭遇了意想不到的挫折。据《无锡文史资料：无锡北塘商市》记载：唐懋勋还包过"清廷土布捐税"，称为"贡布捐"，后来无锡、金匮两县地主的最高机关"恒善堂"为了夺取其包捐的利益，控告其"侵吞捐款"，这一飞来横祸，使唐懋勋几乎破产。后来虽能重振旗鼓，但好景不长，又遇到了太平军与清兵的江南鏖战。据《无锡通史》记载，1863 年，清江苏巡抚李鸿章部淮军在江南战场自东向西发起反攻，农历八月初一攻下江阴，太平天国潮王黄子隆率无锡守军反击清军，两军在无锡周围的大战开始……农历十一月初二日，清军攻入无锡城内，守军 56 000 人大部战死，主将黄子隆被杀。1864 年初，太平军 4 万余人自丹阳向无锡、江阴一带反攻，战不利，退走。太平军在江南苏、锡一带的局面自此彻底失控。双方数十万大军在无锡城里城外反复厮杀，致使无锡遭受空前浩劫，自明清交替二百余年来的经济文化遭受了严重破坏。

为避战火，唐懋勋带着一起经商的两个儿子：唐子良、唐竹山，携妻儿老小一起来到严家桥，先在庙前弄三川桥边，面对六家泾墩，租赁了程姓的五间平房住了下来。

LSX：说起严家桥的由来，有句代代相传的老话："严、顾、汤、周带一程”，说的是最早到严家桥开埠的几个姓氏——明代及明以前先后来严家桥的依次是严氏、顾氏、汤氏、周氏四姓。严氏来自附近的东后村，属寨门严氏分支，是东汉严子陵的嫡系子孙，寨门严氏始祖宗一公在元代末期从浙江桐庐迁来，是该村主要大姓，其中大户严河永独自造桥，从此行人称便，久而久之，以姓氏为桥名，桥名又演变成地名，这是公众对造桥者的感激。

明末清初改朝换代的战乱年月，程氏从安徽逃难到这里落户“种客田”，这就是带一程的来历，几乎与程氏同一时期来到严家桥的，是来自安徽的李氏，靠磨剪刀为生。清康熙年间，程氏族人既做官，又经商，渐渐发迹。传说，程氏把木桥改成石桥后，想把“严家桥”改为“程家桥”，遭到严氏族人的反对。

随着岁月的流逝，严家桥外来姓氏越来越多，形成了与中国农村封建社会传统一村一姓或一村数姓截然不同的格局：逐渐由众多外来迁移民组成多元氏族群体。这与严家桥周围四五华里范围内早已形成的东包、西刘、南蒋、北许的格局出现了很大的反差，包、刘、蒋、许都是这些村落的主要大姓大户。

清咸丰十年，唐懋勋为避太平军战火，携妻儿老小一起来到严家桥。此时的严家桥从严、顾、汤、周带一程的小村落，经过二百多年的沧桑变化，已发展成为商业繁荣，人口众多、具有一定街市规模的乡村集镇，而原先的严姓已不知去向，程、李、须、唐、周、顾、朱、许、徐姓枕河而居，而唐氏的到来和兴盛，又进一步吸引许许多多的外地姓氏不断聚集而来，为集镇增添了新鲜血液。

据说，唐懋勋在逃离无锡时，曾做过一梦，梦中弄剪，失手剪豁了嘴，请详梦先生推详，说“要避战火，须向两个口的地方才是吉祥地”，所以选中了东北乡严家桥这块风水宝地。诚如 LSX 所介绍的，当时的严家桥并没有形成几个家庭一统天下的局面，而且原有的四姓已逐步式微，封建宗法制度比较薄弱，社会环境远比一村一户家庭或几户家庭要宽松得多，其居民大多是避难的外来移民，具有开放开拓的观念、自立自强的精神和平等合作的人际关系，特别是当地的手工业已比较发达，几乎户户纺纱、家家织布。因此，唐懋勋选中此地不是巧合，也不是迷信，而是一种战略性的举措。

时值战乱，一日数惊，当地的周姓老板已无心经营布庄，又加上平时管理乏术，布庄几近倒闭，想要出盘，于是唐懋勋当机立断，仅以十多串铜钱就盘下了周长元布庄，改名“唐春源布庄”，父子三人凭借着丰富的经商经验，当地的优势，加上为人忠厚老实，买卖公平合理，讲求质量信誉，很快就生意兴隆，不到几年，就先后在严家桥四乡置田六千多亩，还把房屋翻建成唐氏仓厅，仓厅前面还建有两座大码头、石驳岸和百米长廊。正如《无锡史话》中所说：“春源布庄，在当地农民日夜的机杼声中，加快了发财致富的步伐。”

唐家在布庄生意上的成功，完成了资本原始积累的第一步，这第一桶金为唐氏后人由商而工的发迹历程打下了坚实的第一根桩。

二、代有才人

唐氏子孙昌盛，自唐子良以下至年字辈的唐氏族人，是根据陆润庠的一副对联“勋培镇国千年盛，积德传家百事昌”进行排序的。早在唐懋勋带领唐子良等到严家桥后，仅仅过了二十多年，到19世纪80年代，就有了第二代培字辈（十七世）、第三代镇字辈（十八世），到20世纪初，又有了第四、五代，据粗略统计，仅第五代千字辈，总数不少于60人。唐氏家族不仅人丁兴旺，而且个个发达成才。

景溪公生有八子，是为“培”字辈，其中第七子唐洪培（字子良），第八子唐福培（字竹山）最有父风，精明干练，一直辅佐唐懋勋经商，成为其事业的继承者。

到七房唐洪培时，唐氏已是地主兼砖瓦窑主，后又创办米行、堆栈，并以此起家，到第三代兴旺发达。唐氏七房中唐洪培次子滋镇（字保谦）创办了庆丰纺织厂，八房中唐福培之四子唐殿镇（字骧廷）创办了丽新纺织染整厂，标志着到了景溪公孙子、重孙一代，唐家的经济支柱已经由商业转变成为资本主义机器生产的工业。

唐家的两大实业系统的建立到形成从时间上看都是在1910年左右到1920年左右，这时候，主要西方资本主义大国内部矛盾加剧，第一次世界大战和战后的恢复使他们无暇东顾，暂时放松了对中国的经济侵略，市场出现了转机，国际形势对于民族资本主义较为有利。唐家第三代人在这种情况下回到无锡创办实业，揭开了唐氏纺织工业的序幕：

HSG：景溪七房唐保谦少时无意仕途，其父唐子良把他送到无锡城里钱庄学艺，不久，回到严家桥帮父亲经营春源布庄，被称为“少当家”，但他不摆小老板的架子，谦虚谨慎，不耻下问，向内行学习。1902年，年轻有为的唐保谦告别父亲，再次离开严家桥，到无锡城与蔡缄三合作，唐、蔡各出资2 000银元，在无锡北塘三里桥沿河合开永源生米行，以公平诚信著称，一时门庭若市，生意鼎盛，积累了一定的资金。1909年他与蔡缄三、唐纪云、夏子坪、唐慕潮、孙鹤卿等九人，合资九股，每股1万两白银，在无锡蓉湖庄创办九丰面粉厂；1915年接办润丰油厂(无锡第一家机制油厂)，1919年，唐保谦出资10万银元，在无锡周山浜创办锦丰丝厂，他自任经理。1920年，唐保谦投资营造资源行业，在严家桥镇东北角蠡河口创办砖瓦厂，日产砖3万多块，由他的长子唐肇农兼任该厂经理职务。1921年，由唐保谦、蔡缄三、唐纪云等发起，由薛南溟、唐肇农、孙鹤卿、华艺珊等人集股82.89万元(对外称100万元)，在无锡周山浜野花园附近征地200余亩，创办庆丰纺织厂。

景溪八房唐骧庭性颖悟，国学生，清分部主事，从小与堂弟唐纪云在无锡北乡严家桥镇春源布庄长大，受家庭熏陶，注重诚信。18岁时离开严家桥镇到无锡城中与总角交程敬堂(1885—1951)合作，在无锡北大街开设九余绸布庄。由于讲求信誉，待客和气，营业获利倍蓰。1916年唐骧庭、程敬堂出资1

万元，与冠华布厂合作，生产纱布，后扩大范围，改名丽华布厂，1919年唐程合计，继办新厂，招邹颂丹、邹季皋入股，共出资4万元，开办丽华第二布厂，年有盈余。1920年，唐程再接再厉，决定集资30万银元，后又扩资20万元，创设无锡丽新染织厂。1930年，丽新厂更上一层楼，增加纱锭16 000枚，增资为100万元，成为全国唯一的纺、织、染、整齐备的全能性生产企业。1935年又增加纱锭22 000枚，线锭12 400枚和新式印花设备，增资400万元。日本《朝日新闻》惊呼无锡丽新厂为日本棉纺织工业的劲敌。

至20世纪30年代中期，庆丰两个工厂共有纱锭65 000余枚，布机820台，是沪宁线上数一数二的纺织巨头，而“丽新”、“协新”两系各厂的资产总额在鼎盛时期达到2 200万元。“庆丰”和“丽新”这两个当时无锡老百姓耳熟能详的牌号，使唐家在当时无锡六大资本系统中独占两席。而唐氏七房和唐氏八房也成为日后唐家最为英才辈出、享誉四海的两支大宗。

HSG：唐保谦次子唐星海，1919年毕业于北京清华学校，入麻省理工学院攻读纺织专业，民国十二年十月学成回国，任庆丰纺织厂副总管兼纺织部工程师。他运用在美国学到的经营管理方法，对庆丰进行体制改革和技术改造。1930年和1937年，先后两次到国外考察，向英国定购纱锭5万枚，布机400台。又从德国引进2 000千瓦发电机组，全面更新庆丰的设备，并扩建庆丰第二工场和增加漂染车间。所产“双鱼吉庆”牌纱，成为无锡地区的标准纱，销路远及东南亚。1936年唐保谦去世，他接任庆丰纺织公司的总经理。

唐骧庭次子唐君远，就读于上海南洋工学（交通大学前身），后入苏州大学攻读化学工程。1920年，他的父亲唐骧廷和程敬堂等在无锡筹备创建丽新纺织厂，唐君远奉父名回锡参加筹建工作,1922年他任车间主任,1925年任厂长。经过刻意经营,丽新厂从一个发展到四个厂(无锡一个,上海三个丽新厂),拥有纱锭6万枚、线锭1.5万枚,电力织机750台,以及整套的印染、漂整设备,成为纺织、漂染、整理齐全的大型、全能工厂。1933年《朝日新闻》称"中国丽新厂为日本纺织业的劲敌"。

然而,抗日战争的爆发遏制了唐氏家族企业迅猛的发展势头。据《无锡市志》记载,日军侵占无锡后,纺织工业遭日军严重摧残,庆丰、丽新、振新等纺织厂损失惨重。纱锭被毁166 614枚,占63.73%,布机被毁3 304台,占88.84%。日军采取"租用、统制、专卖"等手段,对无锡纺织业大肆掠夺。庆丰、丽新、申新等厂先后被日本大康株式会社"代管"。

TZQ:"八一三"事变后,全家轻装出逃,从无锡到安徽,再到江西的客户家里住了半个月,后取道香港回到"孤岛"上海,当时无锡的祖宅全被炸毁。1938年春,驻锡日军和日本纺织工会找叔叔唐君远谈判,企图合营丽新、协新两厂,并以"如不答应将炸毁工厂"作威胁,但君远叔叔抱着"宁为玉碎,不为瓦全"的态度断然拒绝。日方恼羞成怒,竟然将叔叔关押半月之久,并把他锁进木笼罚站,百般折磨,叔叔坚持了民族气节,后经多方营救,才得以释放。1938年夏,叔叔远离无锡到达上海,在上海租界避难,他随机应变,假借英国商行信昌洋行名义,从1939年起,在上海江宁路购地8亩,在长寿路购地10亩,开办了昌兴纺织厂,仍使用丽新商标,资本额300万元。同时,与堂弟唐熊源在上海开设了信昌毛纺厂。

抗日战争之后,无锡地区的政治经济局势动荡不安,唐氏家族中有相当部分转向香港和美国、巴西等地经营发展。由于种种历史原因,唐氏第五代"千"字辈中大部分求学海外,学成之后,大都卓有成就，有的执教于高等学府，如唐信千：法学博士，美国印第安纳州巴特勒大学教授；唐尧千：美国核物理博士，大学教授；唐雄千：工程学硕士，美国麻省理工学院教授；唐照千：西安交大博士生导师等。有的成为某一领域的专家和学者，如唐祥千：医学博士，美国西方医院麻醉科主任；唐运千：国家海洋局杭州海洋研究所研究员等，难怪有唐家六十四"千"，三十六"千"扬名海外，二十八"千"蜚声国内之美谈。

在"千"字辈、"年"字辈中，继承祖业，投身工商实业的成功人才更是不胜枚举，尤为著名的是唐骧廷之孙唐翔千，他创业于香港，20 世纪 70 年代已成为香港工商界的知名人士，所创立的南联实业公司，成为当时香港最大的纺织航空母舰，先后任香港纺织同业工会主席、香港工业总会主席、总商会副主席，曾被授予太平绅士衔，获英女皇授勋。

TJN：爱国爱家是我们唐氏的门风。1950 年，堂伯翔千在美国伊利诺斯大学获得经济学硕士后，受父亲爱国思想的影响，并没有留在美国发展，而是到香港开办棉纺织厂，最终成为香港著名的实业家、纺织专家。老人家唐骧庭、唐君远曾谆谆教导他不要忘记自己是炎黄子孙，不要忘记根在故乡，不要忘记故乡故土。因此，改革开放之初，他接到父亲的信后，立刻从香港飞回上海，与父亲、兄弟姐妹一起共叙天伦之乐。并且，他又遵循父亲的教导，毅然带头回国投资，创办了上海第一家沪港合资企业——上海联合毛纺织公司，先后设立了10个分厂，成为上海第一家合资企业集团。

20 年间，堂伯翔千在大陆一连兴办了近 20 家企业，总投资数亿美元。同时他还热心公益和教育事业，多次捐资助学，1989 年，捐资 19 万美元，在中国纺织大学设立"唐翔千教育基金"，捐资 400 万元在上海科技大学建造"联合图书馆"，1998 年，又捐资 100 万元，造福桑梓，是一位名闻海内外、备受景仰的实业家。他的长子唐英年也是唐家第六代中的出类拔萃的人物，现任香港特区财政司司长。

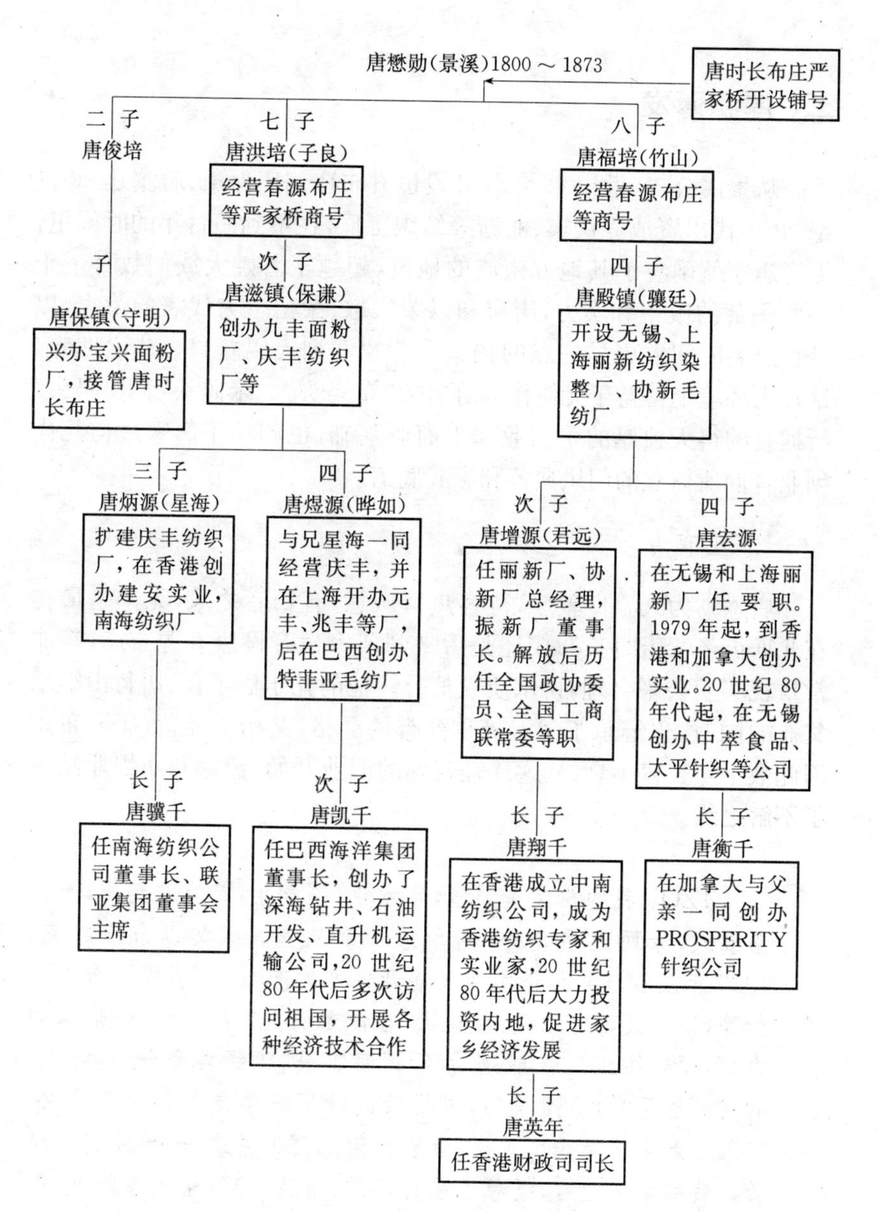

图7　唐氏家族主要之工商名人简图

三、厚积薄发

从景溪公19世纪40年代开设恒升布庄到唐保谦、唐骧廷20世纪20年代出资成立庆丰、丽新等纺织工厂，在不到一百年的时间里，无锡唐家就确立了其地方望族的地位，超越了著姓大族们数百上千年所积蓄的威望和实力，唐家和以荣宗敬、荣德生为代表的荣家，以及在成名时间上更早一点的杨家和薛家并列无锡新兴显族之四魁，这在大环境上得益于无锡作为著名的“布码头”、“米码头”、“丝码头”所拥有的得天独厚的手工业和工商业基础，也归功于唐家最初几代创业者们所树立的门风典范和家族底蕴。

1. 业有专攻

唐懋勋为人温良敦厚，待客热情诚恳，有长者之风，无论是最初在北塘街经营唐时长布庄还是后来到严家桥开设唐春源布庄，都非常重视买卖公平合理，讲求质量信誉。他的儿子唐子良、唐竹山继承父业的同时，也继承了父亲极重商誉的品格，又精于经营，唐家布庄因此数十年长盛不衰，从这驾轻就熟的旧业开始，唐家和纺织业结下了不解之缘。

TZQ：我的祖父唐渠镇，字水臣，国学生，都察院经历，有兄弟五人，除两人早丧外，其余三人都从商。祖父以布店起家，1920年左右与父兄合作在无锡开办九大布行、唐瑞成夏布皮货行等，以后又建有纱厂、印染厂，曾任无锡振新纱厂（由荣瑞馨创办）和丽新纺织厂董事、振新纱厂董事长、无锡县商会协办。我的父亲唐雨皋，排行第四，很早就到纱厂当学徒学做生意，后来进入丽新布厂做账房先生，最后升为工厂的总会计，协助父兄经营。我高中毕业后，报考了东吴大学、南通学院（由张謇创办）两所学校，先后考取东吴大学的化学系、南通学院的纺织系，由于我祖上是靠纺织起家的，最终还是选择了纺织专业，毕业后，在无锡丽新纺织厂工作，担任高级工程师。我的很多堂兄弟也都是搞纺织的。如正千，协助翔千在上海兴办毛纺、针织联合公司；仑千，在广东兴办毛涤厂、鹤毛精纺厂。我儿子唐建年，现在在他叔公宏源投资的中外合资太平洋羊毛衫厂工作，也算和纺织搭上点关系。

唐氏家族以纺织业为主的实业作为家族之本，是由唐家第三代来确立完成的。然而，唐家第三代所接受的教育仍然是清朝的旧式私塾教育，他们中仍有很多人选择的并不是继承祖业，而是投身于“科举正途”。

WWZ：唐保谦的哥哥浩镇，光绪癸巳年(1893)中举人，历任工部、商部、农工商部主事、邮佐部郎中及军机处要职，封资政大夫。严家桥乡人称其为大老爷，他一直在京里为朝廷办事，归里后虽然居住在城里，但经常回故居过问唐仓厅及地方上的事，连当时的无锡县长杨梦麟都要让他三分。民国后，他还担任过总统府秘书长及掌印官等职。三弟济镇光绪甲午年(1894)中举入仕，曾任贵州司、山东司主稿、户部主事及北大房帮办等职，诰中宪大夫。唐明镇也在乡试中被挑取誊录赴京做官。其余诸人也大都有国学生，参加乡试赴京入仕的经历。

可见，唐保镇、唐滋镇能做出“弃仕从商、由商转工”的关键性抉择，在当时“仕唯正途”仍占上风的时代背景下确是十分难能可贵的，究其要因，就不能不提到景溪公懋勋的一段临终祖训了。

TZQ：我是在家接受启蒙教育的。每年春秋两祭，总有读谱活动，让我们牢记先祖的功业，要为唐家争光。景溪公的临终遗训成为我们唐家的祖训，处理事务的准则。景溪公叮嘱说：“我期望子孙后代读书中举,但如读书无成,便应学习一业,庶不致游荡成性,败坏家业……”

因此,即使是经商,后代也是遵循祖训,从小抓起,重视教育培养。我6岁正式入学,学校为连元街小学(当时称为县中,由内学前街的杨家创办),校长是程恩九先生。学制六年,学费便宜,大致七八元,由父母承担。当时的课程有语文、数学、英语、体育、音乐、卫生、手工、公民(进行乡土教育),我最喜欢的科目是数学。

1933年,我经过入学考试,考入辅仁中学(唐家曾捐资30万),学校在城东苏家弄将军桥畔,与东林书院仅一墙之隔,约有20个班级,并有理化实验室、阶梯教室等,在当时可算是无锡最先进的教学设施了,校长杨四箴。学制为“三三制”(初高中各有三年),学习科目分中、西两大类,西文科目以英语为主。学校每学期学费为30元左右,当时父亲已经去世,由我的母亲承担费用,那时只有第一名的学生可免费上学,生活困难的学生可申请减免学费。学校的师资力量很强,教师们不仅功底扎实,而且敬业,许多教师给我留下了深刻的印象,如物理的朱孔容老师、数学的朱树卓老师、裘维琳老师等。由于成绩优良,1936年他直升本校高中部。高一暑假期间,我和同学们一起到镇江,进行为期三个月的军训,那时见过蒋介石两次,一次是蒋介石亲临中山陵检阅学生军训,并发表了讲话,当时的国民党特务到处物色人员发展他们的外围组织,我的一些同学与他们稍有接触,后来在“文革”中为此受到冲击,而我还是很冷静的,以读书为主,不卷入是非之地。一次是军训结束后在南京飞机场与蒋介石相遇。“八一三”事变后,无锡陷落,学校被迫停课,以后学校从无锡搬到上海,租南京东路山东路口的大陆商场(后名慈淑大楼即今之东海大楼,为犹太商人哈同的产业)三楼五间房子作教室复课,校名为“上海辅仁中学”。那时江浙一带的一些学校如东吴大学等都到上海租界复校。1938年9月,我在上海辅仁中学继续完成学业，成为辅仁中学的三九届毕业生。我的大学学校也设在上海的租界内，学费为每学期50法币。在沦陷区孤岛的上海求学，是一件很艰难的事。上海一开始是由维新政府作为过渡政府管理的，校领导全是国民党，1940年以后，日本进驻租界，汪精卫还都南京，教师分成几派，有国民党蒋系的、汪系的，日本特务以及共产党的地下党员等，教学过程中经常有特务来找麻烦，为了要顺利地完成学业，就不得不提防特务组织的干扰。

我在学16年，抗战前的教学秩序是相当正常的，抗战以后教学秩序不再正常了。记得那时候，长辈们总是教导我们说，我们唐家家风淳朴，从来就不出浪荡子的。要多读书，学会养家的本领。整个学习生涯，我的读书都很自觉，家长从不过问，教学的文理发展也较平衡，绝大多数教师的敬业精神可嘉。我认为，现行的教育不注重启发、引导学生自己思维，是一种注入式的教学方法，学生的学习自觉性与他们那时相比也稍显不够。教育改革应从培养学生独立思考的能力开始。

诚然，唐懋勋祖训的本意，仍是寄望于子孙能入仕为官，他的大部分子孙也不负所愿。如前所述，唐家第三代“镇”字辈的11人中，除1人早殇，就有2人中举、3人到京为官，3人是国学生，另外3人虽未中举人秀才，但也都是从小读过经史，精通国学，唐纪云还接受新式教育，通晓英语。虽然，遗言中，“如读书无成，便应学习一业”只不过是退而求其次，以防“游荡成性，败坏家业”的一种措施，但是，正是这一条退路无意为唐家后人弃官从商扫除了障碍——虽不合正途，却不违祖训，虽有悖常理，却能光大祖业。实际上，洋务运动以后，商人的地位已经有显著提高，不再是“末奸”了，无锡更为当时重要商埠，商风久盛，加之清末卖官成风，商人照样可以捐官戴顶，不必再走读书中举一途了。在这种社会变迁之中，唐家对传统伦理道德进行了一定的修正，在“货与帝王家”的忠君义理和“弘扬祖业”的孝悌义理间寻找到了不错的平衡点。

2. 长袖善舞

和以往传统的农村封建大族有所不同，城市中的新兴资产阶级家族在生产功能的组织上要困难得多，以地租作为主要经济来源的乡村家族，可以用集权式的家长制，在管理家族其他事务的同时一并处理掉家族的经济事务，而商业以及机器工业的运作需要比土地经济多上几十上百倍的资源，靠家族内部自给自足的内循环是难以满足要求的，因此，当唐家开始谋求资本主义工业所需资源时，传统的亲情观念还是让他们把目光首先投向了家族内部。

唐懋勋一生苦心经营，创下了偌大的家业，在严家桥置地六千余亩，除春源布庄外，又开办了"德兴"茧行，"同行"木行，建唐氏仓厅等，已是富甲一方。唐氏第二代虽然在总量上光大了祖兴，但由于二次分家，使唐氏的财富已分散在各个家庭中了。于是，当唐保谦、唐骧廷心仪实业之时，自然不会忘记集中家族内部特别是同房兄弟的资源，这样，唐家保谦、骧廷两个资本系统基本对应了景溪七房和景溪八房的财产整合，例如在唐保谦成立庆丰厂的十三董事中，七房唐氏有三人，包括唐保谦的弟弟唐纪云，长子唐肇农等，庆丰的监事也都有唐姓担任。

TZQ：当年，唐保谦集资82.89万元，在无锡周山浜野花园附近征地200多亩，创办庆丰纺织厂。唐保谦任总经理，唐纪云任总管(相当于厂长)，唐肇农任总稽查，唐云亭为稽查，唐淞源襄理厂务。唐肇农病故后，由唐星海接替，后又升为副总管，1936年以后，唐星海又继承父职，任庆丰纺织厂总经理。小叔公唐骧廷创建了丽新布厂，1930年布厂自行发电，1932年扩大经营规模，相继开设了纱厂、印花厂、印染厂，我的祖父都有股份在内，依靠分红和祖产度日，家庭经济生活属于中上等，全家住在通惠桥堍的祖宅内。父亲在世时，收入依厂里的经济效益而定，家庭生活水平维持在中上等，住在祖产的房子里，家中有奶妈、保姆、佣人，一个孩子有一个奶妈，还有保姆负责照看，家务由佣人们承担。1928年父亲去世，母亲仍旧没有外出工作，而是依靠入股分红抚养子女，生活条件也较好。

解放之后，工厂由工会控制，当时的私营企业的股东有三种类型，一种是创业者，一种是代理者，一种是继承者，我属于第三种，由于具体工作是车间的技术工作，不参与管理，所以，解放后的工资没有发生变化。但“文革”开始后，我的工资就被冻结了，每月拿生活费12元(所欠的工资差额在1972年才付清)。半年后才拿19级工资，每月76.8元。文革“结束”后，享受高工待遇。

当然，有限的族内资源尚不足以推动工业化生产的巨轮。从1902年起，唐保谦就开始与蔡诚三合作，从最初的永浮生米行到九丰面粉厂，以及后来的庆丰纺织厂，唐、蔡两人都亲密合作，共同出资，一时被视为佳话，史称“庆丰唐蔡氏”。无独有偶，唐骧廷也有一位交情深厚的合作者程敬堂，从唐骧廷18岁离开严家桥到无锡城创业，唐和程先后同力开设了九余绸布庄、丽华布庄。直到1920年共同集资50万银元开办丽新染织厂，史称“丽新唐程氏”。更加不谋而合的是，唐、蔡，唐、程之间都结成了姻亲关系。如蔡缄三妹妹嫁给唐保谦五弟申伯，唐保谦长女嫁给蔡缄三长子君植，两代婚姻；唐骧庭三子娶程敬堂次女学端为妻，结成儿女亲家。

TZQ：我的小姑妈与李石安结婚，李氏也是无锡的书香望族，是李纲的后代，李石安本人是辅仁中学的创办人之一，他的儿子李永锡曾任无锡市副市长，政协副主席。我的母亲家庭出身为资本家，我的外祖父陶绩成曾创办绩成小学，母亲是独生女，可在3岁的时候就丧父，4岁又丧母，孤苦伶仃，由叔父陶锡侯(其曾开办糟坊，专门制造酱油等调料)抚养成人。我的妻子是由舅舅介绍的，家庭出身是高级职员。而我的许多亲属都与无锡的大家族，如荣家、华家、孙家通婚。

可见，资本主义新兴家族在寻求外延式资源的同时，仍会很自然地使用传统的联姻方法来外延家族本身，商品经济中至关重要的合作作用在唐家企业的核心层中，被血缘关系抑或姻亲关系打造得更加坚固。

3. 家教遗风

投身民族工业的唐氏家族，不单要解决资本整合的问题，社会化的生产和流通还要求他们拥有良好的商誉，而提高商号信誉度的有效途径就是提高家族本身的声望。

自古至今，民族资产阶级的"家"与"业"之间向来有"剪不断、理还乱"的关系。在望族之"望"的含金量增加之际，芸芸众生对于望族所拥有的实业也自然产生了认同感。如果说传统的地主望族是依靠信仰和伦理来维系自身的声望，那么，近代的实业家族对于自身人格魅力的塑造更容易被视作一种策略性的举动。在唐氏建造的"梓良桥"上清晰可见一副桥联，南联曰："故里近依瞻亲舍，新梁普渡化慈航。"北联曰："北接梁溪怀祖泽，南通虞麓谒先贤。"其浓浓的亲情、乡情溢于言表。

TJN：严家桥是我们唐家的风水宝地，唐氏进城发展以后，仍时时不忘家乡人。贯穿于严家桥市镇不到半公里的河面上，建有四座大桥，其中有三座和唐家有关。"万善桥"，又称"双板桥"，是唐懋勋开设春源布庄后集资重建的，曾名闻大江南北。"梓良桥"是唐氏后辈为怀念祖居，纪念先辈而建的；据说，建永兴桥时，我的叔公唐保谦、唐屏周等人补足了建桥缺的 1 400 银元，并和严家桥约定"凡是严家桥的公益事，不论大小，我唐姓负担一半"。

根据老人们的回忆，唐氏在家乡做了许多实事：比如早在 20 世纪 20 年代，"镇"字辈的七个老弟兄，就明确表态，把严家桥唐氏仓厅改为"唐氏"义庄，把仓厅的财产、土地以及典当、栈房、茧行、木行的收益一律作为义庄财产供唐氏家族特殊需要及救济地方使用。又如支持地方办学。自严家桥小学兴办以来，唐氏仓厅每年都有一定的捐助。严家桥小学复校时，唐家立即捐资200银元作为复校经费。抗日战争时期，严家桥创办中学，唐氏无偿借出同济栈房房屋作为校舍，直到抗战胜利中学停办为止。

其中，最为突出的是“洋龙”打水和疏浚严羊大河。直到20世纪20年代，无锡农村的农田灌溉全靠人力、畜力，而严家桥属于高乡头，常常需用二度或三度人车或牛车才能拔大河水进内陆河，然后再接力盘水到内陆地块。这种“拔大河”的辛苦程度，除非亲历，连一般的种田人家都难以体会。唐保谦在乡收茧，看到“拔大河”的情景，急农民所急，将“九丰”购得的柴油机和20英寸水泵，装在船上借给地方“拔大河”急用，轰动了四乡农民，这是农村第一次使用机器戽水，农民称为“洋龙打水”，又把灌溉渠道称为“洋龙沟”。

1934年，入梅以后三十多天不下雨，严羊河干得河底朝天，滴水全无。这时，农民早已把田翻耕过来，只是久旱无水无法莳秧。镇上开始闹迷信了，在河底念“大家佛”，舞龙灯，集年满70岁得“十”老人拈香巡街求雨，但就是点雨全无。顿时谣言四起：“中窑烟囱中出了旱魃，乌云起时给它吹散了。”莲社佛门子弟在大悲殿念消灾经求雨七天，北街梢雷尊殿道教打求雨消灾醮三天，然而，旱灾荒年的迹象已露，弄得人心惶惶，严重影响了农业生产和居民的生活。这时，在家养病的朱文沅校长，会同镇长程元熙一起，亲自沿河勘查旱情，倡议抗旱开河募捐。但两天只募得800多元，于是，朱、程立即到无锡中市桥巷唐宅拜会唐保谦，保谦答应对镇上公益事业照例负担半数；今开河抗旱，急如星火，速回乡进行，亏款以后再说。朱、程回乡后立即发动疏浚严羊大河，不到半个月，就完工了。当朱、程到城里介绍开河情况，唐家就派账房下乡试看，回锡汇报，长辈们大加赞赏，认为北窑砖瓦从此亦可南运了。“镇”字辈老兄弟商量后，决定由唐氏义庄全部承担,一下子付清抗旱疏河款8 000多银元,所以,民国二十三年的大旱在严家桥未成灾,相反还多收了五七成。原来募得的款项,在严家桥四街建了四口公井、新式救火水龙一部和大量伤寒、霍乱混合疫苗,免费注射防疫一星期。

从此,严家桥人都说,严家桥出了唐氏,有了唐家,办事情就比别的乡镇要顺、要快、要多、要好得多。

唐家实业在无锡的崛起大致是在20世纪20年代,这相对于杨宗濂、杨宗瀚兄弟1895年始办业勤纱厂,1905年荣氏兄弟建立振新纱厂,在时间上是比较晚的。但唐氏白手起家,勤俭治家,诚信经营,乐善好施的口碑使其在获取广泛社会资本上游刃有余,在短时间内就跻身于四大资本家族,无锡的老百姓当时戏称,原来只知道"杨家里"、"薛家里"、"荣家里"三脚撑,现在又多出来一个"唐家里"。

在老无锡眼里,虽然各人对不同的工厂有不同的看法,但没有人不知道荣、薛、唐、杨是了不起的角色。一般的市评中,丝厂劳动强度大于纱厂,薛家厂里的工人要辛苦些;"申三"的职业培训最正规,据说,荣德生早年因不懂技术,吃尽了工头的苦,所以一定要让自己培养的管理人员精通生产的各个环节。而"庆丰"的待遇最好,显然,唐氏待人和善、宽容的品格或多或少地示范了唐氏的资本家,也影响了他们的管理理念。

抗战前的无锡城里如同20世纪90年代初期无锡周边农村大办"乡镇企业"的景况:纱厂、布厂、丝厂兴旺蓬勃,大批周边地区的农民纷至沓来成为操作工,城里的人则通过各种关系进入管理层、技术层。文化高的则由"练习生"一步步向上攀,文化低的则成为工头。在20世纪二三十年代的民族资本主义企业中,封建势力还相当强大,工头手下都有一批人,他们既是资本家的亲信,又和企业的老职工有着利益上的密切联系,在企业的上上下下织成一张拉不破的关系网,改革工头制管理,必然要损害这些人的既得利益,当时一些企业,如申新三厂,在改革中遭到工头们的反对后,就采取了改良的方法,把工头制和工程师负责制混合起来，而唐星海的改革则和扩大再生产结合了起来。

TZQ：20世纪30年代初，庆丰纺织厂在扩建成第二工场后，首先推行了以科技人员为主体的科学管理制度。唐星海废除工头制，取消原来的稽查处，改总管为厂长，成立了以工程师为中心的工务处，实行工程师负责制。1933年又推行“泰勒制”，虽然其目的主要还是提高劳动生产率，但相比于野蛮的工头制，要文明先进得多，在严格管理的同时，也实行奖励制。1943年我大学毕业后，到丽新布厂当技术员，那时将上海的旧机器运回无锡做恢复开车工作。以后一年多的时间里，我被派往外地小型厂工作，月工资为75元(当时相当于1.5石米的价格)，因为当时东洋人不允许中国人开大厂，棉花供应进行控制，厂方只能分散经营。1945年抗战胜利后的一段时间里，生意很好，工厂的活来不及做，那时我的许多同学纷纷到上海接收日本人开的纱厂，无锡的厂方为了防止无锡的技术员也跳离工厂，实行加薪，我的月工资为180元(相当于15石米的价格)，收入相当丰厚。那时一年中有三个月是双工资(也就是说，我一年拿15个月的工资)，月收入足以负担全家及佣人的开支，一般伙食费不超过日常开支的40%，主要开支是零散花费。(就是到“文革”之前，我一人的工资也可负担全家4人及佣人的费用，只是“文革”中有一段时间，我的工资冻结后手头稍紧，一度典当一些抄剩的东西来支付菜金，维持全家生活。总的说来，我的经济比较稳定，未出现大的危机。)

当时，庆丰厂厂长的每月工资底薪为500元，所聘工程师的月底薪为470～600元，这样高的待遇，使得所聘的技术人员都能全力为企业服务，庆丰厂的劳资关系也相对较缓和。比如说，原南洋大学毕业生，后任无锡私锡中学校长的朱文沅，自1934年8月被高薪聘为庆丰纱厂总务主任后，一心扑在工作上，协助星海大搞技术改革，为庆丰的改革发展解决了不少难题。他在兼任严家桥中学校长的同时，受命于危难之中，冒着四周土匪、恶霸的敲诈和日寇、汪伪的干扰破坏，呕心沥血，不负众望完成了建厂的任务。无锡解放后，朱文沅虽没有一点资产股份，但仍代唐氏作为资方代理人全面负责协新的生产调度，对唐氏事业恪尽职守。

唐家的这种平和的门风代代相传，一直延承至今。唐翔千先生在纪念先祖时，曾经写过这样一篇文章：

勤俭定能兴家，奢侈足以败业，自奉必须俭约，家用宜紧，切不可铺张浪费。人有困难，设法帮助，多做善事。特别对教育事业，更宜大力赞助，尊敬师长，培养后代，提高素质，人无信不可立，与朋友交言而有信，严于律己，宽以待人，坦诚相见，亲切随和。尊重别人，才能得到别人的尊敬……

这可以说是对唐氏门风的一种高度概括。也正是有了这种勤俭朴素、和睦处世的门风，使得留在大陆的唐氏后人，面对各种运动和逆境，有着较强的适应能力：

TZQ：5岁左右，我经历了唐家的一次逃难，当时为躲避军阀混战的伤害，全家逃到上海呆了一段时间，在无锡的工厂、家宅也没有受到什么大的破坏。19岁的时候，我经历了第二次逃难，是为躲避日军的伤害，当时祖宅被毁，企业被占，但唐家并未一蹶不振，艰苦创业是我们的本色。1954年工厂实行公司合营之后，我调入了科室工作。随后经历了一系列的政治运动，从镇反、肃反到反右、交心运动，我都未受过多的冲击，只是内部批评。因为，我从未参加过企业的管理，而只是一名技术员。从20世纪60年代的"四清"运动以后，因为家庭出身不好，我被下放到车间参加劳动，洗车、打包等样样活都干，日夜班都上。这对我来说，也不觉得有多苦、多累，因为唐氏企业的后人从来都不是靠吃现成饭的,我也是从练习生一步步走上去的,是靠自己的努力来改善生活的。

记得刚结婚时,我们先租房住在小娄巷,每间房的租金相当于一斗米的价钱。婚房的陈设是按照当时的行情布置的,有11件,包括床、梳妆台、五斗橱、衣橱、床头柜、三连橱、台子、凳子等,是由我的母亲出钱购买的。以后我们又住在厂里的宿舍里,1963年又搬到城里欢喜巷居住至今,房子是在抗战胜利后建造的,我是通过典房获得的所有权。“文革”期间,我家被抄5次,连桌椅在内的家具都被搬走。当时,我把抄家当做是一种赈灾的行为,“千金散尽还复来”。与那些被红卫兵整日批斗、挨打的人相比,我是幸运多了。“文革”后,厂里还象征性地进行了赔偿。

改革开放以来,环境宽松多了,与散居国外的亲戚也陆续有了联系,平时上午吃早茶、看报、炒炒股票,适当地参加一些政协的活动,生活也蛮充实的。

小结:形散神聚

无锡唐氏家族史前后不过一百多年,如果从更严格的意义上来衡量,将其列为望族略显勉强。但是唐氏的发展史和无锡近现代化的进程是遥相呼应的,其兴盛在于成功的权力运作和对社会场域变化的正确而及时的掌控。作为工商世家,经济资源无疑是唐氏权力资源构成中的重心,然而,唐氏出类拔萃的关键却不纯粹在于经济资本上,试想,如果没有景溪公为唐家逐步建立起来地方声望,可能也就没有唐氏的两大资本体系发展的奇迹,而唐氏人才辈出、热心公益,又是经济资本转化为声望和社会资本,完成权力扩大再生产的反映。

纵观无锡唐家一百多年的家族史,其家族重心的数次重大迁移是非常值得我们注意的。

唐家的第一次迁移是在咸丰十年(1860年),当时唐家已在无锡小有名气。但太平军与清军在常州府一带鏖战,为逃避战乱,唐氏迁居严家桥镇。而严家桥地理位置虽偏僻但不闭塞,虽交通便利却无战略价值,唐懋勋以商人独特的精明选择了这块"世外桃源",为其家族日后发展积累了坚实的基础。应该说,如果没有这次迁移,唐家或许也就在战乱中悄然湮灭了。

唐家的第二次迁移是从严家桥回到无锡。太平军失败后,在曾国藩、张之洞等人推行的"与民休息"的政策背景下,无锡地区经济逐步恢复,孕育出了近代民族工业的萌芽。唐保谦之子在追述其父办厂的过程时说:"溯自先伯父郛郑公赴东瀛考察工商业,归与先严谈彼邦实业之发达……先严也默察世界潮流、社会需要,知救国之道,非振兴实业不为功。"[①]因而集资创办九丰面粉厂。唐程创办丽华布厂时,也是由于中国民族工业的渐次抬头,"囊昔土制布匹,不复适合于社会的需要……九余绸布庄承销国产布匹,多数系向外埠批发,辗转贩卖,艰苦异常,因有设厂的动机"[②]。这些话虽然有美化先祖的成分,但确也是实际情况,当时无锡的其他民族工商业者也纷纷利用有利的机遇,在缫丝、面粉、棉纺三大行业取得了前所未有的发展,使无锡在中国民族工业舞台上有了一席之地。而唐氏家族更具备经商世家的底蕴,拥有守信和气,所谓"店大不欺客"的优秀传统,加上唐保谦、唐骧庭年富力强,厚积薄发,占此"天时、地利、人和","源字辈"以保谦、骧庭为代表的,从严家桥回到无锡的转移便成为整个唐家再次振兴的一大成功转折。

唐家的第三次重新转移是从无锡到上海,时间是20世纪30年代到抗日战争前后,第一个原因是30年代旧上海已进入鼎盛的黄金时期,唐家自然要将触角伸到这当时的远东第一经济金融中心,第二个原因是抗战爆发后,唐家大部分企业来不及撤入内地,在无锡的企业遭到严重破坏的情况下,只能就近转移一些设备到拥有租界特殊地位的上海,开设了"保丰"、"昌兴"、"信昌"等企业,在上海这一日寇占

① 《唐君保谦哀启》,油印本。
② 《唐君保谦哀启》,油印本。

领中的孤岛上苦苦维持。

1945年抗战胜利后，唐家企业重获暂时的繁荣，但好景不长，随着内战的爆发，上海周边一带经济局势严重恶化。根据《无锡市志》记载，抗战胜利后，无锡纺织业一度得到恢复和发展，棉纺织、毛纺织设备扩大，新办了一些针织、色织厂。民国三十七年，市场混乱，物价上涨，国民政府于8月实行限价政策，企图挽回经济颓势，无锡纺织厂储存的棉纱、棉布被迫限价出售，损失巨大。11月限价政策失败，物价如洪水决堤猛涨不已。各厂亏蚀严重，陷入窘困境地。在这种情况下，出于对国民党政府的不信任，对共产党的不了解，唐家的唐星海、唐晔如、唐君远等支大宗纷纷选择政治局势相对稳定的香港和美国、巴西等地作为避风港，加之当时唐家族人大多有求学海外的经历，与国外的各种联系十分密切，所以这第四次转移也属情理之中。

TJN：1948年，唐星海携资从上海到香港，在香港荃湾青山道创办南海纺织厂，据1970年统计，该厂总资产达到8 400万港币，成为当时香港规模最大、设备齐全的棉纺织企业之一。不久，又在香港创办美丰实业公司和香港无限电视广播公司，并任董事，成为香港著名实业家。20世纪60年代，唐星海在香港南海纺织厂举办纺织技术人员培训所和南海中学，捐款给香港苏浙中学扩建校舍，发起创办香港中文大学和新亚书院，为两校筹措基金，并长期担任香港中文大学校董事会董事和新亚书院校董事会主席。为奖掖英才，以唐保谦的名义在香港设立"滋文奖学金"，奖励品学兼优学生，并资送其中优秀者出国深造。同时，又以他父亲的名义在九龙捐建港安医院，方便居民就近就医治病。为救济贫民，在他的积极倡导和资助下，成立香港社会公共基金会，被推选为该会第一主席。由于他的突出贡献，1964—1968年，被委任为香港行政和立法两局议员，1970年连任。

改革开放以后，在无锡的海外赤子中，立身海外、心系故土的唐氏海外后人对无锡的投资是最早的,也是最大的之一。1979年,唐君远访问香港时,对担任香港总商会副会长的长子唐翔千说:"侬要带头回来投资,如果蚀了本,就算是孝敬我的好了。"唐翔千、唐凯千等人经常回家乡探亲祭祖、投资、经商。唐宏源先生还被授予无锡市荣誉公民,尽管唐家大部分还是在海外定居和发展,但无锡已经成为他们的一个重要活动区域,这在一定意义上也可以被视为一种地域上的变化。

无锡唐家主要活动变迁如图8所示。

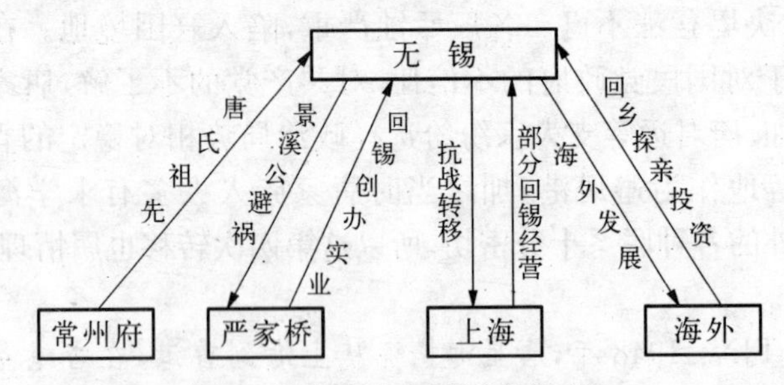

图8　无锡唐家主要活动变迁图

根据图8,唐家的迁移凸显出以下特点:

第一,唐氏家族作为工商望族,其家族的活动空间更加开放和分散,相对于土地资产而言,工商家族所拥有的机器设备、货物材料、资金技术等资产流动性显然大得多,这就为这类家族的迁移创造了条件,子女在分家以后,可以带着分到的可流动资产离开祖居,到其他地方置房立业,不必像以往的乡村大族一样,由于受到土地的束缚而世代聚居于一处。同时,商人趋利避害的本性和商品交换流通性的要求,使得以经济活动为主要收入来源的唐家,在面临社会事件所带来的形势变迁时,一次又一次地通过地域上的变换来维持生存和发展。

第二,在家族表面形式趋于疏散的同时,唐氏的其他家族特征依然得到了保留。例如,唐家的乡土情结非常浓厚。从整个家族历次活动变迁的路径上可以很明显的发现,无锡的中心地位非常突出,而严家桥作为唐家发迹的根源,距无锡市中心不过二十多公里,行政区划上历来属于无锡,这更是增加了唐家的无锡渊源。尽管在解放前夕,唐家纷纷迁到海外,但还是有很大一部分唐氏留在了故土,其中包括在家族中地位卓著的唐君远、唐宏源等,而无论是在海外,还是在国内,唐氏族人一有机会就进行相互联络,回乡进行寻根求源、探亲祭祖等活动,家族的乡土烙印颇深。唐氏第六代香港现任财政司司长唐英年,虽然没有生在无锡,长在无锡,但他在其正式的履历表上籍贯一栏填的还是“江苏省无锡”。

TJN:2004年9月21日,英年兄陪同叔公宏源,父母翔千、尤淑圻等回乡祭祖,并忙里偷闲首次来到唐氏家族的发祥地——无锡羊尖镇严家桥寻根探源。“梓良桥”、“永兴桥”、“万善桥”,英年兄走过唐家参与捐资建造的桥,参观严家桥尚保存着的唐氏仓厅的部分建筑和唐家码头,对故里感到既陌生又亲切,他不时地向陪同的村干部问起家史。站在唐家码头上,他尽情感受着祖辈当年创业的豪情。

羊尖镇的领导告诉英年兄,正在规划建设严家桥古镇。唐英年点头说:“能保留这些文物真不容易,这些古屋很有江南水乡的特质,走文化产业化之路是很好的主意。”首次回老家的英年对家乡人的感觉是非常亲切,不停地与家乡人挥手打招呼。中午时分,英年在家乡吃了一顿地道的家乡菜:酿面筋、无锡酱排骨等,他吃得津津有味,连说:“很好吃,在香港可吃不到这么地道的无锡菜啊。”

望族在现代化、城市化、国际化等社会变迁的浪潮的冲击下,改变聚族而居,几代同堂的活动模式是大势所趋。对于散居各地的望族成员来讲,共同的故乡归属感无疑也是保持家族认同的一个牢固纽带。

除了乡土观念以外,唐氏的祖训中的“学成一业”的精神,唐氏经营中的“公平诚信”的品格,以及唐氏以纺织业为本的特点等家族内在的特质,在其家族的百年变迁中也被代代传承下来。唐家作为一个民族资产阶级的大家族,以一种“藕断丝连、形去神留”的方式来适应了各种社会变迁的考验而顽强地延存了下来。总之,唐氏家族具有商、儒、士三位一体的色彩,是中国社会转型中家族发展和权力转换的一个成功典型。

附：

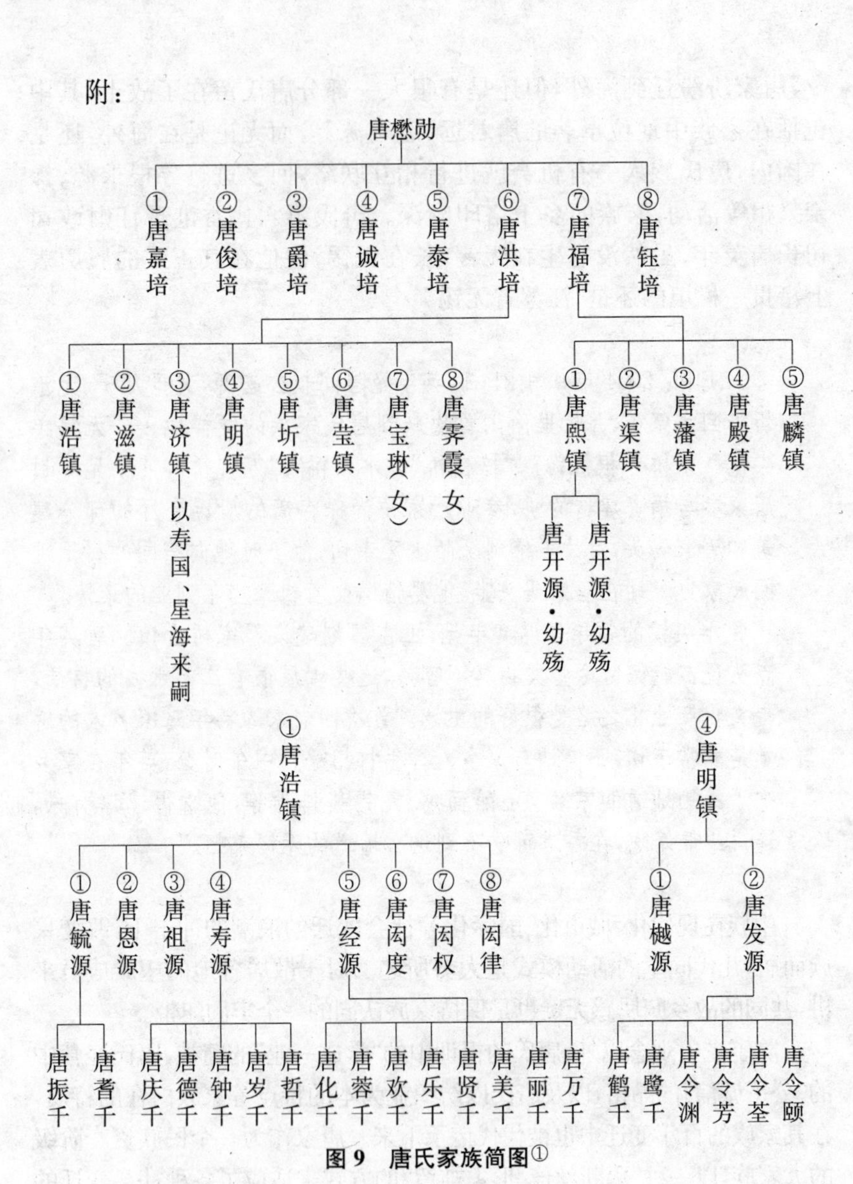

图 9　唐氏家族简图①

① 唐懋勋生 8 子，有的从政，有的经商，有的务农，有的早逝，其中跟随他搬迁的只有六子和七子，本表以到严家桥落户的一支开始，以五代为主。

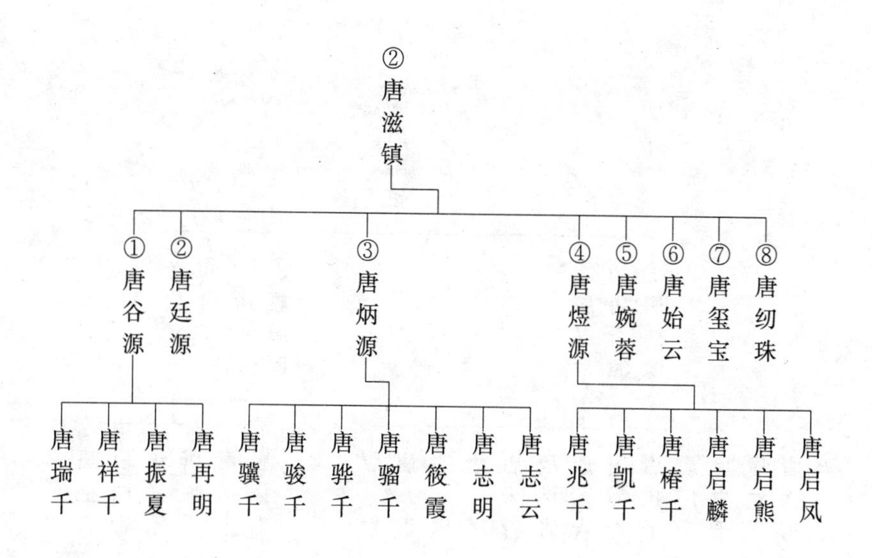
②唐滋镇
①唐谷源
②唐廷源
③唐炳源
④唐煜源
⑤唐婉蓉
⑥唐始云
⑦唐玺宝
⑧唐纫珠
唐瑞千
唐祥千
唐振夏
唐再明
唐骥千
唐骏千
唐骅千
唐骝千
唐筱霞
唐志明
唐志云
唐兆千
唐凯千
唐椿千
唐启麟
唐启熊
唐启凤

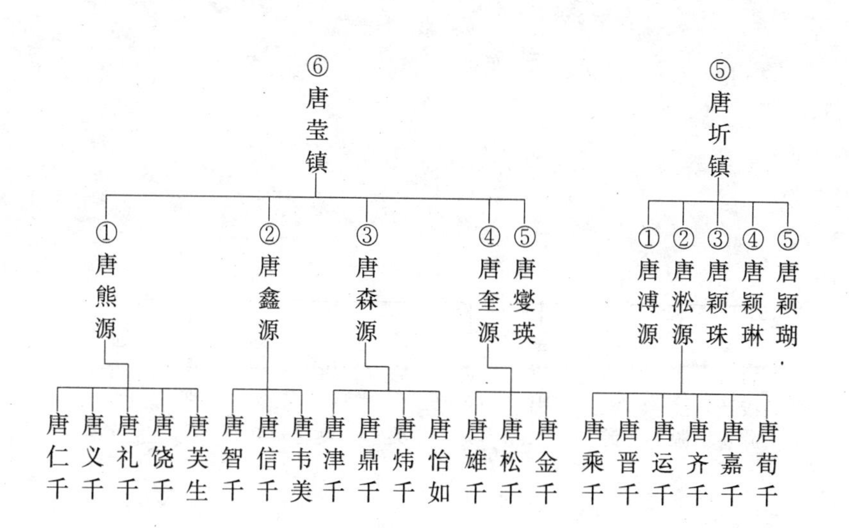
⑥唐莹镇
①唐熊源
②唐鑫源
③唐森源
④唐奎源
⑤唐燮瑛
唐仁千
唐义千
唐礼千
唐饶千
唐芙生
唐智千
唐信千
唐韦美
唐津千
唐鼎千
唐炜千
唐怡如
唐雄千
唐松千
唐金千
⑤唐圻镇
①唐溥源
②唐淞源
③唐颖珠
④唐颖琳
⑤唐颖瑚
唐乘千
唐晋千
唐运千
唐齐千
唐嘉千
唐荀千

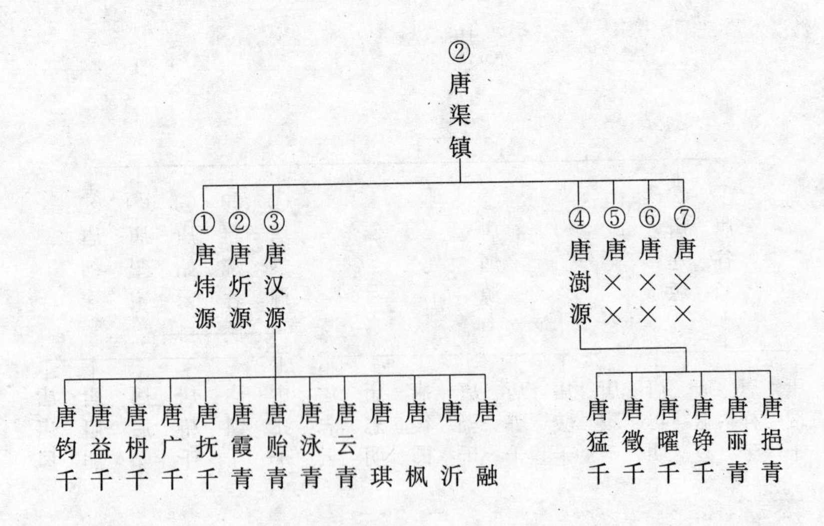
②
唐渠镇
①唐炜源
②唐炘源
③唐汉源
④唐澍源
⑤唐××
⑥唐××
⑦唐××
唐钧千
唐益千
唐枬千
唐广千
唐抚千
唐霞青
唐贻青
唐泳青
唐云青
唐琪
唐枫
唐沂
唐融
唐猛千
唐徵千
唐曜千
唐铮千
唐丽青
唐挹青

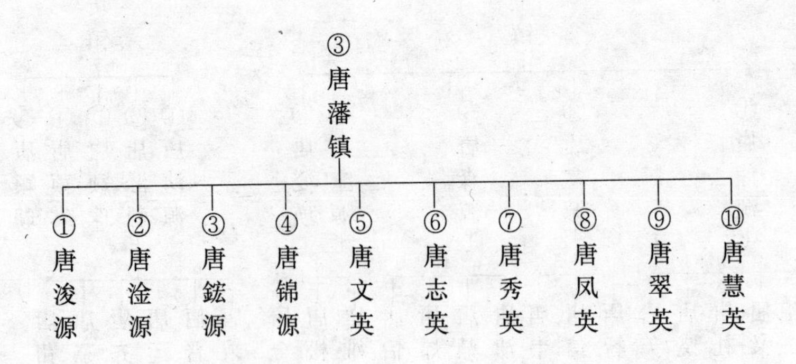
③
唐藩镇
①唐浚源
②唐淦源
③唐鋐源
④唐锦源
⑤唐文英
⑥唐志英
⑦唐秀英
⑧唐凤英
⑨唐翠英
⑩唐慧英

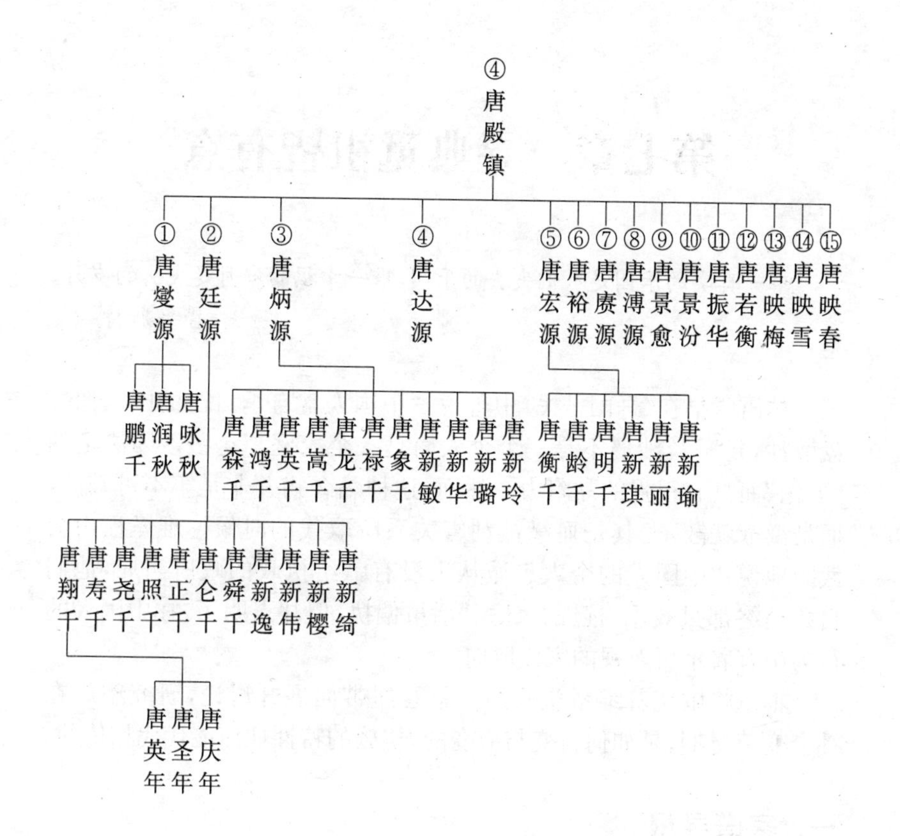
④唐殿镇
①唐燮源
②唐廷源
③唐炳源
④唐达源
⑤唐宏源
⑥唐裕源
⑦唐赓源
⑧唐溥源
⑨唐景愈
⑩唐景汾
⑪唐振华
⑫唐若衡
⑬唐映梅
⑭唐映雪
⑮唐映春
唐鹏千
唐润秋
唐咏秋
唐森千
唐鸿千
唐英千
唐嵩千
唐龙千
唐禄千
唐象千
唐新敏
唐新华
唐新璐
唐新玲
唐衡千
唐龄千
唐明千
唐新琪
唐新丽
唐新瑜
唐翔千
唐寿千
唐尧千
唐照千
唐正千
唐仑千
唐舜千
唐新逸
唐新伟
唐新樱
唐新绮
唐英年
唐圣年
唐庆年

第七章　寻典觅祖皆有意

唯一真实的乐园是人们失去的乐园，唯一幸福的岁月是失去的岁月。

——普鲁斯特

林语堂早在《吾国吾民》中曾说："中国人常自承自己的国家像一盘散沙，每一粒沙屑不是一个个人而是一个家庭。"这些沙因法定的"五伦"而具有很强的黏附力。然而，这种黏合物并非是牢不可破的，而是说散就散，尤其是血缘被利害关系所取代的时候。难怪福山会武断地说："中国人的个人忠诚从来没有献给执政的政府当局，他们自始至终都只效忠自己的家庭。"话虽偏执，但却点明了，在中国人的行为中有着不可忽视的家族取向。

本章将围绕着维系望族的一整套纽带而展开讨论，研究望族在社会变革时期，是如何自变与应变的，望族的特性如何能代代相传的。

一、家谱寻根

"我是谁？我从哪里来？"这些颇具哲学意味的命题，曾在许多人的心头萦绕。历史上人类对自身本体意义的回答是多种多样的，但不外乎有两大类，或是从宗教的角度或是从血缘的角度来进行解释，而后者正是中国宗法文化的逻辑起点。

中华民族历来有"报本返始"的传统，一个人只有知道了自己的来龙去脉，才算找到了生命的依托，共同的祖先又会增加人们对其族群的认同感和向心力，而中国的谱牒正是从这一极富吸引力的主题展开的。谱牒记载始祖渊源，列举家族支系，叙述世代迁徙，因此成为寻根问祖的重要依据。

1. 寻根问祖看家谱

1986年6月18日，邓小平同志会见来自世界各地的荣氏亲属回国观光团部分成员和内地的荣氏亲属时说："这次你们亲属团聚是一件喜事，是我们民族大团结的一个体现、一个演习。我们要争取整个中华民族的大团结。"正是这个民族大团结的要求，引发了包括国内专家和外国的汉学家、社会学家对中国地方志和家谱的搜集和研究。

家谱是以记载一个血缘家族的世系与事迹为主要内容的史类文献。最早可追溯到先秦，而完善于宋明，极盛于清代。在不同的时代，家谱有不同的内涵。中国早期的家谱，是记载古代帝王诸侯世系、事迹的"帝谱"，当时贯穿于家谱的是封建的宗法观念，隋唐时，推行科举制度，一改过去以家谱为据选才的规矩，开始唯才是举，然后再按官定级立谱，一旦族中有人当官，便有人攀附他，这时帝谱已延伸为官谱。到了宋朝，私修家谱开始在民间兴起，"私谱盛行，朝廷不复过问焉。"[①]这时，家谱的功能主要是敬宗收族，明嘉靖丁亥《延陵吴氏谱序》也说："谱学之兴，其有益于世也大矣，盖管摄天下人心，收宗族，厚风俗，使人不忘乎本末，莫不由之。"随着家谱教化功能的显现，各种各样的家谱都突出了三纲五常等封建宗法观念。到了清代，统治者对谱牒的教育功能更为重视，从历代皇帝到各级官员都大力提倡撰修家谱。康熙颁发的"圣谕十六条"中的第二条就是"宗族以昭雍睦"，提倡民间尊祖敬宗。其后雍正解释它的内容，在立家庙、设家塾、置义庄之外，还要"修族谱以联疏远"，明确号召兴修族谱[②]。在各级统治者的鼓励提倡下，清代的谱牒不仅数量大，而且已成为伦理说教的读本。用陆氏表达修谱的话来说："一是妥先祖在天之灵，二是以普阖族敬宗之谊，三是启后人报本之恩"，近代至解放前，几乎无锡所有的望族都家家有谱，家谱成为维系家族血缘关系的主要纽带：

---

① 钱大昕：《十驾斋养新录·郡望》。

② 《圣谕广训》。

无锡朱氏曾是地方望族，据老人回忆在抗日战争胜利后，1946 年曾修过一次家谱，但由于 20 世纪 50 年代土地改革对封建宗法关系的严重打击，60 年代"文化大革命"对传统文化的灭顶之灾，所以，朱氏家谱、宗谱全部当做"四旧"被毁，在无锡、苏州、常州图书馆及民间多方寻找都没有收获，后来在 2002 年底，终于在上海图书馆发现 300 多部朱姓家谱，当我看到《古吴朱氏叙伦堂宗谱》(第 14 修本)时，我脑海中一亮，因为小时侯听大人说过，朱氏在惠山有一祠堂，堂号就叫叙伦堂。这本宗谱果真就涵盖了整个无锡地区古吴朱氏全族。它的发现就成为本次续谱的重要基础。后来经查，这本珍贵的宗谱是荡口一位朱姓人士，为了避免宗谱被毁，以 64 元人民币卖给上海图书馆，这套完整的 80 多册宗谱，也许就是海内外孤本了。

于是，我花了 3 000 多元，在上图复印宗谱回无锡。当找到祖先、找到宗谱的消息传开后，整个板桥村都沸腾了，人们奔走相告，激动万分。朱姓是无锡的大姓，姓朱人口在无锡市区排名第五，在雪浪地区为第一大姓，在板桥村 80%的人姓朱。由于宗谱被毁，几十年来，朱氏宗人一向以为自己的祖先是从安徽到锡的，通过这次修谱，终于找到了我们祖先迁徙的完整轨迹：于东汉年间从沛国迁至吴郡，从苏州迁向广福，再到新安，630 年前的明洪武初年迁来无锡白石里长广溪滨。

据无锡档案馆馆长汤可可介绍，无锡家谱、族谱的存世量在全国名列前茅，仅次于宁波。这是因为无锡一向是经济发达之地，而且无锡人恋乡情结浓厚，不像有的地方，许多人都出去了，就与原有的社区隔断了联系。而且，自古以来，无锡地方文化基础好，这与宁波十分相似，因此，谱牒文化十分发达，存世量极多，绝大部分保存在民间私人手中。目前，官方收藏的数量不多，市图书馆大约收藏了 300 多部，市档案馆大约收藏了几十部，上海图书馆则收录有无锡地区 48 个姓的 800 余种家谱。

家谱以一种独特的方式记载着一族人的姓氏渊源、世系情况、环境变异、迁徙经历、重大事件、人文贤士、道德风范和风土人情等等。这样,家谱就以文字的形式把血缘集团内的人际关系物化为一张一览无遗的关系网,使血缘集团内的每个成员都能在这张网中找到自己的位置,满足各种基本的社会性需求,由此获得某种地位和安全感,这在无形中塑造和强化着"归宗认同"的文化心理。新中国成立后的一段时间里,家谱被打上了封建社会族权宗法思想和封建伦理观念的烙印,一度被忽视甚遭厄运,修谱之事几乎全部停止。

尽管如此,无锡民间冒险保存下来的家谱也为数不少,各镇几乎都有珍藏的家谱,在近年来的"寻根热"中正陆续现身,像钱氏家谱就有城内和南方泉、华庄、鸿声、洛社等处的多部支谱,还有像安镇的《安氏家谱(传)》、羊尖的《唐氏家谱》、荡口的《华氏本书》、后宅的《邹氏家谱》等等。古时曾有"半城风雨半城谈"的谈氏家谱,民间藏本相当齐全,从宋朝谈氏落户锡城开始至今的谈姓基本都有记录。张泾寨门村的《严氏宗谱》中,每卷首页都有南宋名将岳飞的手迹"严族至宝"四个字。

与家谱珍藏相对应的是,写族谱这种曾经一度被忽视、遗忘的民俗传统,在无锡地区迅速发展起来了。目前,原有的无锡望族中,已完成宗谱续修的有:《顾氏宗谱》、《王氏宗谱》、《江溪桥王氏族谱》、《华庄南张张氏族谱》、《梁溪荣巷荣氏族谱》、《锡山秦氏宗谱》、《无锡朱氏开化敦伦堂族谱》、《邹氏家族谱》、《陆氏尧歌支支谱》、《南方泉孙巷支孙氏族谱》、《荣氏谱系》和《荣氏家族》等;正在续修的有《王氏梁塘桥王巷支支谱》、《中华吴氏大统宗谱》、《塘夆陆氏族谱》、《西漳陆氏族谱》、《钱氏宗谱》等;准备续修的主要有:《万思桥王氏族谱》、《周三房巷周族谱》、《东大岸陆氏族谱》等。修谱与修志一样,战乱冷落,盛世兴旺。那么,家谱该不该修?该怎么修?这是一个既尴尬而又很棘手的问题。

2. 家谱的文化底蕴

台湾学者陈捷先认为,谱牒"有着睦族治乡与阐扬伦理的特殊效能，六经的微言，子史的奥义，尽在其中，是中国文化的精华所在。"①这一说法虽有过誉之词，但也不无道理。

无锡望族的家谱具有独特的文化底蕴，这种文化的形成，与无锡地区的自然环境和人文环境密不可分，对此，无锡望族已有清醒的认识，并在家谱序言中体现出来，如华琪芳为《锡山浦氏宗谱》所写的序言中写道：

> 尝历览锡中胜概，见夫东连渤海，北控长江，南引金阊，西回震泽，九龙络绎乎其左，五湖潆绕乎其右，固三吴一大都会也。地灵所聚，蔚为人文。于是科名勋业之华，德行文章之美，诗礼簪缨之族，冠裳阀阅之门，往往独盛于吾锡。有如水南浦氏，正其选也。

这番论述点明了环境与家族发展之间的均衡关系，正是无锡地区当时繁荣的经济、稳定的社会环境、和谐的人际关系和浓厚的文化氛围，成就了望族的人文优势。这种优势通过家谱的形式历代传承。

明高攀龙的《忠宪公家训》，用平实的话语教导族人"立身以孝悌为本，以忠义为主，以廉洁为先，以诚实为要"：

> 爱人者，人恒爱之；敬人者，人恒敬之。我恶人，人亦恶我；我慢人，人亦慢我。此感应自然之理，切不可结怨于人。结怨于人，譬如服毒，其毒日久必发，但有小大迟速不同耳。人家祖宗受人欺侮，其子孙传说不忘，乘时媾会，终须报之，彼我同然。出尔反尔，岂可不戒也。
>
> ……
>
> 古语云，世间第一好事莫如救难怜贫，人若不遭天祸，施舍能费几文？故济人不在大费己。财但以方便存心，残羹剩饭亦可救人之饥，敝衣败絮亦可救人之寒。酒宴省得一二品，馈赠省得一二器，少置衣服一二套，省去长物一二件，切切为贫人算计，

① 陈捷先：《中国的族谱》，台北行政院文化建设委员会1989年版。

存些赢余，以济人急难。去无用可成大用，积小惠可成大德，此为善中一大功课也。

……

人失学不读书者，但守太祖高皇帝圣喻六言，孝顺父母，尊敬长上，和睦乡里，教训子孙，各安生理，毋作非为。时时在心上转一过，口中念一过，胜于诵经，自然生长善根，消沉罪过。在乡里做个善人，子孙必有兴者。各寻一生理，专守而勿变，尤要痛戒嫖、赌、告状。此三者，不读书人尤易犯，破家丧身尤速也。

这则家训影响深远，无锡地区望族基本上都有此家训的影子：比如无锡陆氏总堂号为仰贤堂和三厅堂，其家规为"厅厅厅，劳我以生天理定，若还懒惰必饥寒；厅厅厅，衣食生身无理定，酒肉贪多折人寿。"以教育后代克勤克俭。《陆氏家训》中说："父母之恩，含辛茹苦，侍奉父母，以孝为本；教子有方，朝夕苦读，必成其才，为国献力；婚姻之事，不图富贵，共创家业，培养下代；兄弟之间，姑媳妯娌，邻里相处，都应和谐；助人为乐，与人为善，严于律己，诚信为本；人生淡泊，勤俭持家，节衣缩食，知足常乐；传统美德，不忘祖先，父子有亲，夫妇有别，长幼有序，朋友有信，弘扬祖德。"

重视读书更是望族的特色。如《荣氏家训十二则》中主要包括：圣谕当遵；孝悌当先；祠墓当展；族长当尊；宗族当睦；蒙养当豫；闺门当肃；礼节当知；职业当勤；节俭当崇；赋予当供；争讼当息等内容，而独缺读书一项。《荣氏宗谱》在修订过程中，又附了陆桄其训子弟格言数则，教育子弟以读书为本的家风训示后代，荣氏熙泰遵循祖训，刻苦自学，深通《易经》，尤其对"剥"、"复"的转化之机，有深刻体会。他认为："剥"是极"阴"，但仍存一线生机，所以在遇到困难时，不能灰心丧气，要沉着冷静，吃准情况，灵活应变，使"剥"向"复"推进；"复"虽然是顺境多，但更应谦虚谨慎，戒骄戒躁，以取得更大成就。他的这一经验，成为儿子宗敬和宗铨（德生）立身立业的哲学思想基础。而他临终的遗训："治家立身，有余顾族及乡，如有能力心即尽力社会,以一身之余,即顾一家,一家之余,顾一族一乡,推而一县一府,皆所应为",成为兄弟俩举办社会事业的所本,教育后代的所本。荣德生曾如此谆谆告诫他的子弟:

> 沪上富贵之家,绝少久传,实因不肯勤俭故耳。如聂云台先生家,已传七代,其太夫人为曾文正幼女,自幼得父母之教,至老不忘。更能身体力行,事事为子孙表率,子孙亦恪守家法,专心事业,居家守旧,而学识维新。可见教育勤俭,实为传家持久之根本,切勿视为老生常谈。

综观任何一个宗谱中,都有这些方面的内容:孝悌的伦理观;功业理想和淡泊襟怀的人生观;敦本勤俭的价值观;工商皆本的职业观;亲族睦邻的处世之道等等。无疑,家谱传承的不仅仅是血脉关系,更重要的是维系历史、发扬华夏的民族精神。正因为家谱在传承文明、宣扬名人、正史补史、促进整合等方面具有不可替代的作用,其现实意义正在显现,这也是家谱具有文物收藏价值和强劲生命力之所在。

3. 不能遗忘的家谱

家谱作为绵延不绝的人类历史的象征曾受到历代学者的重视,清代史学家章学诚有过"夫家有谱、州有志、国有史,其义一也"的说法,把家谱与国史、方志相提并论。20世纪20年代,随着社会科学新领域的开拓,梁启超在1923年出版的《中国近三百年学术史》中说:"欲考族制组织法,欲考各时代各地方婚姻平均年龄,平均寿数,欲考父母两系遗传,欲考男女产生两性比例,欲考出生率与死亡率比较……等等无数问题,恐除了族谱家谱外,更无他途可以得资料。"为此他提出了广收家谱并对家谱进行研究,"我国乡乡家家皆有家谱,实可谓史界瑰,如将来有国立大图书馆能尽集天下之谱,学者分科研究,实不朽之盛业"。

早在1941年8月,中共中央发布的《中央关于调查研究的决定》

中，就明确规定要“收集县志、府志、家谱加以研究”。然而，这一思想并未在建国之初得到很好的贯彻。在历次的政治运动中，藏于深阁的家谱被作为封建残余扫地出门，从上海图书馆成为全国收藏家谱原件最多的图书馆来看，其家谱有许多来自造纸厂回收的废纸堆。又如北京图书馆，解放初统计为 353 种，到 1985 年清点馆藏已有 2 228 种，大多为“土改”时期和“文革”时期所得。

正如艾森斯塔德所言，虽然现代社会削弱了旧传统的某些层面，然而在社会变迁的过程中，旧传统的某些层面有时会被再度提出和强调，以解决文化断层的危机和建立新的集体认同①。改革开放以来，家谱的重要性又彰显了出来，特别是对于漂泊在异国他乡的海外同胞，谱牒更是其保持血缘记忆、认同华夏子孙的重要凭据，正是谱牒，建立起他们与祖国故土的缕缕亲情，这也就构成了续修家谱的外部因素。

WWX：1989 年，台湾开放探亲，台中吴乾华、吴天两位宗长寻祖到无锡，找到当时负责修谱的我，要求纂修一部包括台湾在内的海内外吴氏宗亲的大统宗谱，在海内外宗亲鼎力支持下，我组织了当地退休教师等 20 多人征集编谱，经过 12 年的努力，延绵 3 287 年的《中华吴氏大统宗谱》的谱系终于完成，并由上海远东出版社出版，顾毓琇闻讯后欣然题写了书名。

吴氏宗谱系统地记述吴氏宗亲历史与现状，在时间上跨古今数千载，从地区上波及海内外宗亲 4 000 余万。它的问世，目前已成了一座可沟通海内外吴氏宗亲的“桥梁”，近几年来，已有 5 000 多个海外吴氏子孙到无锡梅村寻根祭祖。

海外宗亲对泰伯先祖十分崇敬，十余年来常到祖地祭祖、旅游、经商，宗谊相当融洽。每两年世界至德宗亲总会召开恳亲大会，加上各种纪念大会等，因此往来频繁。去年 9 月，我偕吴招廉宗长参加香港吴氏宗亲总会 55 周年纪念活动，受到他们的热情

---

① Eisenstadt. Tradition, Change and Modernity. New York, 1973, pp. 209 - 210.

款待。我们带去《文物》卷、《人物》卷的样本，获得吴天赐宗长的热情赞赏，允承资助《文物》卷的印刷费50万元。《人物》卷又获得新加坡延陵总会吴清林宗长30万元的热情承诺。

台湾吴瑞生宗长来祖地寻根已数次，但未找到祖源。这次他来访的时间虽然很短，但找到了祖源，全家人因此激动得热泪盈眶，大呼“先祖找到了！”他当场捐出1万元。他的留美儿子这次回国太感动了，想把全美吴姓组织起来一起上谱。苏格兰的吴锦良宗长，了解到无锡在纂修大统宗谱后极为高兴，自己订谱五部，其中一部赠送大英博物馆，并打算在英国组织全英吴氏宗亲会。这次我们去香港，他特地赶到香港会面，并表示要组织法国、德国、荷兰以及南美等国家的宗亲，一起来参加统谱的修编。

香港的吴氏宗亲，过去一直找不到，这次联系上了，在香港新界元朗的吴屋村，全村都姓吴，而且好多宗亲都在德国、荷兰等地经商。他们把本支的世系资料都寄来了。汕头吴生洲、番禺吴沛新、湛江吴希民宗长和吴川等族宗都表示支持《统谱》的编纂。目前，浙江、安徽、海南、上海、江苏等地也有很多的宗长对《统谱》大力支持，我相信《统谱》一定能继续修好。

如果说大批海外华裔回乡寻根，“叶落归根”的要求是修谱热的外在条件的话，那么，社会转型期，带来的社会振荡所引发的紧张感，以及信任缺失所带来的不安全感，则是续修家谱的内部需求。一旦一个人的社会性心理需求只能在血缘集团内得到满足的话，他们的个体意识便往往依赖于家族意识，便会自觉地把“光宗耀祖、扬名显亲”作为自己孜孜以求的目标，把自己的成功归于家族、父母，其突出表现就是“饮水思源”、“不数典忘祖”。古吴朱氏的修谱就是有这样一种“富而思源、富而思祖”的心理，ZJH在谈及投入大量的人力、精力和财力来续修家谱的缘由时，归结为三条：

其一，富而思源、富而思祖。人民富裕了，国家强盛了，一种怀祖寻根情结驱使我们追根溯源，寻觅血脉渊源。只有了解祖宗，才能明白自身；只有懂得历史，才会更加爱乡爱国。其二，承前启后，沉积文化。古吴朱氏一脉在北宋绍圣二年由朱长文修第一谱起，已经续修了14次。朱氏家谱记载着这脉朱姓于东汉末年从沛国迁徙吴郡的历史，实录了从苏州城中迁往广福，又于明洪武初迁隐无锡开化乡白石里、长广溪滨的完整轨迹，老谱为我们留下了十分丰厚的文化遗产。我们有责任把1915年以来古吴朱氏一族发生在雪浪一带的重要的人和事记录下来，使先辈们勤劳诚实、埋头苦干的创业史，勤政爱民、清廉正气的为官史，重视文化、崇尚德孝的民俗史得以再现，并镌刻在历史的碑柱上。如果我们这一代不作抢救性发掘整理，它们都将被湮灭。其三，汇集人才，服务家乡。古吴朱氏是吴地的一支名门望族。670年前迁来无锡后，又出进士10人，举人23人，官宦35人，曾为无锡的名门望族之一。现仅开化敦伦堂雪浪一族，有省部级、厅市司局级干部12人，团处级干部52人，研究员、副研究员和教授、副教授21人，获高级职称的科技文卫人士和博士硕士115人，在海外国外工作和学习的57人，还有授予全国、省、地市以上劳模先进15人。这些人是全族的精英和骄傲，值得我们收集并宣传、颂扬，尤其激励年青一代去效仿学习。我们要把他们的力量凝聚起来，直接、间接地为家乡奉献赤子之情。

近年来，无锡地区的修谱是“东边日出西边雨”，一方面，不同形式的宗谱在被自发而虔诚地编修、印行，不事张扬也不避耳目，另一方面是政府有关方面对此似熟视无睹，姿态暧昧，仍抱不提倡不支持不禁止、以不变应万变的态度。虽然1984年国家档案局、教育部、文化部联合发出“关于编好《中国家谱目录》的通知”中也指出：“家谱是国家宝贵文化遗产中亟待发掘的一部分，蕴藏着大量有关人口学、社会学、民俗学、经济史、人物传记、宗族制度以及地方史料，它不仅对开展学术研究有重要价值，而且对当前某些工作也起着重大作用。”

然而,这只是对于旧谱作用的肯定,而未及新谱,于是在新谱该不该修的问题上,政府态度暧昧,专家学者也惊人地一致回避该问题。

鉴于家谱的微妙处境,修谱者的表现大多乖巧,这主要体现为:一是表白遵循党和国家的方针政策,在计划生育、男女平等、婚姻自主等方面都有突出显示。如续修的陆氏家谱中突出了"团结"、"勤劳"、"重视教育"、"崇尚科技"、"开拓创新"等现代理念;续修的《陆氏世谱》,提倡男女平等,规定妇女可以入谱,领养子女可以入谱,上门女婿(赘婿)可以入谱,以适应新时代、新潮流,符合国法。LFG 介绍说:

> 旧谱一般都是重男轻女的,严格规定女的不能上谱、进祠堂。特别是规定领养、寄养、女婿等非血缘关系的不得上谱,连同其子女后代也不能上谱。这次续修尧歌支《陆氏世谱》时,我们看到在当代独生子女年代里,用旧谱的规定是完全不可能的,是国家法制以及新道德、新观念所不允许的。如果用旧的族规,用修旧谱的方法,则陆氏族人就有一大批只生一个女儿的不能上谱。有一些家庭,虽不是独生子女,已有一个男孩和一个女孩,他们提出两个都要上谱。他们认为,在新时代,是男孩留在家里,还是女孩留在家里,两种都有可能的。当我们了解到族人的种种情况,经过参与族谱人员以及同族老商议,就大胆提出修续谱要贯彻男女平等,女的可以上谱,领养和寄养的子女,以及上门女婿都可以上谱。这个决定,得到了族人的欢迎与大力支持。这是关系《陆氏世谱》永续,后代兴旺的大事,是明智的,符合国法的。

二是适应时代的变化和需要,在体例和内容上程度不等地有所汰旧创新。如《古吴朱氏·无锡开化敦伦堂族谱》摒弃重男轻女习俗,男女同谱;所有可查人物入谱,正反人物都有记述;新设《现代人物传集》和《寿星集》,整理了 30 篇轶事掌故,搜集摘录了 24 篇有关牒谱文化和朱氏历史的知识资料,拍摄收集了 248 幅遗址故居和文物、交通、地域、人物和艺术作品图片,尤其是整理出 300 位优秀人士的

《现代人物集》，以弘扬尊重人才、尊重老人的时代新风尚；注意规避有关对太平天国农民起义的抨击和删去《忠义集》、《贞节集》。这表明，家谱随同整个社会一起，正经历着从传统到现在的深刻转型。

随着望族的宗谱越修越欢，数量越来越多，装帧越来越精，图书馆和档案馆等机构就开始积极介入，特别是媒体更是发挥着推波助澜的作用：

纂修历史悠久的吴氏大统宗谱，在全国鲜见，开始时举步维艰，2001年下半年，《江南晚报》刊登了“我们都姓吴”的长篇报道后，菲律宾《世界日报》也转载，引起巨大反响。紧接着新华社、中央电视台也先后来访，声名大振。经市民政局批准，“无锡市泰伯至德文化研究中心”正式成立，挂靠史志办，并搬到市图书馆办公，并和市图书馆合作办了《中华吴氏大统宗谱》展览，博得社会好评。

2004年1月18日，百余名朱氏同宗和无锡市有关专家、学者、记者聚集一堂，举行了《古吴朱氏·无锡开化敦伦堂族谱》首发式，以后，无锡电视台、《江南晚报》等先后作了相关报道说：“朱氏家谱的完成，具有社会意义和文化渊源，更给惠山祠堂群修复工作提供了宝贵材料”，“朱氏族谱是无锡境内质量最上乘的族谱之一”。惠山古镇建设保护办专家认为，朱氏家谱的完成具有社会意义和文化意义，更给惠山祠堂群修复工作提供了宝贵资料。尽管如此，修谱确非易事，主要是经济因素和社会因素。

ZJH：我们在修谱时是困难重重：第一道坎是老谱的寻找，最后是功夫不负有心人，在上海图书馆“大海捞针”，找到了87年以前的版本，找到老谱后，立即成立了12人组成的家谱编委会和有28人参加的工作班子。第二道坎是经费的筹集。我们编印了《修谱宣传提纲》、《接谱表格》、《征集现代人物传信函》、《新谱结构纲要》等，宣传修谱工作，基本做到家喻户晓。好在朱氏族人比较齐心，从雪浪到滨湖区工作的ZJC带头捐款，许多朱姓厂家也纷纷响应，村委也十分支持。参与修编的人员增加到40多名，由于各方面的支持，修谱工作比较顺利。第三道坎是人员的联络。朱氏人员居住分散，几乎家家有人在外地，各支有人在海外国外，有的已数年、十数年甚至数十年未回老家，或失去联系，最后确实无法联系的235人，占第十五修本谱尾人数的3.4%。第四道坎是年轻人的漠视。由于当今社会对传统文化和崇尚德孝的理念缺乏应有的倡导，特别是年青一代认识上的差距带来配合上的被动，也有极个别的或许有难言之隐，或许有其他莫名理由，表示不愿参加续谱。

总之，我们是不问寒暑，捧着一颗"寻觅血脉繁衍轨迹、积累中华传统文化"之心，在进行续修家谱的实践的。

事实上，修谱也是一个家族经济实力的考验，在此以吴氏修谱的经费为例：2000～2003年中华大统总谱编委会财务收支汇总如表14所示。

表14　2000～2003年中华大统总谱编委会财务收支汇总

（单位：元）

年份	2000	2001	2002	2003	合计
收入	285,450.00	182,755.71	732,598.38	336,421.03	1,537,225.12
支出	229,245.39	151,428.91	491,574.06	349,906.04	1,222,154.40
结余	56,204.61	31,326.80	241,024.32	－13,485.01	315,070.72

其中，修谱的主要经费来源是捐赠款。如台湾的吴季贤、印尼的吴海滨均资助巨款，加上福建率先捐款，《统谱》的编修才得以顺利发展。此外，还有订谱款。2002年4月《序言》卷首问世后，得到很大的反响，掀起了订谱和捐款热潮，总收入达73万之多。其实，大多数修谱的无锡望族大抵如此。

也正是由于经费的主要来源是赞助，这样就使得续谱内容的取舍与规格，在很大程度上受到钱财的制约与影响，各谱几无例外地按赞助款的多少聘任名誉的理事长、副理事长、理事等，意即以出资的多少决定了发言权的大小。这样，作为一种历史文献类型，家谱应有的客观性、科学性及学术和史料价值便被打了折扣，这或许是新谱迫切需要解决的一个难题。

二、义庄睦族

《白虎通》卷8说："族者何也？族者凑也，聚也。谓恩爱相依凑也，上凑高祖下至玄孙，一家有吉，百家聚之，合而为亲。生相亲爱，死相哀痛，有会聚之道，故谓之族。"所谓会聚之道，实际上就是通过对同姓同宗者之间财产的重新分配，来维护宗族的稳定。

由于土地的家庭占有和诸子分割继承，使土地越分越小，经营也越来越分散，族内的贫富差距逐步扩大，钱穆在《八十忆双亲　师友杂忆》中曾记有其年幼时家族各房支的兴衰："七房中人丁衰旺不一，初则每房各得良田一万亩以上。继则丁旺者愈分愈少，丁衰者得长保其富，并日增日多。故数传后，七房贫富日以悬殊。大房丁最旺，余之六世祖以下，至余之伯父辈乃得五世同堂。……故五世同堂各家分得住屋甚少，田亩亦贫。自余幼时，一家有田百二百亩者称富有，余只数十亩。而余先伯父及先父，皆已不名一尺之地，沦为赤贫。老七房中有三房，其中两房，至余年幼皆单传，一房仅两兄弟各拥田数千亩至万亩。其他三房，则亦贫如五世同堂。"于是，望族往往有一套救济族人的规则，帮助同族小家庭度过生产和生活难关。

以安氏家族为例，该族有《赡族录》1卷，保存了明万历二十三年安希范起草的《赡族条款》。尽管年代久远，但其内容仍可供借鉴：

赡族条件

一　新拨来养廉田三百七十三亩三分，每年丰凶不常，待收过方定实数，以登给散之籍。

一　每年该兑军米。

一　族人年力已衰，家无恒产，不能经营生理者：极贫，月给米六斗，冬夏布银五钱；次贫，月给米三斗，冬夏布银三钱；其能自给者，夏送酱麦五斗，夏布银二钱，冬送糕米一石，布银三钱。

一　族有孀居无子、或子幼，贫不能养者：极贫，月给米六斗，冬夏布银五钱；次贫，月给米三斗，冬夏布银三钱；其子成立，住月给米，仍给冬夏布银。

一　族人年幼父母俱亡、无兄长抚育者，许近属收养，月给米三斗，岁给布银三钱；男十六岁以后住给。女嫁住给。

一　族有孤贫不能自婚者：极贫，助银五两，次三两，又次二两；女不能嫁者，如之再娶者，照等减半；再嫁者不给。如得银不婚不嫁，别项费去，即将平日原定月给尽行停止，以为无行之戒。

一　族人有丧，贫不能殓葬者：极贫而年高有行者，助银八两，次五两，又次三两；上殇给棺银一两，中殇五钱，下殇不给。

一　族人有卧病危迫，贫不能自医药者：近属为之延医珍视，助医药之费，或遇火遇盗，不测之祸，量行周恤，大率银不过一两，米不得过二石。

一　族中子弟有读书向进而家贫者，县试给纸笔银三钱；正案府试给纸笔路费银五钱；院试给纸笔路费银壹两；进学助巾衫银壹两五钱；乡试助路费银二两。领银不赴试者听作，下次不准再给。

一　祖宗坟墓，子孙所当守。其若富者，坐享先人之遗业，任坟墓之倾圮而不思修葺；贫者，既荡先人之遗业，至伐及墓木以自利，岂孝子慈孙不忘祖考之道乎？今近宅坟园迁祖叔应公以至高祖处静公葬焉；胶山南麓曾祖友菊公葬焉；胶山北麓旧坟祖户部公葬焉；新坟伯考金宪公葬焉。伯考坟两孙俱能守其业，保护修葺，责有所归，祖以上各房之业，守者废者，贫富不等，互相推诿，任其颓圮，守冢人因而盗取甓□，半入怙肆；松柏推为爨薪，岂祖考之可忘？何子孙之坐视？希范生也晚，每闻昔时卖树盗树之莫可禁，目击今日倾圮凋残之不可支，不胜悲感！今将养廉所入，每年除给赋外，存四分之一，以为修葺祖墓之费，不足则取足于两侄所存养廉田内，协力修举，其余贫族不得侵损墓木，树木凋残逐年补种，以枯树眼同。砍伐充买补栽之费，不得私用。

《赡族条款》涉及面广泛，包括了老、弱、孤、寡、贫、病、婚、丧、葬、学十个方面，但条款内容较为粗疏，缺乏严格的实行细则，所需粮食、款项，绝大部分也出自于安希范私人的养廉田。因此，与“义庄规则”略有不同，还只是私人的慈善行为。

义庄就是家族创办的慈善机构。历史上最早的义庄，是宋代范仲淹在苏州创立的范氏义庄，自此之后，江南地区的义庄设立连绵不绝，成为义庄最为发达的地区之一。无锡地区的义庄则始于荡口。据史料记载，仅华氏义庄就有五所，另外，荡口大族徐氏、殷氏、过氏、秦氏、薛氏也相继建了义庄，荡口义庄数量之众、庄田亩数之多、善举之广，在江南一带首屈一指。

明中叶，曾师从邵宝、王阳明的刑部郎中华云，因反对严嵩专权辞官回家，效法范文正公，捐田一千多亩，建立了无锡的第一个义庄。与安氏赡族所不同的是，华氏义庄属于一种宗族救济，义庄的财产属于宗族的公产，规模大，至清末，义田总数已超过了7 000亩。

HBS：无锡第一个义庄是明代华云所倡建的，直到清代乾隆十年，华氏第二十二世孙华进思累进致富后，为赡族扶贫，独置义田1 340亩，在荡口又建立清朝无锡的第一个义庄，并集族内祭田，又加诸子孙承先志，陆续捐田经营，又集历年义庄余资的扩充，至清末，义田总数已超过了7 000亩，成为无锡义庄规模中之最。荡口人称老义庄。道光二十四年，荡口华氏永喜支，集得义田1 174亩多，建永义庄。光绪年间，三省支后裔，华绎之曾祖以其雄厚的家产又建立新义庄，有庄田1 600亩、各墓祭祀田300亩、义学田500亩、固本田400亩、耕义田500亩、堆栈一所[①]，此外还有华锦远创办得襄义庄、华应斋创办的春义庄等等。

① 义田用于赡族、给发月米、婚丧嫁娶等义庄之务；为近房亲支设有缓急而庄规所未及者，量为佽助的，名曰固本田；为设文社月课、义塾教读之资的，名曰怀芬义学田；备以各项善举，推及异姓补义庄义学之缺的，名曰耕义田。

华氏老义庄是江南地区规模最大的义庄，被称为“江南第一义庄”。老义庄现存房屋四进，占地面积约2 500平方米。因为房子多而且大，解放后被粮管所征用，原梁柱及斗拱上有彩绘和雕刻，老式的格子门窗也很精致，但对于粮库来说，这些装饰是多余的，给了老鼠可乘之机，于是，木窗尽数毁去用砖砌埋掉，梁柱及墙壁上的彩绘和雕刻也被仔细地用石灰水刷了几遍，不过也因此，使得老义庄能“存活”至今。历史上的老义庄是一个热闹的场所，族中鳏寡孤独发放救济金，婚丧嫁娶发放补助金，每年春秋两季祭扫公坟及祭祠堂等，都是义庄的事。

华氏办义庄缘于“族繁丁众，四穷之待哺甚多”，其宗旨主要是“赡族恤贫”。荡口新义庄规条十二则中就有十则是“赡族恤贫”，现摘引如下[①]：

……

三曰定月给所有四穷及废疾，本支每名每月向给白米一斗，滋给一斗五升。其额定二百名为率。通族每名每月老义庄已给一斗，本庄加给五升。

四曰厚亲房乾若公以下为五服内之近属，礼宜稍厚。凡例给一斗五升者，五服内给二斗；身故缴票例给殡葬费三两者，五服内给殓费三两，再给葬费三两。

五曰安骸骨凡领月米者，身故缴票即给银三两，以贴殡葬之费。

六曰训蒙童庄内设立义塾，延请品行端方之师。读完四书者，贴钱七百文；作文者一千文。

七曰立文社庄内每月设立会课一期，凡合族与考童生晨集本庄，拈题会课一文一诗。列入优等者，酌给花红有差，以示鼓励。

八曰资寒暖县试酌给钱百文，府试酌给钱五两，会试酌给钱三十两，朝考照会试例。如有学问充足，而真正赤贫，无可挪移

① 摘自《通四三省公支荡口新义庄事略》。

者，或再暂行议借，听其陆续还本。

九曰重嗣续或有单传无力婚娶者，查实支派真确，酌给婚费三两，无嗣续娶者，无论原娶时已给未给，仍照例给之，以重嗣续。

十曰恤农工义田虽俱肥饶，而犹赖农夫力穑，方可常稔。故每岁五月插秧时，给赏各佃每亩白米一斗，稍资饭食。

十一曰悯寒冬冬月棉衣每年约以百领为率，实在赤贫者，不拘一姓，眼见给之。

十二曰广善举庄中必备二年之蓄，以防水旱欠收。此外得有赢余，一切善事必须有益于族中及有济于乡里者，酌力行之。

义庄对族人的救济主要体现为两个方面，即生活救济和教育救助。其中生活救济的对象主要是族中老弱贫苦无依者。而由于族中子弟成材与否，关系到整个宗族的将来，教育救助由此受到宗族格外的重视，教育救助往往面对族中所有子弟，并不一定限于贫者。当然义庄也有社会救济，费用的来源主要是有钱人家捐田，收租的费用用于维持义庄的日常开支。

HBS：义庄确实办过不少社会慈善事业。如义庄专门划定学田，并把分散的学田集中于一庄，专供办学之用。如办在三公祠文昌阁的学海书院，旺倪桥华氏祠堂内的怀芬书屋等义学，由义庄学田提供资金，聘请专职宿学名儒，定期讲解书题，使课业完篇，再加披阅圈注，每逢朔望，进行会考，为应试科举作准备。后来的端初义学，就是清末废科举兴新学、向新文化过渡时期的学校。

受洋务运动影响，华鸿模创办私立果育两等学堂，将华芬义庄在无锡酱油浜的兴成栈之部分收入及义学田之地租收入，充作办学经费。学生免费入学，学习诸子百家，每年会试一次，测定进展情况，以发现人才，确定培养方向。民国初年，华绎之把果育学堂改为鸿模高等小学，他云集锡东好学子弟，学生免费入学就读，远道学生免费住宿，并设立奖学金制度，每学期考试成绩第一、二名者，可领取下学期学杂费用，对清寒勤学的子弟还发有生活费用。随着新学的推进，提供学杂费的办法也随之改进，初等小学每人5元，高等小学8元，初级中学30元，高级中学50元，大学120元。学生可凭录取通知书去华芬义庄或华氏兴成栈领取，凭成绩报告单领取下学期学杂费用，留级者停发。此外，还提供华氏子弟出国留学的全部费用，外姓优秀学员的出国费用，经义庄同意，也如数发给。华氏学校所请教师，大都是颇有名望的学者。在许多敬业的老师精心教育下，学生中也是人才辈出，如气象学家吕炯，国学大师钱穆，著名科学家钱伟长、钱临照、农学家冯焕文、诸宝楚，音乐家王莘，实业家华洪涛等，都是从鸿模走出去的。

老义庄和新义庄都规定资金的50%～70%属族内救济款项，其中30%～50%为族内救济款，如遇到荒年，代佃户付一些种子费用；遇春季青黄不接时借给春耕费用；遇蝗虫灾害发给救济款；向贫病者施舍药品；年关时发过冬寒衣和年夜饭米以及平时的修桥补路、施舍棺材、帮助殡葬等慈善救济。

义庄从本质上来说，是一种封建宗法制度下非强制性的、富有道德内聚力和持久性的强化社会控制的手段，也是乡绅为维护自身既得利益和提高自身和家族社会地位所采取的一种切实有效的手段。由于家族是组织民间生活特别是底层生活的重要因素，因此，从客观效果而言，宗族救济在一定程度上缓解了宗族内部的阶级分化，增强了自给自足的自然经济的稳定性和内聚力。

三、祠堂联宗

"祠堂"一词的正式出现是在汉代，当时的一些王公贵族和士大夫阶层，大都在祖先坟墓旁边建立庙祠，而一般的庶人仍然只能在自己家中的厅堂上举行祭祖活动。尽管如此，当时的祠堂主要是墓祠，并没有成为一种真正意义上的家庙形式，也很少与家族的宅院、居室联系在一起。宋仁宗时允许文武官员依照“旧式”建立家庙，成为政治地位的象征，经南宋程朱理学家们的大力倡导，祠堂成了维系封建家族关系的一种重要工具。到了明代中叶，随着商品经济的发展，祠堂更被作为加强宗族凝聚力的有效措施而在民间推广①。

一卷宗族发展关系的历史、一株血脉相连的系统大树、一条维系着各宗族姓氏之间的血脉，在过去与未来之间架起了一座桥梁。正如孙家正先生指出的：“是我们和遥远的祖先沟通的唯一渠道，是人类灿烂历史中留下的稀世之物证。”

1. 惠山祠堂集群望

无锡的惠山地区不足1平方公里的范围内，却密集分布着大量的古祠堂，祠堂总用地约占古镇总面积的56.8%，共有记载的祠堂总数在120处以上，其中以明清两代为最多。

惠山祠堂是密集的城市型祠堂建筑群落，它与各地耕读文化所形成的祠堂有明显不同，后者的建筑常常是零星分散，宅祠一体，具有单体建筑平面大、规格高、装饰多的特征，祠堂总是单个分布在该宗族聚居的村落之中，鹤立鸡群。而惠山的祠堂分布密集成群，宅祠分离，这是无锡在明清以后，较早地进入资本主义初级阶段，城市经济和近代工商文明迅速发展后所产生的一种特殊的文化现象，是中国几千年的农耕经济或耕读文化，在向近代工商经济或工业文明发展过渡的特殊条件下，所形成的城市型的祠堂群落。

惠山最早的祠堂，为南齐高帝萧道成，于建元三年以华宝故居所立的华孝子祠，距今已有1 500多年的历史了。从唐宋起，一些名门望族便先后在惠山兴建祠堂，这是中国古代天人合一、回归自然的哲学理念的体现。“江南第一山”的惠山早在南北朝时就建了惠山寺，唐代“茶圣”陆羽来此评泉，“天下第二泉”即驰名天下；再加上吴地以

① 详见朱瑞熙：《宋代社会研究》，郑州，中州书画社，1983年版。

土葬为主，惠山山麓“枕山面水”，自然成为达官贵人乃至平头百姓的“墓葬区”。每年清明前后，人们在此祭祀列祖列宗，扫墓踏青、饮泉品茗，传达着一种无锡地区特有的人文气息。

明代嘉靖年间“许民间皆得联宗立庙”，于是，除了吴、顾、钱、朱、李、陆、强、高、华、胡、赵、薛等高官达贵，历代在惠山最佳地带建祠堂外，无锡的王、张、陈、周、杨、刘、荣、唐、徐等大姓望族也纷纷在惠山择地建祠。到了明末清初，无锡依托古运河，成为南北商贸中心、交通要冲，人员往来更加频繁，特别是近代工商业的兴盛，为祠堂文化增添了城市商业文明的色彩。而康熙、乾隆南巡六上惠山，加上历代官府敕封或恩准一批官吏名士在此立祠，更是起到了推波助澜的作用，当时大量的普通百姓，包括外籍的显贵、商贾、流寓也步豪门达贵、太湖望族之后尘，希望在惠山古镇这一弹丸之地，争得一席之地，营建各个家族的家祠宗庙，不管地块大小，只要能挤进惠山古镇附近建起祠堂，这本身就是家族的荣耀。据统计，惠山祠堂从宋元时期的20多座，陡增到清末的80多所，刘继曾的《惠山竹枝词》中记有：“系缆河塘尽换衣，龙头争看吐珠矶。崇祠两岸辉金碧，一座牌坊隔翠微。”

民国是中国社会从古代形态发展为近代形态的重要转变时期，兴建祠堂之风虽然已从意识形态开始衰落，秦铭光《锡山风土竹枝词》有句云：“霜露名山俎豆香，春秋两戊肃冠堂。已无五斗休腰折，省却匆匆拜跪忙。”诗后附注：“惠山祠祭例于春秋两祭之翌日，县官派佐贰往祭，匆匆舆盖遍叩各祠。光复后佐贰裁撤，官祭亦废。”但这种衰落并不意味着祠堂数量发展上的停止，直街的荣祠、宝善桥堍的徐祠、下河塘的杨藕芳祠等20余所祠堂，都是民国期间所兴建起来的，从建筑风格上看，也反映了世道的变迁，比如以杨藕芳祠为代表的西洋建筑，除中部依然保留了中式围廊格局外，西式的拱形门厅、粗大的砖石柱脚以及简洁规整的砖饰等，使它成为惠山祠堂群中极为标新立异的一座，也与其父亲的“留耕草堂”形成了截然不同的风格。留耕草堂是典型的江南园林祠堂，全园布局紧凑，小巧玲珑，环境幽雅，与其知县的身份、传统的文人生活相适应，而杨藕芳祠的西洋风格则与其所倡导的洋务有着密切联系，雄厚的资本实力、洋务运动引入的西洋文化，以及民族工业所倡导的开拓精神，突出地表现在了这座西洋式的祠堂建筑上，也可以看出时代在世情上的变迁。

此外，一些较大的祠堂在系统功能上有所改变，如李鸿章之弟、淮军将领李鹤章祠堂改为惠山公园，而有的则变成了民国学校、盐业公所、义庄、山庄、惠山泥人店和住宅等。

解放以后，宗祠作为一种反动的封建礼教遭荡涤、冲击，被全盘否定。毁祠烧谱习以为常，祠产也收归公有。据惠山当地老人介绍，一些古祠堂只剩下一个“壳子”。当年惠山古镇只能通行黄包车，后来拓宽道路，沿街数十处祠堂的“门头”（门楼）被一刀砍去；锡惠公园内的30多处祠堂，均归公园管理，其中惠山寺南的祠堂建筑群在寓公谷改造中被拆毁，但邵宝祠、华孝子祠、张中丞庙、泰伯殿等祠堂仍保存完好。公园外祠堂于1966年7月由政府委托惠山房管所正式接管，包括上、下河塘、惠山浜、横街、直街、锡山脚、听松坊七个片区范围内的祠堂共90多处，总占地面积145.713 5亩，祠堂建筑面积37 655.3平方米，其中部队占用10 545.46平方米，合计祠堂房间共1 461间，其中包括二层楼房399间、平房911间、披房151间，保存祠堂平面图95份，租赁合约313份。如今，大量祠堂建筑仍归房管部门管辖，或作民房、或成商铺，还有的当作“危旧房”拆除改造……不幸中的大幸是，目前惠山地区仍保存和残留了约三分之二的祠堂建筑达118处之多，建筑面积47 000余平方米，大小房屋1 500余间。

一般来说祠堂多与族姓有关，惠山祠堂中的姓氏占到百家姓中的70余家，据相关记载，惠山祠堂涉及的历史名人达80多人，其中宰相、尚书、御史25人，儒家学者17人，忠节之士30多人。本地的名门望族，像钱、薛、秦、顾、唐、华等都与惠山的古祠堂有着某种干系。1947年，剧作家周贻白在《无锡景物竹枝词》中所写的：“绣嶂街前鬼气多，神祠家庙遍山坡。竞将世系夸门阀，各有名人托茑萝。”诗后附注：“五里香塍，一名绣嶂街，路旁皆家庙，榜题多作名人祠宇。”

QZR：惠山钱王祠是钱王迁锡裔孙所建的武肃王分祠。清雍正七年(1729)，清世宗宪皇帝，追念钱镠使“江海安澜，东南繁富”之功，赐爵敕封钱镠诚应武肃王，无锡钱氏裔孙钱十峰、钱延益两公发出倡议，获约园、汉章、未堂诸公的赞同。

于是，乾隆二年(1737)，裔孙举人兆凤、钱基，贡生钱英、钱绪，监生钱澍、钱生绳，生员钱兆熊、钱广仁等代表通族呈词请建。乾隆三年由县转经江苏布政司、提督学院、江苏巡抚部、两江总督部堂等准行建祠，“每年春秋两次祭日，除祭品等项由钱氏子孙敬谨备具外，其奠献牲帛行，令地方有司主祭行礼。各子孙随同序立展拜，以伸孝享，以对国恩”。乾隆四年(1739)动工，一年以后落成，奉置神龛，供奉钱氏三世五王及无锡各支先贤神牌二百多，为无锡钱氏共同的宗祠。其中光远楼为未堂公、敬直公捐建；五王殿为狮岩公、未堂公、卫封公各偕弟捐建；锦树楼为海州支沭阳鸣和公助建；剩下的通族集资公建。乾隆二十七年，高宗纯皇帝，临幸武肃王祠，御书“龙飞凤舞”四个大字，并赐御制表诗一首：“故里依桑梓，崇祠旧表忠；端因识时务，可以号英雄。牛斗犹无悖，江湖终向东；勖哉钱氏族，百世守家风。”这评价对钱氏是很贴切的。从道光七年丁亥，堠山支梅溪公钱泳集合族人集资购得祠旁空地四间，改建头门三楹；同治四年由敏璇公、燿经公为董拓地再建；到光绪二十四年，钱福炯等又购得祠旁唐姓屋并基，添建朝东饮福楼三楹、见山楼三楹、庆系堂三楹，于见山楼下凿一小池，以示“取坎填离”之意。祠内收有钱氏先祖的武器装备，供春秋展敬；还有“钱氏家训”、“金塔”、“铁券图”、“庆系谱序”、“祠堂记”等石刻文物，以及乾隆御书碑、匾额等等。祠之规模及祠貌，已为当时惠山百许宗祠之最。民国以后，政坛多变，战事不断，世事沧桑，终至祠宇废圮。1999年，无锡市人民政府拨款，由园林部门落架翻修“五王殿”，殿前又改建平房两间，自成院落。钱氏后裔钱树根上将特为该祠题额，著名科学家钱伟长题了词，中科院资深院士钱令希先生恭书“钱氏家训"全文。钱王祠的整修和开放，便于钱氏后裔寻根访祖、弘扬家学，也使钱王祠以丰富的文化内涵向人们展示业绩。

宗祠、先贤祠、忠烈祠……无锡城曾有的人文辉煌，都跟惠山祠堂群搭着点"经脉"。祠堂，作为旧时祭祀祖先或先贤，兼具宗教、文化娱乐、教育及族内行政功能的场所，在中国传统文化中占有一席之地，曾长期对人们的社会生活，特别是伦理观念的形成，产生过重要的影响，再加上以祠堂名义所修的家谱，对于人文研究具有科学价值。现在，无锡市政府已决定修复惠山明清古祠堂群，并以此为题申报世界历史文化遗产。

2. 松本祠堂重树德

祠堂一般都有堂号，反映了一个家族的价值观和理想。比如，张泾顾氏的小祠堂，取名为"松本祠堂"，旨在以道德为本，以先人的襟怀和业绩为榜样，激励长房的子孙后代努力进取，为社会多作贡献。

GMJ：常言所说"自古纨绔少伟男"，富贵而不骄奢淫逸并非易事，对"黑墙门"里这样富贵的人家来说，其子弟的成长和发展方向同家庭教育有着密切的关系。祠堂是家族教育的主要场所之一。

按照天地君亲师的传统礼教，祭祖是一件大事。春秋两季的祭祀典礼都有一定的程序和规范，祭品供毕最后由族中男子共同享用，称为"吃祖宗"。族中子弟上学的费用一般由义庄统一缴纳，这对贫困的家庭保证子女有读书的机会以及校方对族中入学子弟有稳定的学费收入有重要意义。

关于张泾顾氏长房的渊源，有一则口碑世代流传。那是对长房始祖泾田公的博大胸怀的一种赞美。故事是说，南野公夫妇在嘉靖年间带着四个儿子迁徙到张泾桥定居下来之后，开始以卖豆腐为生，后来，家道好了点，便在泾西鱼婆桥湾卜一处郊野作为将来顾氏家族的公墓地，并请风水先生预测顾氏子孙后代的发展情景。风水先生极口赞美顾氏后代必有大的出息，但又很惋惜地称照此地的风水看来有美中不足之处是“长房无后”。于是，南野公就召集四子商量，三个弟弟坚决反对选择这个地点而主张另觅他处，但长兄泾田公（性成）却毫不在意自己无后，绝对坚决地认定此处风水既然这样好，何必顾及我本人将来有后无后，我兄弟之后就是我的后人，总之，只要顾氏的后嗣有出息就好了。泾田公和三个兄弟在风水先生面前你推我让，情景十分感人，最后把风水先生给感悟了，便断言说：福地还要靠心地，我看你们就选定这块地吧，因为老大有如此的胸怀，天必福汝，将来长房非但不会无后，恐怕还要大发呢。

明朝的了凡先生把自己切身的经历和毕生的学问与修养，为教育自己的子孙，写了《了凡四训》一书，从验证命数的准确性到验证了人们完全可以“自我立命”，自求多福的准确性。他教导子孙后人要以正确的处世做人之道，照此实践，也就是自利利他，有利于社会国家之道。

风水先生的悟性和了凡先生的所见略同。他的预言后来果然得到了验证，到了清朝嘉庆六年（1801）长房的后代顾皋中了状元之后，这个口碑的传颂在族内外更是家喻户晓，几代人下来，鱼婆桥湾处的顾氏公墓区已栽上了一片茂密的青松，顾氏子弟便称它为“大松坟”，年年祭祀香火不断。传到球尹公一代，为发扬光大先人之德，筹建了长房的小祠堂，取名“松本祠堂”，同时通过办小“义庄”来进一步改善和解决族中子弟的教育和鳏寡贫困家庭的抚赡方面的问题，球尹公把自己的家居取名为“树德堂”，自有深刻的寓意，告诫后人要天下为公，树立“三不朽”（立德不朽、立功不朽、立言不朽）的崇高目标，造福人类。

顾氏长房后裔中的“谷”字辈事业与家业并茂，为下一代（声字辈）的出生与成长提供了良好的环境，这样的“门风”在当时的中国社会体现出一种文明的新潮，在名门望族中也是别具一格的。“声”字辈是承先启后的一代，在他们之后又诞生和成长起来的新一代,不再以家族的传统的序列起名字,“声”字辈绝大多数人能讲无锡方言,但后代们无一例外只讲普通话,而且绝大多数能讲流利的英语,“树德堂”这个概念在后裔的心目中已日益淡漠并将完全消逝,只有方志和家族史才能让他们知道自己的根在那里。

对于张泾顾氏长房后裔来说,同时有大、小两个义庄提供福利,这对族中子弟能够受到先辈祖宗的精神激励以求上进则是很有利的条件。事实上,祠堂以先世的善以待人、贤以理事等优秀品性,作为后代子孙效法的榜样,通过仿效不断修正自己的现世行为,规范自己的现世生活,通过祠堂活动,使先祖的先进业绩渗入子孙的心灵,并内化为行为准则,以至家风流传,养育出了不少卓尔不群的人才(见表15、表16)。

表15 谷字辈的学历与婚姻

姓 名	性别	最高学历	婚 姻
顾谷诒	男	上海大同学院毕业	妻禀贡生过毓先长女懿瑾
顾谷成	男	美国麻省理工学院工学士(机械)	妻晚清举人孙荫午长女熙止
顾谷宜	男	上海南洋大学工学士(电机),莫斯科中山大学	妻无锡秦氏后裔秦振坤
顾谷同	男	上海南洋大学工学士(电机)	妻江阴书香门第后人叶棣先
顾谷绥	女	省立第二女子师范毕业	夫堰桥胡氏数学家胡敦复
顾谷若	女	美国哥伦比亚大学学士(体育)	未嫁
顾谷嘉	女	上海大同大学理学士	未嫁
顾谷庭	女	上海大同大学肄业	夫美国普渡大学硕士杨树人

表16　声字辈学历与职业

姓　名	性别	最高学历	职　业
顾夏声	男	留美科学硕士	大学教师,院士
顾亚声	男	美国犹他大学管理硕士	大学教师
顾和声	女	商学士	教师、科研
顾元声	女	北京师范大学	大学教师
顾明声	女	高中毕业	中学教师
顾宁声	女	北京地质学院	工程设计
顾有声	男	北京航空专科学校	工程设计
顾平声	女	学士	高级教师
顾芳声	女	齐鲁大学医学士	儿科医生
顾钟声	男	清华大学建筑系	建筑设计
顾骏声	女	上海外国语学院	大学教师
顾美声	女	上海师范学院	大学教师
顾晓声	女	商学士	金融、教师
顾一声	男	大连工学院机械系	大学教师
顾又声	男	南京工学院无线电工程系	科研、设计

管仲曾有传世名言:"一年之际,莫如树谷;十年之际,莫如树木;终身之际,莫如树人。"[①]"树德堂"的特色,就在于其超越了一己、一家、一族之私和追求现世物质享受等等人生的脆弱性和狭隘性的束缚,把个人、家庭、家族的成就和增进社会福祉的公共和公益事业联系起来,使"树德"和"树人"成功地结合在了一起。

3. 华孝子祠传孝道

《诗经》曰:"父兮生我,母兮鞠我,抚我畜我,长我育我,出入腹我,欲报之德,昊天罔报。"中国自古就看重人类间生命、情感的代偿

① 《管子・权修》。

机制，这种报血亲养育之恩的观念成了"孝"的内核。

这种孝道主要表现在两个方面：一是对父系祖先的崇拜。那些有德于世的祖先事迹物化为了祠堂里的神主牌位，成为一种具体可感的事物，父母在教育子女时，常以此为榜样，祭祀仪式成为对族人进行宗法伦理教育的最主要方式之一。二是事亲之孝。儿女对父母，晚辈对长辈，不仅有赡养的义务，而且儿女对父母的天然情感和责任被制度化为"孝"，唐代至清代的法律规定，不论子女成年与否，法律上子女均应听父母的教令。所谓孝之道，是万善之本，百行之先，对孝子贤孙，人们都是尊其贤，褒其行，崇其德。无锡华氏奉东晋华宝为先祖，并在惠山筑有孝子祠，专事祭祀。

HBS：华孝子名宝，自幼丧母。在他八岁的时候，父亲豪远去关中戍守，临行对华宝说："待我驻防回乡，为你戴冠成亲。"华宝点头答应。结果在夏国赫连勃勃侵犯长安的战役中，华豪战死沙场。后来，华宝逐渐长大，但他牢记父亲的临别之言，终身不冠不娶，到老还是髻发垂肩，到牙齿掉了仍不言婚娶。有人问他，他终是恸哭不停，有人劝他婚配，他也终是恸哭弥日而谢之。70岁时，立弟华宽之子为嗣。活到86岁而寿终在惠山，于是大家称他华孝子。又在东晋元康间，因为无锡临近太湖，时有湖水泛滥，农田常被太湖所噬，百姓苦不堪言，华宝曾捐资筑堤，御灾捍患，于是水患得以安宁，百姓才能够攸居得食，百姓深感其恩，就名之为"华坡"。南齐建元三年，奉齐高帝旨意，旌表门闾，赐孝子额，载入《南齐书》，于是，改居所为祠堂，这是最早的孝子祠。

黑格尔指出，中国纯粹建筑在这一种道德的结合上，国家的特性便是客观的家庭孝教——顺从是传统中国重要的道德规范之一。孝是华氏家族的精神支柱和行为准则，而祠堂正是教化和实践孝道的场所。

WBS：元代皇庆元年(1312)，在汴梁做官的华铉不幸早逝，遗一子二女，全由年轻的陈氏抚养成人，特别是幼武在母亲的教育下勤奋苦学，少年就诗文出众。长大后，奉母及祖甚为笃孝，通四府君非常喜爱，常对人说，养可能，敬为难；敬可能，安为难。准此孙敬安温愉。陈氏晚年双目失明，幼武倾资修药仍勿愈，后又放弃功名，侍养老母，为母筑一堂、一轩，取唐孟郊“谁言寸草心，报得三春晖”之意，名为“春草轩”。由于幼武放弃功名，朝夕侍奉母亲，受到人们的称颂，而陈氏也得到朝廷旌表门闾，华孝子后裔又出了贞节妇，同时出了孝子。至治年间，后裔华奇五，以旧祠隘陋，更广而新之，于是在惠泉之东偏建祠以祀孝祖，辑良田入以供祀事，吴兴赵孟頫为之题额。明朝景泰年间，裔孙华思济也修理过。弘治十六年，华宝十三世孙华祯着手修理，未举而殁。第二年，其子燠、辉、燿、勋承父志，大修祠宇捐田 500 亩奉祀。清初，华孝子祠前春草轩，祀明代吏部考功员外郎华允诚。他在甲申国变，不屈而殉，康熙时江苏巡抚汤斌立祀，乾隆时追谥“节愍”，有联云：“三大可惜，四大可忧，慷慨万言皆实学；身不可降，发不可去，从容一死得全归。”上联是华允诚进谏崇祯帝万言书的内容，下联是他临死的遗言。华允诚宁死不愿剃发降清，是为明之忠臣；同时儒家认为：身体发肤，受之父母，不可损伤，这是孝的要求。因此，不愿剃发又符合孝道，立祠赞扬他忠孝两全。

在清代，华孝子祠屡经修葺，历代帝王都保存此祠以宣扬忠孝节义，现存的四面牌坊虽然是乾隆年间翻修的，但仍保留了明代的风格，坊内原来四面都悬挂匾额，以标榜华氏宗族中的科第成名之辈，现已无存。楠木享堂是无锡的唯一清代楠木建筑，祠内还有比较珍贵的《纺绩督课图》、《春草轩辞》、《真赏斋法帖》等众多石刻。

1957 年华孝子祠被列为市文保单位。

高攀龙曾对华氏评价说：“吾邑惟华氏族最大，他族不得望矣。

自赵宋来，古墓之存，子孙能世守者，惟华氏；世有素封，科第相望不绝者，惟华氏；牒谱明，子孙析居他郡邑，皆知所根蒂者，惟华氏；其族多敦宗盟，重祭祀，有古世家风。”解放前夕，华氏族人散居世界各地，家风的维持成为一种遥远的记忆。

今年86岁的华仲厚先生，是无锡著名实业家华绎之的次子，尽管侨居泰国56年，但一口带上海口音的无锡话，还是挺地道的。从1984年第一次回故居探亲访友后，几乎每隔一两年都要回无锡一趟。他深有感触的是，华孝子祠自唐代以来，盛名天下，华氏在无锡遂成为大族，子孙遍布海内外，而在海外的70多位族孙，虽然对家祠很感兴趣，但知之甚少，连汉语也听不懂，要靠他用英文讲述家族史。

说到下决心修祠的事，他特意讲了一位美国学者与华氏的不解之缘。这位美国人叫邓尔廉，是哈佛大学的博士生，讲一口流利的汉语，精通古文，出版了《钱穆传》。他潜心研究中国文化，尤其对中国家谱和祠堂文化有着浓厚的兴趣，还根据华氏家族的历史写过有关论文。一次，他偶然发现了正在学习中文的华老的侄女，结果他追根溯源，到泰国找到了华老先生，两人促膝交谈，华仲厚惊讶地发现听到了自己从不知道的家族故事，邓尔廉也采访到了大量的华氏资料，从此他们成了好朋友。

这件事让华仲厚深深地触动，他没想到国外如此重视中国古文化的收藏，一个外国人如此热爱中国的文化，而且对他们家族了如指掌。那么，作为真正的华氏后人，该如何在有生之年也为后代留点什么呢？

1998年9月19日，他陪同在美国的弟弟和侄女到惠山寻根问祖，当看到楠木享堂成为一个茶馆时，感觉很遗憾，回忆起小时候祭祖的场景，父亲那句“老祖宗一定要保护好”的话让他辗转反侧，最终决定由三兄弟出资来修复华祠堂，三天后，他就向无锡市政协和市侨办提出修复祠堂意向。

然而，这一意向进展得并不顺利。尽管华孝子祠修复工程作为惠山古迹区的一个重要部分，早已列入计划，但限于资料和资金等原因一直未能实施。当华仲厚提出愿意个人出资修祠时，有关部门顾虑重重,因为华孝子祠是公共园林的一部分,还没有私人融资修建的先例,而更让有关方面担心的是出资人是否还有其他的要求。于是,采取不置可否的态度。为了表达自己“保护遗产,传承家风,弘扬文化”的决心,华仲厚不仅提供了华祠的祠图及相关文献资料,还于2001年9月,与胞弟一起,向园林捐献了其父收藏的明代名画《寄畅园五十景》影印件表示诚意,同时讲明:他们只有一个要求,就是给予华氏后裔参观上的便利。2004年7月,华仲厚先生代表华氏三兄弟与无锡园林文物名胜区签订了捐资100万修复华孝子祠的协议。2004年9月3日,当华仲厚培起第一铲土时,深情地说:“先祖的忠君保国,始祖对父亲的痴情和孝心,先人的无数次修复给了我信念和勇气,如今虽然梦想在一步步变成现实,但还只是抛砖引玉,还有很长的路……”

华孝子祠的几经沧桑,也正是传统“孝道”、祠堂文化经历众多波折的反映。数千年来,祖先创造的精忠报国、成仁取义、尊祖敬宗、至善至孝等道德规范,以及齐家、治国、平天下的思想,尽管有着一定的封建主义色彩,但也包含了积极向上的进取精神,它以家族为主体,采取家训、族规等形式,用以律己,教育后代,因此,祠堂文化的积极功能并不在于祈福于祖先,而在于文化的传承。

斯特劳斯认为,仪式与人怎样思考世界相符合,因此,家族仪式的兴衰与人们对家族的思考直接相关。建立宗祠是从思想意识的角度对族人进行教化,设立义庄是从经济利益的方面对族人进行联系,而修订家谱则是从血缘根基上对族人进行灌输。如果说,义庄、祠堂是封建社会家族的标志,那么家谱直接明确个人在家族中的身份、地位,三者从经济和精神两方面共同维系着家族。因此,对于望族来说,因为家族的根基已深入个人的本质之中,其抵抗力及其再生能力就会在各种历史条件下表露无遗。

第八章　造福桑梓总关情

望族者一邑之望也。一邑之所当为而不为者，望族宜倡为之，一邑之所不当为而为者，望族宜屏之。是故平一邑之政者，邑宰也，佐邑宰之化者，望族也。

——邹鸣鹤

众所周知，历史上的无锡，其社会经济地位远远落后于其左邻右舍。当宋朝流传着“上有天堂，下有苏杭”的时候，无锡还是个名不见经传的小县城。明清之际，无锡成为“米、布、丝、钱”码头，开始被人注意，但也只是个物资集散地而已，只是到了近代，无锡一跃而为著名的工商业城市，这是历史沉淀的结果，也是太湖文化滋养的结果，更是无数无锡人辛勤和智慧发展起来的。在这些老祖宗中，涌现出一批名门望族和精英群体，他们对地方社会有着深远的影响。

本章围绕着望族在地方社会经济、政治、文化等领域的影响，探讨望族与地方社会的关系，从而体现望族权力与望族功能发挥之间的相关性。

一、繁荣经济

当浏览现当代文学作品时，有一批反映 20 世纪二三十年代中国社会经济生活的作品，都不约而同地把无锡编织进作品的背景中。曹禺《雷雨》中的大资本家周朴园发迹于无锡；钱钟书《围城》中的方鸿渐就出生于无锡大乡绅家庭；以及《子夜》中的工商业巨头吴荪甫在家乡双桥镇开办工厂，经营商店，他所憧憬的“双桥王国”也留有无锡的影子。这些文学现象正是基于无锡在全国经济中所占的显著地位。探究无锡近代工商业发展的轨迹，望族起到了举足轻重的作用。

19世纪末的无锡，水陆交通发达，已逐步形成为苏南的经济中心。无锡农村手工纺织、栽桑养蚕、池塘养鱼等副业十分兴盛。城市里，打铁冶坊、造船砖瓦、酱油酿造等手工业也有了相当规模。同时，无锡还享有粮食、土布、丝蚕贸易大码头的美誉。现代民族工商业犹如萌芽的春苗，等待着时令春雨的催发。最先觉悟的总是时代的领衔者。杨氏资本集团就是无锡最早出现的产业资本集团。

1895年，世家地主杨宗濂、杨宗瀚兄弟在无锡首创业勤纱厂，它标志着无锡向近代工业社会转轨迈出了第一步。

YSK：业勤纱厂是曾祖艺芳公和曾三叔祖藕芳公在无锡创办的第一家新式机器纺纱企业，也是中国民营使用环锭纺纱之首。它的创办得到了张之洞、刘坤一的支持，先后向江苏省借领积谷欠款10万两银。在最初的十余年中，业勤纱厂在藕芳公的苦心经营之下，蒸蒸日上，除还清了公私债款外，还略有扩展。自1903～1906这三年中，全厂纱锭达到13 832枚，产品也增加了12支和16支，全厂职工达千人，但总的管理还脱不了封建官衙的模式。工人操作的是先进的机器，但自身却是文盲，对科技一无所知。据说在业勤初期每逢机器启动，工人还要举行向机器烧香磕头的仪式，把机器当作神灵来崇拜。

在曾祖们先后病故后，业勤厂内部发生了矛盾，祖父翰西公和叔祖森千公争夺业勤的经营大权，最后议定采用轮值经营的办法，即每隔三年，由两房轮值一次，对外业勤厂名不变，对内则各房另组公司为租办代表，租赁经营，大房建同兴公司，三房组福成公司，当值的公司要自行筹措流动资金，盈亏自负。1909年末，首先有三房森千公的福成公司租办，1913年归长房翰西公的同兴公司租办，这对业勤厂的发展很不利，也是业勤纱厂由盛转衰的开始。因为一直走租赁经营的道路，业勤厂自己也未再有扩展。

封建社会中大家庭内部兄弟争夺财产反映在近代企业中也是十

分典型的，这就给企业经营管理带来了许多不利的影响，但是业勤的创办在无锡地方历史上具有划时代的意义，为“实业救国”论者提供了具体的模式。它启发和鼓励了一些地主、商人、官僚把手中积累的资金投资于近代工业，改变以往守财奴式的心态，使其在生产和流通中生息。与此同时，钟鼎铭食之家的先驱性行为，也影响了众多民众，更多的家族崛起于阡陌之中，实现着自身发家致富的理想。

1902 年荣氏兄弟兴办了保兴面粉厂，1904 年周舜卿创办的裕昌丝厂亦开工生产。这样，无锡近代的纺织、缫丝、面粉三大主要行业率先起步了。到辛亥革命前夕，无锡的近代工业已经发展到纱厂 2 家(2.6 万锭)，丝厂 6 家(2 118 车)，面粉厂 2 家，另加一些织布、碾米等小厂，总投资达 136 万元。近代工业初具规模。

然而，直到 20 世纪初，虽然发生了洋务运动，但封建势力还是相当强大的，对运用机器生产仍有许多偏见，即使在无锡这样的县城也不例外。在荣氏兄弟建保兴面粉厂的过程中，遭到无锡当地封建乡绅的阻挠和刁难。

> CWY：1901 年 3 月，保兴正式破土动工。一些地痞讼棍勾结封建乡绅联名反对，诬告荣氏私圈公地，工厂更大的烟囱有碍地方“文风”。知县一面请示上级，一面勒令停工。后来由朱仲甫出面疏通，花费了 800 元贿赂才获得两江总督的批准，得以动工建厂。然而地痞讼棍仍不死心，再起风波，联名上告，借口有碍风水阻止建厂，直到年底，两江总督再次批文允准，双方再经调停，达成协议和解。1902 年 3 月，保兴终于开工生产。当荣氏兄弟生产出售机制面粉时，当地的封建遗老还在到处散布机制的面粉不好吃，渗入洋药含有毒性，营养被破坏等等。甚至出现了几个面食店拒买机制面粉的情况。

1914 年第一次世界大战爆发，帝国主义无暇东顾，无锡的民族工商业在曲折的进程中得到了较快的发展，并派生出六大资本集团，即永泰薛氏(丝业)、广勤杨氏(棉纺织)、申新茂新荣氏(棉纺织、面粉)、庆丰唐、蔡氏(棉纺织、面粉)、丽新唐、程氏(棉纺织)和裕昌周氏(丝业)。据钱钟汉对1934年六家资本集团的情况统计表明:当时无锡食品工业(碾米、面粉、炸油)的资本总额达224万元,占当时无锡工业总资本12%强,而其中和六家资本集团有直接关系的资本为184万余元,占食品业总资本额67%强;棉纺染织业资本额为1 237万元,占无锡工业总资本70%不足,与六家直接有关的资本为1 215万元,占纺织业总资本额的97%强;缫丝业资本总额为310万元,占无锡工业总资本17%左右,其中与六家直接有关的资本为118万元,占缫丝业资本总额的37%强(1935年薛氏兴业公司成立,上升至50%强);机器制造业(包括翻砂业)资本总额15万余元,占全部工业总资本1%不到,与六家有关的资本为2万元,占机器制造业资本总额13%不足;其他工业(针织、化工)的资本总额为34.8万元,占全部工业资本的2%不足,与六家有关的资本为14万元,占其资本总额的46%。其他民族资本的集聚和集中过程也是如此。据1935年《无锡概览》统计,当时的十几个行业,193个企业全部资金总额约1 820万元左右,而六大资本集团以及祝许孙三个资本家企业所掌握的24个企业资本合计竟达到1 356万余元,占当时全部工业资本74%强。1935年,以薛氏为首的兴业公司,控制了无锡16家丝厂,每日产丝85担,由此可见工商大族的经济实力和影响力的一斑。

值得一提的是,这六大资本集团是建立在盘根错节的家族关系基础上的,其中薛、杨、荣、唐四家,更是扎根于无锡或从近处常州等地迁来的历史久远的旧族。他们一样诗礼传家,世世代代接受中国传统文化教育,并在历代科举考试中取得过成绩,但与旧的科举世家秦、顾、华、钱等相比,他们是后来者。因此,在近代化的大潮中,能迅速放下架子,抓住兴办实业这个光宗耀祖的新门径,而把世家大族固有的向心力、影响力、荣誉观和上进心全部化为新经济开拓事业的助力,把优秀的传统文化要素融进新事业的奋斗之中,使资本主义的生产关系打上了深深的中华民族的烙印。

六大资本集团是以大型工厂为其资产的基本形式，荣氏更是突破地方性，以无锡、上海为基地，向全国发展。荣氏兄弟并不是世家子弟，如果不是依靠自身的努力，他们可能也与那些普通的贩夫走卒一样，老死户牖无人知。

CWY：从1902年第一家面粉厂投产到1949年全国解放，荣氏家族在全国各地的企业共有44家，以面粉、纺织为主，此外，还在全国各地开办了80多家批发站、原料收购站、经销和代销店，在香港、澳门和澳大利亚、英国、美国、日本、德国、加拿大等地区和国家设立了办事机构或代理机构。荣氏兄弟被称为中国的“面粉大王”和“棉纱大王”。根据历史上的统计，1922年，荣家12个面粉厂年产量2 000多万包，约占全国民族资本面粉业产量的30%；1932年荣家9个纺织厂，拥有的纱锭、布机占全国民族资本纺织厂纱锭、布机总数的18%和20%；当年产量约占民族资本纺织企业纱、布产量的18.4%和29.4%。我算过一笔账，1932年荣家9个纺织厂织出的布，可以绕地球赤道2.55圈。荣宗敬又大量投资于上海商业储蓄银行等十几家银行、钱庄，成为上海总商会领导层中举足轻重的人物。

抗战期间，无锡发达的近代工商业生产力遭到日军有组织、有计划的大破坏：无锡最大的产业丝厂业惨遭毁灭，全部50余家工厂仅剩3个小厂；7大棉纺织厂，全毁3厂，大部分被劫被毁4厂；各大面粉厂中，荣氏的茂新一厂全毁，九丰、茂新二厂被日军占领，存货被抢空，机器被破坏；“关内第一大油厂”恒德油厂大楼被焚，存油30万斤被日军开闸放入阴沟。20世纪30年代无锡经济大发展的一切结果惨遭毁灭，工商业六大资本集团并峙的繁荣局面从此结束。

对于日本的统制和扼杀行径，望族们除少数外，大多能坚持民族气节，与日本采取不合作态度，以至激烈反抗：有的携资国外，如薛寿萱即于战前将生丝2 600多件，100万元资金汇往美国经营；有的则拆迁上海租界或开发香港，如唐蔡集团；有的则去大后方建厂，如荣氏集团，先后在重庆、成都、宝鸡、天水等地建立工厂，到1945年，共计开出纱锭34 500枚，布机580台，面粉日产能力4 500包，还开办了机械、采煤、造纸等新企业；还有化整为零，在无锡或大江南北农村集镇建立小型企业，1938年，无锡城乡就出现小型制丝工场35家，大多以老虎灶索绪，用人力丝车缫丝，到1939年9月，这类家庭制丝社增加到365户，拥有丝车3 824台[①]。这种"返祖"现象，未尝不是无锡工商望族的经济策略，是民族资本聚集和衍生的重要办法。

抗战胜利后，只有荣氏和二唐工业系统基本恢复，杨氏、薛氏则已失去战前的势态和地位，周氏、祝氏、许氏从此一蹶不振，孙氏则已转让给内侄程炳若，华氏农业资本主义及商业活动也大不如前。1945年10月，薛明剑出任荣氏申新公司办事处主任，12月23日工业协会苏南分会成立，薛明剑当选为理事长，同日，钱孙卿在县银行首次股东大会上当选为董事长，薛、钱联合，代表荣氏资本集团通过确立在大、中型工业企业界的领导地位与掌握地方的金融枢纽，控制住了无锡的经济命脉。

1948年底至1949年春，即在渡江战役前夕，无锡地区的一部分工商名流眼看国民党政治腐败、货币贬值、经济混乱，同时对共产党的方针政策也不够全面了解，所以从自己经办的企业中抽调资金携款到香港发展，在港大多投资纺织业，如荣氏家族中的荣鸿元、荣鸿三、荣鸿庆、荣尔仁、荣研仁等，与王云程(实业家王尧臣次子)一起创办了大元纱厂、南洋纱厂；唐星海创办南海纱厂，产品倾销欧美等地。大部分人员则处于进退两难的境地，中共通过有关方面做了大量的工作，做好县参议会会长李惕平、县商会会长钱孙卿和荣德生的工作，希望他们留在国内。他们则派钱钟汉等三人同中共接洽，并达成协议。荣德生在《人报》上公开表示"不论形势如何变化，决不离锡"，而且密令各厂："今后方针，以维持原有局面为原则，凡已迁往香港、

① 《无锡县志大事记资料》(油印本)。

台湾和广州的设备、物资,应一律从早出售或撤回。”这样,在他管辖的企业内,大大减少了迁厂逃资的损失。与此同时,他还积极支持钱、薛等地方知名人士,成立了“无锡县人民公私社团联合会”,开展“以保存无锡地方完整,特别是工商业”为目的的应变活动,维护了无锡地方经济的稳定。无锡解放,以荣德生为首的民族资产阶级,大都留在了无锡。荣德生病重期间,他谆谆嘱咐留在内地的后辈,“要积极生产,为国出力”;流寓异国他乡的子侄“再不可滞留海外,应从速归来,共同参加祖国建设”。

1954年8月,申新第三纺织厂、天元麻棉纺织厂、兴业布厂首批实现公私合营,同年11月,丽新、庆丰、振新等厂也实行公司合营。

CWY:1956年1月,毛泽东视察了上海申新九厂,这是他在上海视察过的唯一一家公私合营企业。在这一年中,他几次讲话都提到荣毅仁,他说:“工商业者不是国家的负担,而是财富。对资本家,一方面要他们改造自己,另一方面要发挥他们的作用。”年底,毛泽东在中央一次讲话中说:“荣家是中国民族资本家的首户。在国际上称得起财团的,我国恐怕也没有几家子。荣家现在把全部企业都拿出来和国家合营了,在国内外起了很大影响,怎样把合营企业搞好,上海要创经验,从荣家推选出代表人物参与市政府的领导,现在就十分必要了。”由于毛泽东的提议、陈毅的推荐,荣毅仁在1957年当选为上海市副市长,时年41岁,在当时产生的影响,同1993年他77岁当选为国家副主席时产生的影响,是相类似的。

“文革”开始,所有公私合营企业转为国营企业,随着运动的升级,原先的世家子弟都被下放农村,无锡经济秩序一片混乱。

LZQ:因为家庭出身不好,我们兄妹六人全部都被下放到苏北农村。与其他子弟相比,我们还是幸运的,在困难的时候,还能收到来自香港祖父那里的食品。被称为红色资本家的荣毅仁遭到的冲击和迫害就相当厉害,他和夫人杨鉴清被红卫兵打得遍体鳞伤,他的右食指被打断,还被强迫去做繁重的体力劳动。后来,在周总理的关怀下,对他采取了保护措施,当了看门人,他的儿子荣智健还坐了牢。

改革开放以后,望族的后代们积极投入到经济体制改革的浪潮中,如唐氏家族中的唐宏源从20世纪80年代起,先后在无锡投资创办无锡中萃食品有限公司、南洋彩印包装有限公司、太平针织有限公司、佳福国际贸易中心有限公司;杨氏家族中的杨世缄,原在台湾任经济部次长和政务委员,2000年当搞台独的民进党上台当天,他便辞去了政府职务,现在投资华杨科技园,每年可为无锡增加60亿美元的GDP,为家乡台资高地的建设做出了贡献。

二、稳定地方

望族作为重要的社会力量,其社会功能主要表现为对社会生活的有效组织和协调上,他们的形象在地方社会相当有权威,成为公共事务的号召者、评判者以及民间纠纷的仲裁者。正因为他们在地方事务的处理中有重要性,得到了地方官员的重视和礼遇,如薛氏薛南溟始终是无锡城乡地主豪绅之魁,无锡、金匮两县知县凡遇狱讼、钱粮等大事,总要征求他的意见才能作出决断。因此,从某种程度上说,行政权责的空隙为地方望族及精英的崛起提供了机会。

1. 从城市近代化谈起

众所周知,建国以前的上海代表了中国近代化的最高成就,不言而喻,无锡的近代化当在全国名列前茅。近代无锡的发展,由多种因素所促成,而地方望族在其中起了重要作用。

市政建设是一个城市近代化水平的重要标志。在无锡的城市建设中,荣氏家族有许多建树,对此,CWY如数家珍:

20世纪初，荣巷古镇里走出了荣氏兄弟为代表的民族工商业者，从而把荣巷的历史推向了辉煌。荣巷因荣姓人聚族而居得名，又因他们的出名而提升了知名度。

有了经济实力，荣氏族人联合地方贤达，打造了全长9公里的开原路，这是无锡西郊的第一条大马路。还修通了开原路到山北钱桥镇的钱荣路以及开原路到大渲口出湖的支线。对于荣巷人来说，这些路是通向县城、传统转向近代的路途。

为了使局促的荣巷跨越河道、沟渠的障碍，联通湖河两岸，他们在荣巷古镇周围建造或拓宽了不少桥梁，如蠡桥、鸿桥、申新桥、大公桥等，特别是宝界桥。1934年，荣德生60岁，他将亲友赠送的寿仪折款6万元作建桥基金，修建了这座长375米、宽5.6米，横卧在五里湖上的60孔钢筋水泥桥，时称“江南第一大桥”，是连接无锡城区和太湖风景区的唯一陆路通道。荣德生说：“我一生唯一事或可留作身后纪念，即自蠡湖直通鼋头渚跨水建一长桥。”“他年无锡乡人，犹知有一荣德生，唯赖此桥。我之所以报乡里者，亦唯有此桥耳”。后来，他们干脆成立了“千桥会”（又称“百桥公司”），致力于地方桥梁架设，资金多为荣氏兄弟全部出资或与地方各半。至抗战前，共计建成大小桥梁88座，遍及无锡和宜兴、武进、丹阳等周边地区，大大改善了荣巷的水陆交通，便于对外交流。

1912年，荣德生购得太湖边东山150亩地，植梅1 300株，开始兴建梅园，向游人免费开放，突破了旧时私人园林的局限，成为无锡历史上兴筑近代园林、开发太湖风景资源之嚆矢。经过20多年苦心经营，荣德生广收碑刻，湖石，奇花、名木，逐步充入园内，并大量植梅，兴建香海、诵豳堂、豁然洞、念劬塔等景点数十处，成为江南的赏梅胜地。1929年，他又协助荣宗敬，在与鼋头渚隔湖相望的小箕山，建造了著名的锦园。梅园依山绵延，锦园濒临湖畔，湖光山色，交相辉映，是太湖风景区内两颗璀璨夺目的明珠。

荣德生在无锡兴办了大量近代事业，从多方面推动了无锡城市的近代化进程。在他60岁的时候,地方报纸这样评价:“邑人荣德生君,为我国实业界巨子,手创事业以面粉、纺织等厂遍设国内,其生平尤热心公益事业,创学校,辟公路,建桥梁,造福地方,阖邑称颂。”

杨翰西也是发展无锡公益事业的先驱者之一。他在民国以后,弃政从商,致力于改变乡梓市貌,从参与铁路建设到发展电讯,建立电灯、电报、电话开始,并从单一的质当、钱庄、银钱业,开始引入银行金融,修路建桥,改善交通。

YSK:祖父翰西公,半生以来,热心于地方公益,以开发北郊广勤区始,辟路植树、兴建市房店铺、公园、图书馆和娱乐设施,改善北郊医卫条件,设电灯厂便利民用,创办学校和职校,使职工和子弟均有入学和技术培训机会。锡邑议开辟商埠,又以广勤区全部设施移交,支持开埠。又注意水利,并在城垣开凿自流井,改善居民饮水卫生,改进消防设备,加强治安,特别是军阀混战时期,以商团组织保卫城垣及商业区域,保全了商业精华所在,邻邑都焚掠严重,而锡邑得到保全,其中翰西公功不可没。所建之“于胥乐公园”向县府立案,无偿公之于众,所筹建的鼋头渚横云山庄虽属私产,均无偿开放接待游赏,后除留有“光禄祠”、“松下清斋”及“长生未央馆”外,全部无偿成立公园。此外,还开创了无锡公益事业的管理制度,如鼋头渚灯塔点火管理规则;游览规则,以及树木修剪、馆舍维护、巡查安检、灭火等都成制度。我那时年纪很小,但也成为公园管理委员,随各位叔叔参与签名,所以印象很深。

为了进一步推动无锡的发展,民国初建时,荣德生以“乐观子”的笔名,写了《无锡之将来》,1946年又写成《今后之无锡》,提出了“建设大无锡”的目标和设想,他的设想虽然并不完整,但在当时确是具有超前意识的,也是比较切实可行的。然而,我们也应该看到,荣德生对建设和发展无锡所作的规划和设想,是出于自身集团利益而考虑的,都是围绕着荣巷一区域而展开的。从20世纪20年代至30年代初，无锡经历了开埠和筹备设市两件大事，这本应对无锡近代化起到促进作用，但最终都不了了之。其表面原因主要是经费困难，实际上是利益集团倾轧而导致流产。包括荣家在内的无锡各大资本集团对市中心的设置、市政建设的安排等重大问题未能取得共识，荣德生想把市中心建在西门一带，杨氏集团则要设于东门周山浜地区。他们都在自己的势力范围内大兴土木，却不愿为比这更有意义的开埠、设市投资。无锡名为“小上海”，历史上却从未建设起一个像样的商业中心和一条繁华的商业街，恐怕与此不无关联。

2. 从地方自治谈起

梁启超在民国初年说：“地方自治成绩，全国以江苏为最，江苏以无锡、南通为最。”[①]张謇认为，无锡的成功得益于地方人士“人自为战”[②]。薛明剑指出，无锡发展较快的原因在于“示范得力”[③]。

清末时，由于新的社会力量的形成，以及政府对迅速扩展的社会公共领域无能为力，商会登上了历史舞台，并且以自治的名义取得了一部分社会权力。在无锡，随着现代社会因素的生长，过去代表封建势力的由恒善堂（城绅堂董为秦氏、高氏，乡绅堂董为华氏、孙氏）被工商望族的代表者县商会所取代。

从商会的组成来看，均是望族中的实力人物及其代理人。晚清时期，第一任会长为周舜卿，过玉书副之，华艺三坐办，蔡兼三庶务，后来相继任会长的为薛南溟、华艺三、王克循、钱孙卿。辛亥革命以后，无锡城乡的两个机构，市自治公所和四乡董事公所，孙鹤卿为总办，孙济如、孙子远、王克循、蒋遇春为坐办。1927年以后，市自治公所改称为市政局，下设市政筹备处，主任为无锡县长孙祖基兼任，其下属市政讨论委员几乎全是工商显族及其代理人，成员包括：荣德生、唐星海、薛明剑（荣氏集团助手）、杨

---

① 《新无锡》1916年5月21日。

② 张謇：《复侯鸿鉴书》（1923年12月），《海门文史资料》第8辑，第99页。

③ 《无锡杂志》1946年复刊第1号，第2页。

翰西、蔡兼三、江应麟、钱孙卿(为资本集团代言人)、蔡有容、高践四(薛氏集团助手)、华少纯、陈湛如、陈品三、姚鸿治、周寄楣、华印椿、薛寿萱、胡桐孙、华绎之、程敬堂、许伊定,无锡几个资本集团占了一大半。

商会早期的自治实验,主要表现为公共领域的扩大和公共事业设施的改善,这时商会与地方政府的关系是一种分工互补的关系,这不仅因为清政府颁布的《城镇乡地方自治章程》中开宗明义第一条即规定:"地方自治以专办地方公益事宜,辅佐官治为主。按照定章,由地方公选合格绅民,受地方监督办理。"而且,以望族为基础力量的商会也认同这一思想,因而,诸多地方公益事业的举办,往往是官民合力推动的。到了民国以后,以商会为核心,众多民间社团组织相互联结渗透,形成一种对社会公共设施和公共事务进行管理的非政府的社会力量。尽管1914年袁世凯政府下令停止地方自治活动,但商会的势力仍得到发展,例如1914年,北洋政府提出"消灭中医",1927年,南京政府通过"废止旧医"以扫除医药卫生之障碍"的法案,无锡县商会及同业组织都提出抗议,制止了违背民意的政府举措;又如1924年5月6日,京杭运河黄埠墩税卡发生勒索茧船米船、殴打船户的事件,商会为此召集相关行业业董会议,提出由税务所长亲自登门道歉、肇事税员撤差、保证不再发生类似事件、废除有关苛捐杂税、规定内的税捐由商会代办等五条调解意见,并派出代表赴省坚决要求裁撤厘卡,税务当局被迫全部接受五条意见。

由于北洋政府期间军阀混战,中央政府的政令难以贯彻到地方,无锡也缺乏强有力的军阀,商会对政府的依附性逐渐减少,双发在公共设施建设和公共事务管理方面的合作相当普遍,至20世纪20年代,无锡已有好几张报纸,如《新无锡报》、《锡报》、《大众报》、《国民导报》等,印刷公司14家,还办起了博物馆、体育场、新式戏院、游乐场,新式学堂也达到430多所,学生入学总数占学龄儿童的30%。中西医院也陆续开办,惠山、梅园、蠡园、鼋头渚等游览名胜相继为荣氏、王氏、杨氏等望族代表人物所开辟。总之,一切适应于资产阶级发展的近代城市设施统统建立了起来,这些新兴事业,主要由望族牵头的商会组织集资、捐资,作为建设投资和日常维持的经费[1]。更为重要的是,商会从1910年起实行董事会制,由市议事会选举产生,而市议事会本身也由选民选出[2]。尽管选民资格在财产、出任公职、办理学务或公益,以及性别、年龄等方面有严格限制,但毕竟是近代民主制度的一个起步。

近代无锡商会作为县一级的地方商会,在政治参与上,与上海、天津、武汉、广州等大城市的商会及商会联合会有较大差别。在重大历史事件和政局变动面前,它也发表通电,组织集会,提出主张,但实际上并非谋求参与和影响政治决策,而只是追随商界的潮流,表达自己的某种政治态度。从本质上看,无锡商会与地方政府,两者的共同点在于维系工商经济发展所必需的社会经济基础,主要是在商事纠纷仲裁以及工商管理、民政管理、市政管理、社会治安等社会公共事务领域,拥有相当的协调管理权限,至于政治参与,也主要在于与自身利益密切相关的商政、税政改革,而对重大政治问题往往缺乏敏感。如在二次革命、护法战争等反对现存国家政权的政治、军事斗争中,商会均站在政府一边,而对反政府的革命党表示不满。只是两次江浙军阀混战,无锡商民深受围城、勒索之苦,商会才转变态度。

商会与政府的摩擦和冲突是在1927年以后真正体现出来的。国民党南京政府为防止社会权力扩张而影响其体制,特别是在紧靠其首都的江浙沪地区,从一开始就试图建立一种高速集权的政治—社会体制,商会与政府的矛盾冲突一度十分尖锐并走向表面化,最能说明问题的是"警权风潮":

TKK:无锡的警察组织起源于1898年商民自筹经费设立的商市团防局,1905年,成立巡警局以后,经费仍由商民负担,所以有关警务变动及警员调动,都需要经地方绅商协商同意。1924年8月,江苏省警务处在未经协商的情况下,突然下令撤换无锡县警察

① 无锡市方志办:《无锡近百年经济概览》,第427、448、456、479页。
② 《无锡市志》,第三册,第2324、2326页。

所第一分所所长，引起地方望族不满，一致表示反对，要求省府收回成命，撤回所派警员，查处事件负责任的警官，要求建立由民众代表参加的警务委员会，加强对警政的监督。省警务处虽然没有明令撤销已作出的人事任命，但最终还是对地方商界作出让步，维持无锡警务现状。1927 年又一次警权风潮，无锡县警察所改组为无锡县公安局，差不多同时，无锡市政厅成立，又创设隶属于行政机关的无锡市公安局，两局发生警权之争，后由驻锡的国民革命军第十四军出面调停，两局合并为无锡公安局，1929 年以后，国民党第三次全国代表大会以后，警政统一于地方政府，商会不再参与管理、监督。在国民党集权统治日益加强的情况下，商会的地位和作用显著下降，1948 年商会反对在无锡试点开征行商税的斗争，是一个特例。这一年，国民党政府为筹集战争经费，决定在国统区开征行商税，并把试点定在交通便捷、商市发达的无锡。消息传出，立即激起无锡工商界人士的激烈反对。商会通电中央财政部，明确表示反对开征；又在报刊上发表署名文章，呼吁各界人士共同抗争；在财政部主管司长参加的听证座谈会上，商会代表钱孙卿，董正廷等人，顶住官方的指责、恐吓，义正词严加以反驳，当局终于未敢开征这项苛税。这场斗争，与当时震荡国统区的抗丁抗税浪潮相汇合，有力地冲击了维系国民党统治的旧法统。

作为一种组织的商会力量，商会在无锡地方现代化的历史进程中扮演着重要角色，那些地方望族利用自己的经济实力，基本上掌握了无锡地区的政治经济大权。抗日战争胜利后，外出的资产阶级重又回到无锡。从重庆回来的所谓“天上飞下来的”，从安徽屯溪回来的所谓“山里走出来的”，还有一帮所谓“地下钻出来的”国民党人员，重新展开了争夺无锡政治势力的斗争。而县商会和县参议会的实权一直在代表几个资本集团利益的钱孙卿、李惕平等人手中，国民党的历任县任也无权过问商会活动。而且每遇大事，总得亲自上门，先取得钱孙卿的支持，就像抗日战争前夕，必须向薛南溟登门求教一样，不然就很难开展活动。其中钱孙卿和蒋哲卿又分别代表荣德生和荣瑞馨的利益，斗争也很激烈，无锡人称之为“卿卿之争”。以至国民党江苏省长王懋功曾对李惕平说：“无锡由蒋哲卿任临时参议会议长，钱孙卿任县商会主席，什么事情就好办了。”[①]后来历届的县参议会、商会也一直控制在工商显贵及其代言人手里，历久不衰，直到解放。

从总体上看，无锡商会和政府的关系，并不相似于欧洲市民商会与国家关系，尤其是像无锡这样的地方商会，无论其宗旨还是实际作为，都不与国家权力相对抗，而只是对民间与官方可能出现的不协调和冲突，起着某种协调作用，犹如无线电电路中的推挽结构，这两个组织相互并行，但位相相反，必须协调、匹配才能发挥放大电信号的作用。在社会公共领域，在政府作用难以到达的方面和相对弱化的时候，商会的功能就相应增强；相反，在政府职能加强的情况下，商会的功能就相应收缩。然而，政府作为一种植根于社会而又凌驾于社会之上的政权组织，与作为一个重要利益团体的商会，在职能范围、现实目标和运作方式上，显然有着各种差别，如果没有一种健全的制度安排，就不可能建立起“良性互动”的公共领域治理结构。

建国三十多年里，政治、经济和意识形态三者高度耦合，政治是高度意识形态化，经济和其他社会生活是高度政治化，整个社会生活几乎完全依靠国家机器来驱动。过去的国家—民间精英—民众的三层管理结构转化为国家—民众的二层结构，这种总体性的社会体制，虽然有利于解决 1949 年前后，中国社会所面对的以政治解体和社会解组并存为特征的总体性危机，并适应了早期以扩大规模为内容的外延型工业化需求[②]，但是，由此带来的中间组织不发达、控制系统不完善等弊端日益突出。因此，“文革”的结束预示着原有的体制已经失去了继续维持的必要性。随着政治体制改革的不断深化，政府由全能型向服务型的转轨过程中，让渡了部分权力空间，从而为社会力

① 《钱孙卿和无锡县商会》，《无锡文史资料》第四辑。
② 《中国社会结构转型的中近期趋势和隐患》，《战略与管理》，1998 年，第 1～17 页。

量及精英的崛起提供了准备。总之,在推进近代化的过程中,需要实现制度创新,建立起一种民主政治的机制和环境,来保障国家政权与各种商会力量之间的广泛而有效的合作,才能实现社会转型所必需的社会动员和社会整合。

三、发展文化

作为地方社会一支举足轻重的社会力量,望族意识到要起到引导社会舆论、规范社会行为的作用,因此,他们充分发挥自己的经济、文化实力,积极参与地方社会的文化建设,协助地方政府完成社会教化的任务。

1. 创办报刊　移风易俗

社会生态环境的变迁,特别是社会制度和经济形态的变化,必然要反映到文化教育、科学技术上来。在1949年3月出版的《无锡概况》上记录着当时无锡的文化状况,当地报馆有4家,外地报馆驻锡分馆1家,各类通讯社有10家,广播电台8家,新闻竞争之激烈并不逊于现在。提供娱乐的剧院竟有16家,电影院的生意比现在兴旺得多。

清末民初,无锡望族积极创办报纸杂志,为资本主义在无锡的发展鸣锣开道。裘廷梁曾受谭嗣同、康有为、梁启超、严复变法维新思想的影响,认为要变法图强、改革社会风气,要从废科举、兴办教育、启迪民智入手,从办报阅报开始。1898年闰三月二十一日,裘廷梁与堂侄女裘毓芳创办了《无锡白话报》,他说:"报要能人人而阅之,必自白话报开始。"这是无锡第一张报纸,也是中国最早创办的白话文报刊之一。此后至宣统元年,《无锡白话报》、《锡金妇女报》、《锡金五日新闻》、《锡金日报》相继问世。

1898年7月裘毓芳与康有为女儿康同薇、梁启超夫人李蕙仙在上海创办《女学报》,这是中国妇女自办的第一份报纸,也是世界上最早的完全由妇女编辑发行的一份报纸。她们办报的宗旨是争取女权,实现男女平等,鼓吹变法维新。她还在《女学报》上发表了《妇女学堂和洋学堂》等文章。华留芳在《女诫注释后序》中曾猛烈批判男尊女卑的传统观念,坚决反对缠足陋习。

明清以来,随着城市工商业者和手工业工人的出现,传统的思想观念受到了震撼,在婚姻问题上,兴起了要求自由结合,注重男女情感,破除门第观念,鄙弃"嫌贫爱富"等新思想。辛亥革命胜利以后,随着资本主义在无锡地区的发展,以及思想解放运动和妇女运动的勃兴,迫使社会作出了较多的让步。

1903年,无锡一位姓宣的女子由她的哥哥做主,许配给当地望族裘姓举人。这位女子当时在上海一所学堂当教师,临近举行婚礼时,哥哥才通知她。女郎不愿,与哥哥争执无效,便直接写信给那位举人。她写道:"婚配之事,我国旧例必有父母之命,欧律则听本人意见。前者行聘之事,乃家兄一人之意,某至今始知,万能为凭。若必欲践约,某当死入裘氏之墓,不能生进裘氏之门。"她语气坚定,道理充足,裘举人也通情达理,双方便解除了婚约。舆论界称这件事为"女权运动之嚆矢,婚嫁文明之滥觞"①。

民国以后,旧的体制、规范、观念、信仰等等,由于皇权的崩溃而动摇,军阀混战,政权交替也造成了文化和舆论官制上的暂时真空,使各种新思想、新观念通过报纸、结社等方式得到迅速传播。当时男女平等的呼声已相当高了,在《司法院关于男女平权之新解释》一文中,可以了解到当时主要的妇女权益保护问题。这则文件中提到"关于妾之制度,及女子承继财产权,尤为社会所注意。最近司法院公布解释法令文件,有涉及于前项问题者两则,颇能顺应趋势,惬于人心,兹录如下:一山东高等法院请解释妾之制度,虽为习惯所有,但与男女平权等原则不符;若本人不愿为妾,当然准其离异,不必更问其所诉有无理由。二江苏高等法院请解释已出嫁之女子与夫离异,回居父母家,有无承继财产权。司法院认为女子出嫁,既与夫离异,即不

① 《光明日报》:"近代中国最早的离婚诉讼和跨国婚姻",2000年1月14日。

必得其父母之许可，当然有同等承继财产权”。

翻开那时的报纸杂志，几乎到处可见望族中的有识之士对“三纲五常”、陈规陋习的批判，如薛明剑曾发表《改良礼俗之商榷》，认为应革除当时婚丧喜庆日趋奢靡、极尽铺张的风气；李钟瑞发表《敬告妇女界应负纠正婚嫁之责》，劝诫妇女不慕虚荣、不争嫁奁。而薛明剑与李钟瑞(1896—1938)的婚姻，本身是当年无锡的一段佳话。薛禹言在纪念母亲逝世两周年时写了《追念母亲》一文，追忆父亲当年“是个乡下青年，土头土脑”，却受到外祖父的赏识，与当时还在高中读书的母亲订了婚。两人感情日久弥坚，双方情书往还可用秤来计。出生世家的李钟瑞，与贫寒书生薛明剑相濡以沫，成为当年锡城一对著名的事业伙伴。

可能是受父母的影响，薛禹言自己在恋爱婚姻上走了一条现代文明的道路。1938年4月4日《国民公报》上发表了他和陆慧荫的名为“两个人的联合启事”：“我俩同学同乡，同生死于战区，同志同心，同患难于旅途。既同剧变于昨日，愿同祸福于明天。废习俗之拘泥，破惯例之麻烦，谨于戊寅儿童节，订婚首都南温泉。略备茶点，共赏美景，时维国难，何敢铺张，凡我知己，盍兴乎来!”这在当时是一种别开生面的订婚仪式。甚至在民国二十四年，无锡县图书馆大礼堂还举行过首届集体婚礼，有17对新婚夫妇参加。

由此看来，由地方社区有影响的人物去倡导新风尚，无疑对民国初年人们风俗观念的变革有所推动，但也不可估计过高。因为这毕竟涉及经济发展、观念和价值观更新、文化传统的变革和伦理道德的重构等诸多方面。

2. 开放藏书　启发民智

明清以来江南社会的一个基本特征是普遍的世俗化和平民化，其表征之一就是书籍的大量印刷与出版。明清是家族藏书的发展时期，其中，华燧的会通馆和安国的安氏馆和桂坡馆等出版机构，出版的书籍很多。

华氏是中国古代最早开始使用铜活字大量印书的书坊之一。早在明代弘治及正德年间，华氏会通馆老板华燧、华煜兄弟，就在其出版物的版心下方注明“会通馆活字铜版印”的字样，以示版权所有。会通馆印了《容斋随笔》、《古今合璧事类前集》、《文苑英华》、《锦绣万花谷前集》等书。还有华坚所开的兰雪堂，所印书籍都注明“兰雪堂华坚允刚活字铜版印”。兰雪堂印了《春秋繁露》、《艺文类聚》、《蔡中郎文集》等书。华家每得到一部好书，不几天就会有自己的活字印本面世，这表明他们用活字版印刷的效率之高，已大大超过了雕版印刷。但也正因为如此，华氏铜活字印本的质量不高。叶德辉说，大约华氏所刻书，均不必可据。特以传世日稀，又无宋本可以比较，故书估藏家展转推重也。尽管如此，华氏在印刷史上贡献不菲，华燧更因出资购书、印书导致“家少落”。叶昌炽在《藏书记事诗》中评价说：“范铜制出胶泥土，屈铁萦丝字字分。一日流传千百本，何人不颂会通君。”华家从事出版的很多，如华麟祥、华子云、华察、华露、华善、华淑辑、华允诚、华滋藩等，形成了一种藏书、印书的家族传统。

安国的桂坡馆，印书数量虽然没有华氏多，但校勘精细，印刷质量远远高于华氏活字本，世人多珍之如宋版。安氏所印的书有自己的风格。凡活字印行的书，在页中间上方都印有“锡山安氏馆”的字样。而木刻本则注“安桂坡馆”的字样。除了《吴中水利通志》外，他们还用铜活字刊印了《初学记》、《颜鲁公文集》、《重校魏鹤山先生大全集》、河北《东光县志》等书。《初学记》、《颜鲁公文集》不仅用活字印行，还另有刻本。另外，安国还喜欢收藏珍本古籍，因此，他就择其中切合学者和社会需要的书用铜活字印刷刊行。这些书刊行后往往为人所珍爱。一方面是因为印刷精美，另一方面也是由于翻印的善本。清初学者钱谦益在刊行的《春秋繁露》跋语中说：“金陵本□为舛，得锡山安氏活字本校改数百字，深以为快”。叶昌炽在《藏书记事诗》中也说：“胶山楼观甲天下，曲桥华薄荡为烟，徒闻海内珍遗椠，得一珠船价廿千。”此后，安氏家族的安如山、安希尧、安绍芳、安璜、安念祖等在收书、藏书、印书方面不遗余力。如明俞安泰所说：“安氏经史子集活字印行，以惠后学，二十年来，无虑数千卷。”

此外，邹氏（如邹同光、邹迪光、邹漪、邹炳泰、邹一桂等）、秦氏（如秦汶、秦禾、秦宝瓒、秦缃武、秦缃业、秦松龄等）、侯氏（如侯桢、侯晰、侯杲、侯连城等）都是当时有名的印书世家。在他们看来，书籍不再是少数人把玩的奇珍异品，而是传播知识的实用工具，因此，即使是他们通过千辛万苦搜罗到的书籍，也要通过刻印，向社会开放，正如华燧所说：“始燧之为是版也，以私便手录之烦，今以公行天下，使山林泽薮之间亦得披览全文。”正是这种使命感，使得望族藏书、印书的目的不只是营利，而是其文化性的具体体现。

近代以来，随着中国图书馆事业的日渐取代旧式的藏书楼，人们的藏书观念发生了重大的变化。家族藏书已突破为家族自身服务的狭隘性，一些开明士绅开始把家藏图书向社会公开，免费供人阅览。例如华绎之在所建学校内兴建鸿模藏书楼，收藏书籍上万卷，供师生阅读，以利迅速成才。华氏藏书丰富，钱穆就是在华氏族藏书楼上，读到流传极少的珍本，南宋叶适（天心）的《习学记言》。还阅读到了不易见到的颜、李各家所著的书，为他以后学术研究打下了扎实的基础。

民国元年四月，侯鸿鉴、丁宝书、秦玉书、顾倬等12人联名倡议，经锡金分府批准，由秦玉书、顾倬为经董，兴建无锡县立图书馆。民国四年落成，设特别、普通、妇女、儿童四个。民国六年设巡回文库，有书籍721种1 154册，是中国最早设立巡回文库的图书馆之一。民国七年设乡贤文献部，出版第一、二、三辑《锡山先哲丛书》，刊印倪云林的《清闷阁诗集》和高攀龙的《高子遗书》等古籍。民国十八年设通俗阅览部，备书2 154册，供免费阅览。民国二十年改购券阅览为免费阅览。该馆还经常举办各种展览会和报告会，宣传科学知识。

与此同时，在望族的努力下，产生了由望族创办的公共图书馆，如无锡大公图书馆。当年荣德生先生创办大公图书馆时，董事会中有许多人不理解。荣德生先生明确表示，“为大众计也”。为此，孙毓修为《大公图书馆藏书目录》作序时称赞道：“自今以后有笃行力学之士蔚起于乡”。侯鸿鉴也指出，这个图书馆不仅可以造就一批力学之士，也将改变着社会风尚，成为“补助人民之智囊”、“救济社会之利器”。

直到1949年以前，无锡图书馆有了长足的发展，我们通过一些统计数据可以了解当时图书馆发展的情况(见表16、表17)。

表16　1915～1946年无锡公共图书馆概况表

名　称	开办时间	地　址	藏书册数/册	创办人
无锡县立图书馆	1915/01	城中公园路	61 356(1931年)	
开原乡大公图书馆	1916/10	荣　巷	56 613(1931年)	荣德生
天上市村前图书馆	1916/10	堰　桥	4 397(1931年)	胡壹修、胡雨人
安市教育会图书馆	1916	石塘湾孙氏书塾	5 600(1924年)	石塘湾孙氏
青城市新民图书馆	1918/09	礼　社	3 314(1924年)	
泰伯市图书馆	1921/10	后　宅	6 648(1931年)	
广勤路图书馆	1922/12	广勤路		杨翰西
蚕业图书馆	1926/04	锡山路	5 400(1931年)	李钟瑞
泾滨民众图书馆	1928/05	张泾桥	3 552(1931年)	
江阴巷实验民众图书馆	1929/10	北门外江阴巷		省立教育学院*
北夏实验区民众图书馆	1933	蠡　埄	3 150(1937年)	省立教育学院**
钟瑞图书馆	1946/02	自治实验乡	50 000(1946年)	薛明剑

*为1933年停办；**为1937年停办。

表17　1915～1949年无锡图书馆部分年份藏书统计表

年　　份	1915	1928	1930	1937	1949
藏书种数/种	4 295	24 798	25 418	27 160	16 630
藏书册数/册	15 827	51 958	53 278	72 130	87 023

这样，图书走出了封闭的楼阁，也走出了狭小的学者圈，而是走

向了开放的社会，家族图书也开始与地方文化建设密切联系在一起，带动了文化的普及和教育事业的发展。

3. 兴办学校　培养人才

无锡最早的私塾是在元代由强以德创办的强氏义塾，明代邵宝建邵氏义塾、秦震钧建秦氏书塾、华昶建华氏书塾，清代孙冶在万安乡建孙氏书塾、侯咸建侯氏书塾、杨文堉等倡办江陂乡塾、杨晋奎等办杨氏书塾、华廷植办华氏书塾，过冶等办过氏书塾、倪咸生建养正义塾、钱惟桢在东亭兴办崇仁、向义两义塾等。

从总体上看，直到甲午战争之前，无锡教育仍然在科举考试的轨道上滑行。19 世纪 90 年代后期，维新变法风起云涌，讲求西学成为社会潮流。书香望族中的先进人物率先冲破封建牢笼，引进西方教育概念，举办新学，在全国开风气之先，钱穆在《师友杂忆》中曾说"晚清以下，群呼教育救国，无锡一县最先起"，这就使无锡教育发生了深刻的变化，步入近代教育的快车道，成为推动经济发展的基础。其中具有开创意义的是竢实学堂的创办。这是国内倡办学堂中最早的一所，时距戊戌维新下令变法还早八个月。在兴办新学的过程中，一度遭到保守势力的反对，发生了"毁学事件"：

YDZ：光绪二十三年冬，我的曾伯祖杨模创办竢实学堂(今连元街小学)，聘数学家华蘅芳为总教习，这是无锡开办新学之始。半年后，吴稚晖等私人出资创办三等学堂(今崇安寺小学)。光绪二十八年，将东林书院改为东林学堂。光绪二十九年，留日学生杨荫杭、蔡文森回锡创办锡金公学，次年又建理化研究会。这些新学堂除东林学堂有官费可供外，其余都是私人出资。随着学校的发展，经费见绌。学董孙赞尧等曾提出"为学堂经费支绌，各项筹捐甚难。请改拨各庙米厘，永为学堂之用"。

无锡向有迎神庙会之俗，而费用都来自各业厘捐，尤以米业为重。在各庙会重以北区庙会最盛，因为北区米业最发达，也最富有。曾伯祖等人认为迎神庙会纯属迷信，所用靡费，不如除去，用于办学，培养人才。但当时米业公所董事守旧，反对新学，也反对移捐庙会米厘，办学经费始终无法落实。

在学董和其他地方绅士的压力下，无锡、金匮两县知县责令庙董赵子新和粮行行头、天四图图董张少和(张锦钊)说服同业，如若不允，将要法办。赵子新等人反诬告曾伯祖"藉学聚钱"，要求公开学堂账目等等。曾伯祖见抽捐不成，与地方支持新学的士绅一起于六月上书江苏学台，再次要求提取各庙米厘充作学堂经费，学台唐景崇即下文到县，县衙即将赵、张拘押。米业出钱纠集人伙，到县衙要求放人，并散发"啮杀杨老虎"的传单，煽动各业罢市。知县陈诒推卸责任，让米业中人到曾伯祖家交涉。于是，众人沿途威胁商民罢市，焚烧杨宅前屋。第二天又聚众拆毁竢实、东林、三等学堂，波及理化研究会，又烧毁曾伯祖全部家宅，形成轰动一时的罢市毁学风潮。

事件发生之后，曾伯祖连夜奔苏州，急电告上海的父亲，又电告管学大臣张百熙、江苏巡抚端方，请维纲纪，惩主凶。无锡地方士绅、学董薛南溟、裘廷梁、俞复、廉泉等也电函总督、巡抚，要求惩办。张百熙奏廷得旨，端方檄常州知府到锡，派兵弹压，摘去两县知县的顶戴，通缉赵子新，将米业诸董押于大牢内，两年众案子始终未结。后由原金匮知县王念祖、士绅过玉书调停，责令米商认赔毁宅费2万金，学堂损失费7 000金，并同意拨各庙米厘作学堂经费，事件才告平息。

曾伯祖将办学历年经费收支账目细报，一些反对学堂的人在毁校中看到校舍整齐，设备充实，终于明白曾伯祖是清白的，办学的宗旨和学堂内部情况，获得社会上的理解，竢实学堂重新开学，学生大量增加。

在毁学复学后，曾伯祖感到痛心和寒心，无意再为乡里效力，到北京学部(教育部)任总务司之职，并兼大学堂教习，不久病逝。而米业中人也意识到办学的重要，赵子新回锡后创办积余学堂。

端方在《无锡竢实学堂十周年纪念记》中写道:"凡事莫不先难而后获。兴学亦然。当丁酉戊戌间,朝名各行省立学造士。中国方承千百年科举遗习,士吏熙熙未有以应。独无锡志士杨模、秦谦培、单毓德、高汝琳、王德藻辈,踔厉风发,奔走呼号。创设竢实学堂,为天下倡。延订教师,若华蘅芳、秦宝钟、吴涛、丁福保等,均极一时之选。阅二年,学徒景从,数且逾百,名誉远洋。"毁学事件后,支持新学的力量获得了胜利,随即建立锡金学务公所,由裘梁廷出任总董,管理新办学堂;薛翼运出任经董,掌管教育经费,公私立学校逐年发展,到宣统三年,无锡全县包括江阴、宜兴共创办学堂120多所,学生7 000多人。值得一提的是,胡和梅及其子胡壹修、胡雨人兄弟在天上市共同创办"胡氏公立蒙学堂",设立师范传习所,杨荫杭创办的锡金师范、竞志女学的师范科省立第三师范堂以及1912年办的女子师范等,培养师资,为无锡教育事业的发展奠定了良好的基础。

辛亥革命后,中华民国南京临时政府制定《壬子学制》,确立了新的教育体制,无锡城乡又一次兴起了办学热潮,在新文化运动的影响和五四运动的推动下,科学和民主成为无锡教育界的两面旗帜。这一时期,随着民族工商业的发展,民族资本也参与兴学:如杨氏以三千金附义庄建杨氏小学,以6 000元创办广勤小学;华氏私立果育两等学堂,改为鸿模高等小学等;唐氏捐资建私立辅仁中学;钱氏举办私立江南中学。而荣氏更是投入巨大的资金和精力,荣德生曾说:"一年统计,纳税于国家不少,资助于社会及学校者亦多,至此,而信外国培植人才,专心实业之效如此。"[1]因此,荣氏所办学校,包括小学、中学、大学,既有普通教育,又有职业技术教育,既有在职文化和业务培训,又有图书馆供自学进修,构成了一个颇为完备的近代教育体系。而他一生用于办学的经费相当可观,据不完全统计,20世纪20年代初,每年用于一所中学、八所小学的经费约为4万元;公益工商中

① 荣德生:《乐农自订行年纪事》,第49页。

学办学8年，共耗资25万元[1]。钱伟长、孙冶方等都曾就读于此校。江南大学创办时，预计建校资金为法币200亿元，超过同时兴建的开源机器厂投资的21%。江南大学的教师集中了许多名家，朱东润(中文)、钱穆(历史)、王庸(历史)、金善宝(农业)、张云谷(外语)、金圣一(数学)等，首任校长章渊若，副校长顾维精，并设有董事会，吴稚晖任董事长，戴季陶、荣德生任副董事长。对于荣氏的办学精神，康有为写下了“安得如君千万辈，全华儿女作干城”的赞语。

20世纪二三十年代，无锡的教育事业在各个望族的鼎力支持下，发展迅速，1936年全县私立学校达454所，在校学生72万人。其中值得一提的是，1920年，由陆勤之、孙鹤卿捐资创办的，由唐文治任校长的无锡国专，在近代化组织的管理下采用的教育方法却是古老而简单的，也是非常有效的。1931年冬，国际联合教育科的唐克尔·培根看了国专后说：“我们来中国看到过许多学校，读的是洋装书，用的是洋笔，充满洋气。这里才看到纯粹中国化的学校，才看到线装书和毛笔杆，希望这所继承中国文化的学校能够发扬光大。”[2]后来唐文治常把这话引以为荣。三十多年里，国专培养了一大批一流的大学者，如唐兰、吴其昌、毕寿颐、蒋庭曜、蒋天枢、江辛楣、周坚白、王蘧常、钱仲联、冯其庸等都是唐门弟子，无锡国专成为名副其实的文科教授摇篮，成为中国现代教育史上一道极为独特的风景。谢泳曾谈到，在20世纪40年代，无锡国学专修馆和清华国学研究院、北京林家(指梁思成、林徽因夫妇家)客厅、西南联大这四个地方的精神是相通的，时至今日，年轻一辈的读书人一提起这些地方，仍然无不肃然起敬。陈平原先生则在《中国大学十讲》中说道，唐文治先生主持的无锡国专，为20世纪中国高等教育留下另一种可能性，值得同情和尊敬[3]。

对于无锡来说，无锡国专以及锡师对人文学者的成长起到了不

① 薛明剑：《实业家荣氏昆仲创业史》，《无锡杂志》第13号，第32页。

② 《无锡通史》，江苏人民出版社，第376页。

③ 刘桂秋：《无锡时期的钱基博与钱钟书》，上海：上海社会科学出版社，2004年版，第4页。

可估量的意义，可以说，无锡的人文学者无一不与这两所学校有着千丝万缕的关系。谢泳在《从无锡国专道清华国学院》一文中说，国专从时间上说，比清华大学的国学研究院要早五六年时间……这其实是一个系统。几十年以后再看，中国文史哲的天下，大体可以说是由这两班人来支撑的。

1949年4月底，经苏南行政公署批准，无锡国专改名为中国文学院，唐文治为校长，王蘧常为副校长。1952年全国高校院系调整，无锡国专并入苏南文教学院，一代名校从此不复存在。

从1952年开始，无锡各级学校就进行了调整和组建，江南大学、苏南文教学院撤销，并入北京、南京、上海、苏州、扬州等地有关高校。山东大学艺术系、上海美专、苏州美专迁无锡，合并成立华东艺术专科学校(1958年，华东艺专迁宁，改名南京艺术学院)，在组织、政治和思想上保证了学校教育的社会主义性质。政府还通过创办工农速成中学与增拨助学金等措施，使学校面向工农，加快培养建设人才。在学习苏联经验的基础上，社会主义教育事业走上了正轨，无论是教育规模，还是教育质量都有了明显的提高。然而，在现实实践中，与高度集中的计划经济体制相适应的专才教育模式，出现了与有计划、按比例培养各类专门人才的理想相违背的严重比例失调。一方面，过于专业狭窄的教育，致使专门人才的适应性和创造性较差，缺乏适应科技发展和灵活地调整自己职业前途的发展后劲；另一方面，一味强调技能的培养，功利主义色彩凸显，导致对科学和文化的综合性、整体性的损毁，也导致了学生在人格养成上的畸形发展。因此，从综合的角度看，建国后的三十多年里，无锡的高等教育反而出现了停滞，甚至是倒退的局面，这既有国家计划的因素，也有无锡本地政府自己的因素，即没有看到办学本身就是一项实业，更没有预计到大学可以为城市带来的软性效益。显然，在这一点上，望族的经验是值得借鉴的。

改革开放以来，望族的后代们，又继承父辈们“热心公益，造福乡梓”的家族传统，为家乡的教育事业做贡献。如江南大学的建设和发展，得到了荣氏的多方关照。江南大学原来是荣德生在1947年创办的无锡第一所私立大学，1952年被撤并。为了纪念荣德生先生的办学业绩，1985年有关方面批准，将地方集资新建的无锡大学更名为江南大学，荣毅仁任名誉董事长。在随后的日子里，荣毅仁代表荣氏家族，向江南大学捐款300万元，其中200万建造“公益图书馆”，100万作为“公益奖学金”。他还委托胞妹荣墨珍在纽约建立“江南大学美国之友基金会”，募捐到15万美元办学经费，为江南大学购置电教设备和计算机，他的儿子荣智健出资100万美元，设立“荣毅仁教育基金”，资助中青年教师出国进修深造，并支持香港苏浙同乡会和台北无锡同乡会捐款，资助江南大学建成了80台电脑和一套SUN20工作站的公益电脑中心。

总之，在社会变迁的大潮中，无锡望族是社会构成中一个强势集团和社会主角之一，即使是在建国后的若干改造运动中，望族也不是处于被推翻、被抛弃的社会弃儿，其屡遭打击本身就说明影响之深远。从某种意义上说，无锡望族的基本特征，已成为无锡社会的基本特征。在无锡社会的发展中，望族曾经是、将来仍可能是重要的社会力量和文化力量，并且在其示范作用下，会带动一批新的望族产生。

结 语

我们提供给后人的，并不是人类的和平和幸福，而是为保持和塑造我们民族性格而进行的永恒斗争。……在历史面前，我们的后裔要我们负责的首先不是我们遗留给他们的经济组织的类型，而是我们为他们赢得并转交给他们的自由空间的范围。说到底，发展的过程也就是谋求权力的过程。

——韦伯

像一滴水映出大海波澜，望族的兴衰总是社会历史进程的一个缩影。进入 20 世纪以来，中国社会经历了翻天覆地的变化，望族也经历了前所未有的冲击，预示着其衰落命运的不可避免性。然而，如果把 20 世纪的无锡城当作是一场永不落幕的舞台剧，那么，就会发现，那些穿梭其中的男女主角，常常来自一个个钟鸣鼎食的家族。面对急剧的社会变迁，望族要么经不起社会变迁的冲击，逐渐衰亡，要么迎接挑战，逐步适应社会变迁的步伐和内容，促使家族更新。作为一种文化型家族，无锡地区的望族更多的是凭借着其深厚的文化底蕴、众多的杰出人才，在新的、充满敌意的社会空间中不断地在应变、自变，以便获得自我延续的力量。

对于无锡地区望族演变的索解，已散见于以上各章多角度的探讨中，本章则将以权力为切入点，就望族在社会变迁中实现主体性角色的机制与策略做一理论性的总结，揭示出望族力量在地方社会中存在的空间和张力。

一、裂变与选择

20 世纪是无锡地区由传统社会向近现代社会、由农业文明向工业文明转型的时期。整个社会经历了三次重大的变革：中华民国取代清王朝、中华人民共和国代替民国和20世纪70年代末实行改革开放政策，在此期间，地方望族经历了一个稳定与变迁并存的漫长过程。

1. 望族的历史命运

作为一个特殊的社会集团，望族的生成与演化都是在一定的社会时空中发生、完成的，望族所具有的种种不同于其他集团的特性都是由不同时代的地方社会所规定和赋予的。与此同时，望族在社会变迁下，必然受到既存的社会制度、文化传统等历史因素的影响，即路径依赖的现象，从而使得望族的变迁呈现出复杂的局面。

无锡地区的名门望族大都是在宋元年间开始由外地迁入，至明清时期渐至鼎盛。这一时期，无锡的社会经济步入迅速发展的轨道，主要表现为以农业生产为基础的手工业产品的发展，以及城市人口增加所带来的商业繁荣，这便构成了近代工商望族形成的经济基础。无锡经济的长足发展，也推动了教育的发展，涌现出一大批的科举人才，当时儒学知识是重要资源，士绅可以通过制度化（如科举）的途径得到认可并获得诸多特权，具有人才优势的望族也因而获得了权力的合法性。因此，明清时期，望族的兴衰更替，大多与科考致仕有关，无锡原有的秦、顾、邹、华四大家族都是科举望族。

进入近代以后，情况发生了深刻的变化，辛亥革命，推翻了清朝封建专制统治，“五四”运动，使传统文化发生了根本性的解构，而科举的废除，则使传统的生存之道得以改变，面对急剧的社会变迁，一批豪门大族无所适从而迅速衰败，如安氏、邹氏等；一些名门望族被迫进行渐进式的改良，逐步削弱家族内部的宗法性，如秦氏以族会制以取代族长制，部分地实现家族自治，华氏、孙氏等投资近代农业、工业以图发展；一批富豪家族则伴随着工业化的推进而迅速崛起，如薛、杨、荣、唐四大家族的出现，这些新兴的望族虽然相对淡化了家族的血缘意识，也逐渐疏远了本乡的地方事务，但他们在城市开厂设店，筑路修桥，兴办各类新兴的社会事业，对社会结构、社会制度和社会风气的影响更为广泛,也更为深刻。

在建国后的30年里,工业化和妇女的广泛就业从根本上改变了中国家庭的传统面貌,封建的家庭私有观念受到进一步冲刷,家族的消退已是大势所趋,与此同时,在计划经济体制下,政府掌握着绝大多数重要的社会资源,家与国在结构上分离,革命(政治)精英取代了传统知识(专家)精英,望族在民间的力量被消解,国家意识形态渗透到社会生活中,一切与家族文化有关的象征符号,如家谱、族谱、祠堂等等作为"四旧"而被予以铲除。从某种程度上说,望族的衰退也是由国家政权自上而下"自觉革命"的结果。尽管如此,在计划经济体制的支配下,社会生产力的发展受到了极大的束缚,以血缘和姻亲为基础的家庭关系仍是主要的社会关系,即使在"以阶级斗争为纲"的一系列激进政策的冲刷下,等级秩序依然是社会结构、社会关系和社会价值的集中体系,家族依然十分严重,如考核上的查三代、政治运动中的株连、用人上的"裙带风"等无不说明传统家族观念的穿透力。

1978年以后,改革开放政策的确立成为当代社会变迁的催化剂,经济翅膀的腾飞,政治冰川的融化,文化窗口的打开,务实观念的增强,重视知识的价值,把中国的社会进步引入了加速的轨道,预示着家族销声匿迹命运的不可逆转性,然而,伴随着城镇私有经济和知识经济的发展,将家庭的生产功能又恢复了起来,从某种程度上,强化了家族(家庭)作为重要单位的意义,从而为家族的崛起提供了可能性,而民间社会的兴起、国家权力的让渡以及利益的关怀,也为望族生命的延续推波助澜,这在工商望族上表现得最为突出。(见第六章)另一方面,伴随着中国社会由再分配体制向市场体制的转型,资源和地位分配机制再次发生变化,市场机制的地位逐渐上升,教育作为与政治权力相对的因素得到了凸显,使得具有人文、信息优势和特殊的社会关系网络的望族得以依靠"教育"为中介来维持优势地位,家族精神已内化到族员的心灵深处,如望族的特质左右了成员职业的选择;家学渊源影响了成员的品质位移,等等,这可以从书香望族中找到佐证。

总之，社会的政治、经济、文化等诸因素的合力以及家族自身的影响，使得望族在衰落，也在改革。如果说家族的销声匿迹是不可避免的趋势的话，那么，这一过程不应该是一蹴而就的。因为，家族的抵抗力及再生能力在各个历史时期都有一定的表现，家族的根基已深入人的本质之中。

2. 望族的历史地位

望族，无论是在政治上，作为统治的中介，在经济上作为财富的拥有者，还是在社会生活上，作为上层社会中的一部分，在20世纪的社会结构中，凭借自身的优势，以特定的方式参与到变迁的大潮中，以自己的活动和能量影响着不同时代、不同阶段的无锡社会的整体面貌和基本结构。

(1) 经济实力。在前现代化时期，望族的经济活动带动了无锡地区经济的发展，他们首先是“本富”，然后在这个基础上得以末富，如安国占地十三万余亩，地跨苏州、常州、松江三府，邹望占地三十万亩，相当于无锡县可耕地近五分之一，华麟祥田跨三州，每岁收租四至八万石等等，这些望族以封建地主经济为依托，从事商业经济，主要集中在米市、砖瓦业、印刷业、制酒、泥人、造船、铸冶、纺织、陶器、茶叶等方面，当然这些活动并没有从根本上改变无锡封建的纯粹消费性城市的性质，只是到了近代，一些望族嗅觉灵敏、视野开阔，敢于投资设厂，推动了无锡城镇的发展。据《中国工业调查报告》统计，1933～1934年间，全国最大的六个工业城市，无锡名列第四，无锡发展之快可见一斑，而且当时无锡的许多市镇的兴起，望族有着很大的功绩，如荣氏开辟荣巷、华氏开辟荡口、孙氏开辟石塘湾、二唐经营严家桥等等，他们在无锡的近现代发展中发挥了带头作用。及至20世纪90年代，在建设家乡无锡，推动无锡市场经济转型中，荣氏、唐氏等望族仍发挥着突出的作用。或许望族在某一时期的经济状况有所减弱，但从整个20世纪这一长时段而言，无锡望族在经济实力上并未出现整体滑跌的局面。

(2) 政治权势。20 世纪上半叶，望族的政治权势相当大，正如明末著名绅士刘宗周所指出的，在江南这个冠盖辐辏之地，“无一事无绅衿孝廉把持，无一时无绅衿嘱托”。例如薛南溟财多势盛，从清末到大革命以前，凡到无锡新上任的知县官，先要登门拜访，仰承鼻息，否则县官难以安位。当然，望族要获得一个宽松和谐的发展环境，必须处理好其与地方政权、与乡邻之间的各种关系。荣氏家族的荣义锡在逐渐富裕以后首先想到的是结交乡邻：“既内顾无忧，乃出而与士大夫交，不怙富，不挟长，谦以自处，和而不流，宗族乡里间翕然称之。”他的谦和态度赢得了乡间的尊重。此外，随着时局的变迁，许多望族相应变通地以一种庇护方式来发展自己，即凭借自己的影响将各自的亲信安插到地方职能组织的位置上，从而构建一个私党网络体系，“钱孙卿现象”就是一个突出的例子。新中国建立后的 30 年里，家与国的分离，以及各种接连不断的运动，使得民间社会逐渐消融在国家权威之中，望族的政治地位一落千丈，彻底衰败了，只是到了改革开放年代，随着国家权力的让渡，民间力量才得以再生，望族成员充分利用自身的资源，积极参与地方社会的各种活动，融入到地方社区中，促进地方的发展，望族的荣耀成为了地方社会共有的财富，这从故居的修复中得以反映。因此，望族与地方社区之间并非是对立和牵制的，而是相互依存，互动发展的，从而为望族生命的延续提供了合适的空间。

(3) 社会地位。在传统观念中，望族的品质是由优秀的品行、优越的生活方式、众多的人才、卓越的社会贡献等因素集合而成的，整个社会都对望族的内在品格和外在显现形式形成了一种认同，因此，望族一直是整个社会生活的核心和尊奉的模范。望族成员的优雅的举止、文儒的谈吐、优先的生活、豪华的气派都成为民众极力模仿的对象，他们凭借庞大的地产家业和强大的政治权力，以各种方式、手段控制着，甚至引导着社会生活的各个方面，享有极高的社会地位和声望，以至望族的社会性格影响着无锡社会。比如望族的人才密度优势，形成了区域文化中心，提高了无锡地区的声望，而也正是其重文轻武，使得无锡人才发展的畸形，另一方面，望族中重商务实的文化，也不可避免地带来人的思维方式、价值观念中的急功近利的色彩。

二、权力的日常呈现

望族的变迁是依历史的轨迹而发展的，望族的兴衰沉浮，在很大程度上取决于原有的权力生产模式和实际变迁的过程。在一百多年的自内而外、自上而下的冲击中，望族不是被动的棋子，而是历史的参与者和创造者，其提升或维持社会影响力的过程，也就是其不断地利用资源实现权力的过程。

权力是一个根植于日常语言中的术语。钱穆说："中国人称'权'，乃是权度、权量、权衡之意，此乃各官职在自己心上斟酌，非属外力之争。故中国传统观念，只说君职、相职。凡职皆当各有权衡。设官所以分职，职有分，则权自别。"[①]正因为权力在中国社会具有很大的流动性和随意性，其基本效能实际上就在于它容许抗衡、转让和交换[②]。因而，权力是动态的，主要包含了三层含义：第一，权力是一种契约，它体现为权力双方为了实现各自目标而建立起来的互惠关系；第二，权力是一种资源，它提供了家族对于他人或群体施加影响的可能性；第三，权力是一种过程，是不同性质的权力资源和资本之间转让、交换和抗衡的过程。正如韦伯所概括的，在每一种统治的结构中，那些通过现存政治、社会和经济秩序获得了特权的人从来不会满足于赤裸裸地行使自己的权力并强加于众人，而且，他们希望看到自己的特权地位有所变化，从纯粹地拥有实际权力转换到获取权力的体系中，并希望看到自己因而受到尊敬。

---

① 引自翟学伟：《人情、面子与权力的再生产——情理社会中的社会交换方式》，《社会学研究》，2004年第5期，第48页。

② 克罗齐耶：《被封闭的社会》，北京：商务印书馆，1989年版，第24页。

对于望族来说，在与地方社会的交涉中，其所拥有的权力最终取决于它对于资源，特别是对稀缺资源的控制和运用。

1. 权力的生产与再生产

望族或要想成为望族，其行为往往不是盲目的，总是会在各项策略中使用他们的资源，并不断地反思自己的行动，调整自己的策略，维持或修改着业已存在的场域结构，从而不断地增加或维持其权力。这一过程，也就是权力的生产和再生产过程。这一过程主要包含了以下两个互相并存而又相互作用的过程：

(1) 获得和适应，即望族从社会场域中接受规则和资源，以确保权力循环的顺畅。场域，在布迪厄看来，是由附着于某种权力(或资本)形式的各种位置间的一系列客观历史关系所构成的，它包含各种隐而未发的力量和正在活动的力量的空间及其相互争夺的行为，在这里是指望族涉入其间的环境、周围的社会空间，通常也包括地点。场域既可能是地理上的(如村庄、县城、国家)，也可能是功能上的(如军事的、教育的、政治的)，还包含了构成此一场域成员的价值观念、文化象征和资源的集合①。

任何一种形式的资本转换和作用都离不开特定的场域结构。当场域为望族权力的实现和运用提供支持的话，将促进权力的循环，如自 2000 年开始，无锡开始走上创建历史文化名城之路，一些名人故居相继得到修缮和保护，变废为宝，与之相关，如钱氏、秦氏等望族后代频频成为“公众人物”，这既是已有家族文化资源的利用，同时也促进了这一资源的再积累。而一旦场域成为权力实现的滞障的时候，望族要么离开现有的场域，寻找新的空间，续振家声，唐氏的迁移即是如此，这也是许多人文大家都在走出无锡后成名的原因之所在；要么适应现有的场域，修改自身的规则，使其有利于权力的循环，如重修

① 参见 Joseph W. Esherick and Mary Bachus Rankin edited, Chinese Local Elites and Patterns of Dominance, University of California Press, 1990, pp. 3 - 24.

家谱时的低调和现代内容的增加等，都是对现有规则的适应；要么通过自身的努力，修改业已存在的场域规则，推动权力的再生，前面所述的以望族为中心的商会与政府的冲突中足以说明问题。

(2) 循环和扩张，即权力资源的资本化过程以及权力本身的再生产，这也就是权力的实现和运用过程。望族在一定的利益驱使下，利用现有资源，实现着不同形式权力资本的生产和再生产，以增加自身的影响力。所谓权力资本，就是不同的权力资源被带有目的性地运用于场域交换、并能带来一定社会性收益时的一种形态。作为望族，往往是多种权力资本的拥有者，因而能在社会场域的合作和争斗中占据上风，其权力转换的主要途径有：

一是以土地和商业财富为起点的经济资本的循环。在传统社会，土地是财富的象征，地租是最稳定而可靠的收入。在工商望族中，初始阶段基本上是经济资本的循环，即土地和财富—经济资本(权力)—土地和财富的循环，到了守业过程，经济资本则成为中介，逐步向社会资本和文化资本转化，此外工商望族为了获得地方的支持而进行的权钱交易过程，是最为典型的利益互惠的权力过程。以唐氏个案为例，与杨氏、薛氏以大地主、大官僚起家所不同的是，唐氏祖先原是常州商人，迁居无锡及严家桥后，唐时长、春源、九余三家布庄及永源生米行，是它最初的根本，两唐祖父并以经商之利再无锡东北乡购置田产达 6 000 多亩，但并不按子嗣分配，而是“造仓廪，设义庄”，交由某房子嗣掌管经营。两唐兴办企业，其起始时的资本主要来源于商业，九丰的投资股东 9 人都是无锡地区殷实的绅商；庆丰纱厂的 13 位 50 000 元以上的股东，基本上是商人或银钱业业主，随着商业资本投向近代工业企业，唐氏由商人转化为资本家，并跻身六大资本集团，实现了经济资源的资本化。为了永保家业，唐氏家教规定：“唐氏仓厅，代不分田，田不出售，收入充善举”，这样就将经济资源转化为社会资本，成为有声望的工商望族。

二是以社会关系为起点的社会资本的循环。对于社会资本的概念众说纷纭，其根本的一个分歧就在于，研究者是个体的视角，还是群体的视角？从个体出发，将社会资本看成是个人拥有的社会网络本身或者是网络所能提供的资源；从群体的出发，研究特定的群体如何发展或维系一定存量的社会资本作为公共或集体物品，同时这一公共(集体)物品如何改善群体成员的生活机遇。殊不知，生活在现实生活中的个人，往往他既拥有个人的社会资本，同时也受到群体层面的社会资本的约束和促进。正如林南教授对社会资本所作的界定：社会资本是投资在社会关系中并希望在市场上得到回报(的一种资源)。社会资本是一种镶嵌在社会结构之中并且可以通过有目的的行动来获得或流动的资源。一方面，它存在于一定的社会关系或社会结构之中，人们必须遵循其中的规则才可能获得社会行动所需要的社会资本。另一方面，个人通过有目的的行动可以获得社会资本或使之朝着有利于自己的方向流动。比如，钱氏中的QZY依靠朋友关系渡过生活难关；钱基厚依靠姻亲和社交圈，成为举足轻重的人物，唐氏依靠血亲、姻亲以及外姓人才跻身无锡六大资本集团等等，无不说明社会关系资源的举足轻重。

三是以家风家学为起点的文化资本的循环。在传统中国的很长一段时间里，文化资源向文化资本转化的制度化保障是科举，绅士可以把代表着其拥有儒学知识的功名作为一种资本来实现与其他资本的交换。废科举以后，这种制度化保证就是学校教育，文凭代替功名而起作用。所以，文化资本并不是在被消费之后自然而然显现出来的，而是预先设定，再通过文化生产去加以实现的。文化资本的生产和再生产的最初因素是与社会出身，家庭培养密切相关的。对于被束缚在经济日用、养家糊口的贫民来说，更高的文化修养、文化积累无啻于一种奢侈享受，是可望而不可即的。比如秦氏个案中，太平天国之后，颓势明显，族员日益贫困，影响了其文化资源的积累，从而使家族的声望逐渐减弱，城绅堂董的职位也让位于薛氏、钱氏。也正因为文化资本具有“物以稀为贵”的效力，望族往往将经济资本、社会资本转换为文化资本，或者以家训、家规等精神财富以及物质形态的书画、文化珍藏品来传递文化资本。因而，有家学渊源的子女，必定比来自文化资本积累有限的家庭的子女更有学术潜力，或者说更容易得到学校教育和社会的认可，从而能够再积累起更多的文化资本，形成文化资本的良性循环，前面论述的钱氏的人才辈出、秦氏的家学渊源就是典型。

总之，资本的转化过程，也就是望族权力的生产和再生产过程，当望族处于良性的循环链时，就是其光辉发达的时期，望族所拥有的权力资源被自觉地得到补充，望族的地位和影响力得到持续的维持，大大小小的循环使得望者更望，族而甚族。当循环链发生部分断裂时，望族就会出现危机的征兆，如前所述，财富—权力—经济资本的循环链发生问题时，望族有可能只是式微，但当某一族的社会资本和文化资本无法得到生产与再生产的话，望族就必然会走向消亡和瓦解。

2. 权力资源的代际传承

众所周知，乡村宗族相当于一个自治组织，在一个范围相对狭小，封闭程度较大的环境中，能淋漓尽致地发挥其内部组织和外部控制的职能，并相应得到发展。而市镇望族在一个开放、流动性大的社会环境中，为何也能发挥一些功能，得到一定的发展呢？这是因为望族的规模效应和马太效应使之在社会活动中具有相当的优势。而这种优势最直接的来源是望族内部权力和资源的共享。

林南认为，中国家庭在权威资源和财产资源转移的方向上存在着明显的不一致，中国家庭偏重权威转移，它一般由长子继承，财产诸子平分。由中国这一家庭资源转移上的特点，他推导出中国社会具有：① 权威集中；② 家源和血缘为重；③ 以小单位方式运行；④ 以感情为主，而排外性较强等特点。

按照林南的家庭资源转移理论，我们可以作如下的推论：望族权力资源的传递模式是望族影响力得以延续或提升的决定性因素，而且资源的传递过程本身是权力再生产过程不可分割的内容（见图10）。

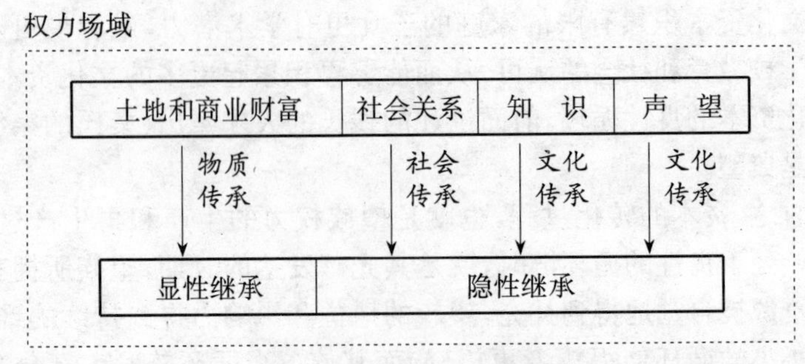

图10　权力资源的代际传递

图10的模型中，可以看出资源转移的不同方式：在代际传递中，经济资源的传递是即时性的、直接的，容易受到环境的影响，而且，在房支的影响下，有形的物质资源往往会处于越来越分散的趋势，这对家族的发展是很不利的。以秦氏公藩公为例，其后为二十四房（见图11）。

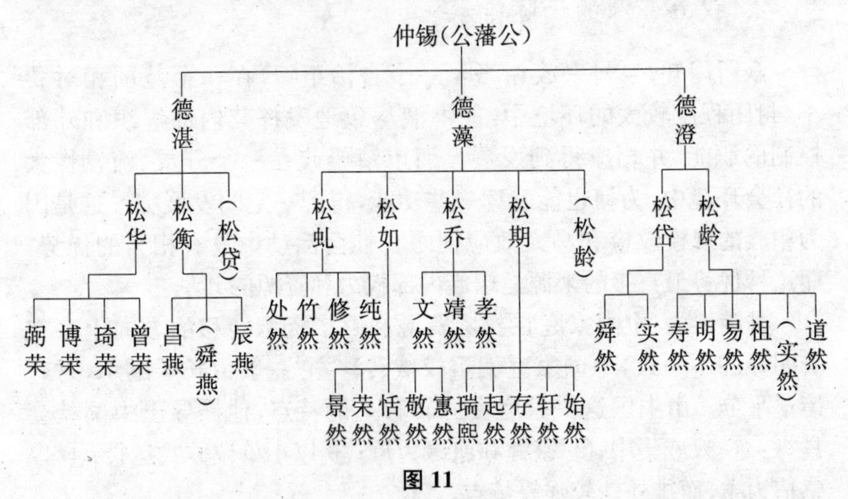

图11

到乾隆时，只有瑞熙一支是富裕的，其余各支都趋于清贫，科举成绩也大受影响。而社会资本、文化资本的传递则相对隐蔽而稳定，如各种高贵优雅的行为举止、脾气性情都是惯习内化的隐而不显的文化资本。正如前面所述，文化资本的传递，远比血缘上的流长要困难得多，既需要前代人的努力，也需要后代人的承接，由此也越发显得文化资本物稀为贵的益处。对此，无锡望族大都有着清醒的认识，纷纷致力于培养后代，积累具体化形态的文化资本，比如儒雅气度、诗书修养等等。琴棋书画成为一种移情悦性、陶冶身心的途径。另外，从秦氏的寄畅园，钱绳武堂，再到工商显贵用巨资建造的园林风景，使之成为精神的“后花园”，以免在生意场上迷失本性这一现象中可见一斑。

显然，内化为个人性情的这些具体化形态的文化资本，如文化习性、文化品位，明显不同于金钱、财产权，无论环境如何变化，都是无法被外力完全夺走的。因此，作为文化型家族，对于文化资本的代际传递的重视要远甚于经济资本的传递，所谓“遗子千金，不如赠子一经”就是这个道理。尽管也可能因为后代能力和偶然因素会中断或者减少文化资本的继承，或者因为场域的历史变迁而变更了某些文化资本的价值，但从总体上，不会动摇这一传递的逻辑。

因此，仅从共有财富来考察望族的生命力和凝聚力是偏颇的，望族所共有的社会资本和文化资本是其成员对于家族认同感的一个风向标。

鉴于家庭资源转移的相互分离，导致的结果之一，就是拥有同等财产的族员并不希望离开家庭去另谋出路，而且重视血缘、家谱、他人和亲情，这一点在望族内部权利资源的横向转移上得以充分的说明(见图12)。

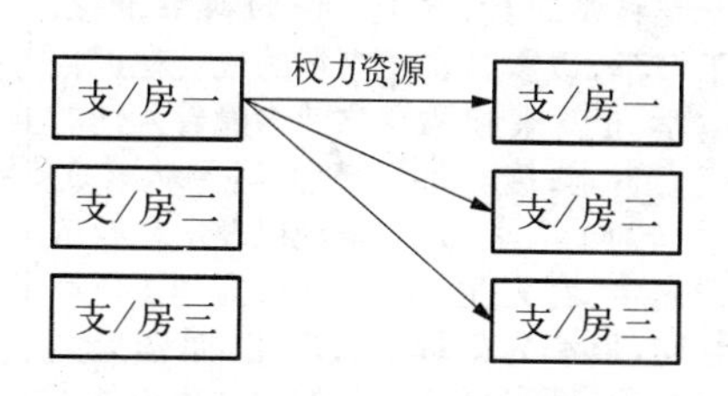

图12　权力资源的横向转移

图12的模型中，家族中的某一支(某一成员)在原始积累了一定的权力资源之后，实现了某些权力，那么，除了这一支(成员)能获得权力的收益外，望族的其他成员也有可能得到好处，或者这个权力的

实现行动也可能一开始就有目的地指向其他支(成员)。以点带面,形成望族的马太效应。比如钱氏中的钱士镜从贾江阴后,“日致饶给,然不肯自私所有,必以致宗人之在锡者……从子辈有失业无恃者,视其才之所可造者而造之,大小各有成就”①。

如果把家族中血缘、亲缘关系所构建出的亲情视作为个体的一种本能的内在需要的话,这种家族内特有的行为也就不难理解了。在权力资源的再生产过程中,也存在着同样的合作和共享。这种合作和现代化社会中的各种合作在形式上是相似的,可以说社会合作是族内合作的复制,只是家族内的合作由于亲情的纽带联结,其可靠度和持久性更强一些,而社会合作虽然在范围和规模上使族内合作难望其项背,但由于信用关系的构建和利益关系的处理远比族内合作复杂,所以稳定性低很多,或者表现为合作成本的增加和难度的增大。

在此,就钱、秦、唐三个家族的权力运作作一简略比较(见表18)。

表18

内容	钱氏	秦氏	唐氏
类型	书香世家	簪缨世家	工商世家
权力资源的构成 (各种不同的主导资源对于整个权力资源的组合以及循环过程起着关键的作用)	以知识资源为主。 在科举时代,精于旧学,以封建的儒学知识来换取权力资本;废科举后,转向新学,以德先生、赛先生为导向,以率先掌握新文化、新科学来换取权力资本。	以声望资源为主。 作为科举世家,考场的成就在近代之前内隐着入仕的潜力,科举人才的涌现以及对皇权的依靠确立起了较高的声望;而修史编志的活动也成就了其作为地方文化领袖的声望。	以经济资源为主。 在近代社会中,不仅利用经济资源来换取更多的经济资源,而且也以此为依托,换取其他权力资源,如知识、声望等,使得权力和资源在循环中不断积累和扩大。

① 李兆洛:《钱君鉴远传》,《养一斋文集》第十三卷。

续 表

内 容	钱 氏	秦 氏	唐 氏
权力的变迁趋势	较为成功地适应了20世纪初的第一次大变迁，却无法适应第二次转型，特别是“文化大革命”期间，由于钱氏的根本性资源——知识已成为反动的事物，其权力链几乎被摧毁。	太平天国以后，由于内（家境贫困等）外（战乱等）的因素，秦氏声望渐衰，以后主要依靠以前积累的其他资源（如文化）来进行权力循环，资源和资本每况愈下，与盛时不可同日而语。	以商人特有的敏锐把握了中国近代变迁的趋势，逐渐将商业资本转换为工业资本，将商业经济资源转换为近代机器工业资源。由于解放前，唐氏大多成员迁居海外，因此，建国后的运动对唐家并未有致命性的打击。
既有社会地位与适应社会场域的能力的关系	在旧的社会场域中，地位声望越高，受益度和依赖性越高，对新的社会场域就越难适应。望族的权力对于场域的适应情况受社会政治、文化、经济以及家族内部自身因素的影响。		
权力资源的共同点	三个家族都十分倚重社会关系和家族文化。在权力场域中，这两类资源作为隐性传承的内容，其继承和延续受社会外部条件的影响相对轻微，权力资源的丧失或缩水的可能性比财产等显性资源要小得多。三个望族的这一共性也反映出无锡望族权力策略的一个特点。		

上述的分析说明，城市望族这种非正式组织形式与城市化、现代化的要求并没有根本上的冲突，当然，现代化进程中，诸如生育制度（观念）的变迁、财产所有制的变迁、国家权威的变化等都会影响家族本身的生存条件，但是家族的这种权力资源的传递模式是可以延续下来的。

三、权力的实践策略

任何家族在其发展过程中，特别是在由一个普通的家族发展到在地方上具有重要影响的望族的过程中，都面临着一系列重大的问题，其中最主要的问题是如何继续保持并发展家族的可持续繁荣，如何巩固家族已有的地位和声望，并在激烈的竞争中立于不败之地。如何在家族人口日趋分散的前提下，凝聚族人之心，使之团结一致。

内部策略一：积文固本

无锡特定的地理人文条件所造成的。无锡城市化起步较早，由于手工业和商品交换发达，集镇星罗棋布，农村—卫星城镇—县城之间交流频繁。望族在发祥之初，大多为耕读之家，或涉仕途，或业工商，逐步迁移到城镇居住，族人由集聚变为散居，环境自封闭变为开放。居住和活动条件的变迁，使得原有的族规等家族机器的规范管理功能逐渐减弱，望族的凝聚力已非主要依靠家长制的管理和家族的经济纽带而来维持，而更多取决于家族成员在社会活动中的协作和互助的能力和功效，形成这种合作的条件是成员所拥有的文化资源。

在前述的权力运作分析中，我们可以看到，文化资源占有着特别重要的地位，它既可以直接转换成文化资本，也可以转化为其他形式的权力资本，无论是文化世家，还是工商世家，都把文化积累看作是本族发展的大计。一方面，是从旧学到新学乃至科学的知识积累，另一方面也包括家史教育、族规、祖训的熏陶。

如前面论述的钱氏家族，在功成名就之后，尚能刻意修身，力戒骄奢，严格治家，教育子孙，即使在生活贫困的境遇下，也是如此，使其家业流传不替。当钱钟书到了入学的年龄，无锡的新式教育已经比较普及，因为祖父和大伯父的反对，他没有及时进入新式学堂念书，而是在家塾、私塾中念了几年书。这样的做法即使在当时看，也已经是“落伍”了，不过，从钱钟书到更早一些的王国维、陈寅恪，他们都曾走过一条先旧学后新学，由中学而西学的从学路径，而他们的学术成就至今仍然无人超越，足见传统教育对于学问培养的功力。钱钟书在家中的几年中，大部分时间跟着大伯父钱基成读书（钱基博、钱孙卿最初也是由基成传授知识的），一方面，父亲钱基博严于自律，好学不倦等特点，钱钟书从小耳濡目染，另一方面，伯父对他的关爱和呵护，使得他的天性没有得到压抑。接下来，便是正式进新式学堂读书，先东林小学，后苏州桃坞中学，再辅仁中学，除了家庭教育、学校教育之外，他还得益于家族的文化资本：10 岁刚出头一点的钱钟书、钱钟韩，经常在家聆听无锡国专校长唐文治的教诲；在省立师范学校的教师办公室，从东林小学放学的钱钟书在等父亲一起回家时，与钱穆晤对问答，在国专的课堂里，其时正在辅仁中学读书的钱钟书和钱钟韩身影常现……正是家族深厚的文化滋养造就了"钱钟书现象"。也正因为钱钟书声望日隆，晚光益炽，钱绳武堂也因而得以保存和恢复原貌。

因此，学风的盛衰和人才的多寡成为望族的首要标志，而文化资源的积淀和传承成为其最主要的内部策略之一。

内部策略二：重教维权

"仓廪食而知礼节。"无锡地区向来经济繁荣，生活安定，所以文教发达，明清地方政府也十分支持教育。据县志，明正德十三年，督学张汝立毁妙觉观，没收土地 483 亩，崇祯年间，学田共有近千亩土地，其中 612 亩的田租供督学公费，另外 352 亩的田租作为贫士助学贷学之用。清代的学田无锡县管理 792 余亩，金匮县管理 229 亩，田租每亩 3.35 斗。两县的田租总数，除县学公费外，其他用于修理、赈贫等。在政府的倡导和示范下，无锡望族无不把尊学重教作为首要政策，纷纷建立义庄，捐学田等，在他们看来，家族的发展离不开教育。当科举与教育两者紧密结合之时，科举成功将导致家族地位的上升。即使不想在科举上有所成就，若要谋生，也离不开一定的文化基础。到了近代，生产力的发展，社会选择的多元化，更是要求人们拥有必备的文化知识以适应社会和职业变化的需要。如 1946 年，荣德生自费派九女墨珍、七儿鸿仁、孙儿智明去美国留学时，再三嘱咐说："在外不必以学位为目标，只要在事业上学会实用本领，一生受惠矣，余历观留学归来，致力于事业者多有成就。"[1]事实也正是如此，荣

① 朱敬圃：《乐农先生自订行年纪事续编》，第 125 页。

氏后来的中兴力量，无不都是出国深造过的儿、婿。

近代以来，大量先进的社会观念和科学知识通过社会化的教育渠道传递给了学生，这种新型学校所传授的知识、技能、观念等，已不是孤立的家族教育所能完成的，在这样的背景下，家族子弟如不能在社会化的学校中接受全新的知识，家族也无法适应新的社会竞争，所以家族的经济资助显得尤为重要，真正的教育基础仍是那些富裕的大家族。只有到了新中国成立以后，随着教育的社会化和大众化，削弱了文化资本占有量的不平等，特别是扫盲班、识字班、夜校、业余学校等的开办，社会主义教育事业逐步走上正轨，培养出一代有理想、有工作责任心、献身精神和良好个人修养的人才。尽管如此，正如布迪厄所说的，学校教育仿佛天然地服从于社会的统治秩序、等级结构的召唤。教育的本质从一开始就是一种着力于分配特定符号资本的权力再生产，它促成了权力的运作、转换与中性化。

外部策略一：婚姻拓网

科尔曼认为，社会资本具有识别社会结构的功能，社会资本如果运用得当，具有生产性，原始性社会结构中的社会资本，具有人力、物力资本所无法替代的社会保障与社会支持功能。这一思想也适用于望族的婚姻模式。

按照交换理论，任何一种婚姻都有某种交换存在，包括感情、生理、经济、文化等的交换。出于政治、经济、社会地位、文化等因素的考虑，联姻是家族之间直接建立联系的有效手段。如前所述，中国是个伦理本位的社会，社会关系与家族地位密切相关，社会关系越多，机会就越多，家族的自由余地就越大，与此对应的，家族的权力内容也就越多。所谓"强强联合"，通过世家联姻，可以扩大家族的势力范围和影响力。所谓"新旧交融"，即工商显贵通过与世家联姻来提升本身在社会中的地位和声望，于是，无锡的望族之间形成了错综复杂的婚姻网（见图 13）。

上述婚姻关系网中，我们可以发现以下特点：① 随着社会的变

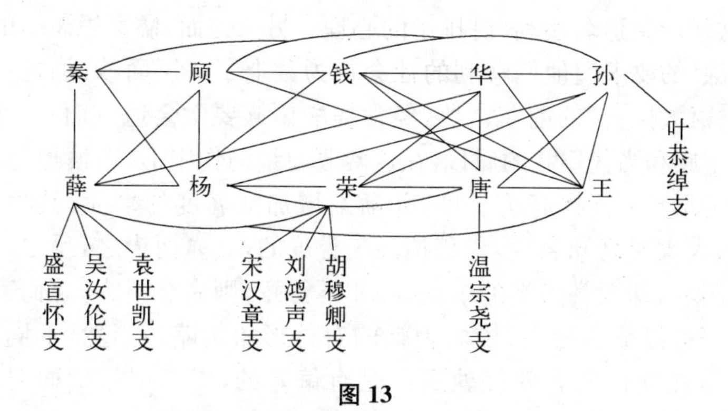

图 13

迁和发展，儿女婚嫁，前期大多在官僚阶层中进行，后期则转向实业界和知识界；② 传统的望族倾向于内部联姻，即以无锡地区为主，而新兴的望族则将婚姻网拓展到其他地区的显祖，这既对无锡近现代经济、文化和科学技术的发展有一定的促进作用，也在一定程度上维持了望族内部的人才链，提高了望族适应社会环境变化的能力。

外部策略二：公益扬名

城市望族的生长环境，与乡村望族大相径庭，城镇人口的数量和范围远远大于农村，其开放度和流动性也远非农村社区所能比拟的。因此，城市望族对其外部环境的控制难度相对要大得多，往往无法单独依靠自身的力量来加以控制，基于这种情况，无锡望族为了能够增加社会活动的成功率，自然会比农村望族更注意以团体、协会等的组织形式处理与地方的关系、塑造自身在市民中的形象。近代以来望族们依托自己的社会地位和经济实力，在政府授权的范围内，行使一定的社会管理职能。

当然，望族的形象策略也是有所矛盾的：一方面，与西方社会，对声望的渴求是个人野心的一种表现所不同，中国人的对声望的追求，则是从家出发的。传统文化中光宗耀祖、出人头地的观念根深蒂固，况且，现实生活的大部分活动是需要声望来支撑的，底气不足便事难办，这就产生追名逐利、讲排场的心理。另一方面，儒家思想中的“礼让恭谦”的要求使他们功利的社会行为蒙上了一层面纱，加之“树大招风、财大招灾”的前车之鉴，经常提醒望族要学会适可而止。近代无锡望族和当代望族的后代，在这两股力量的作用下，谨慎地勾勒着自身的形象：能提高美誉度，并渐渐增加知名度的事业，其最乐而为之；大大提高知名度，稍稍抬高美誉度的，其谨而为之，反之，对于最可出名，却毁誉参半的事业，除非不得意，则完全不为，总而言之，这是一种以美誉为主、扬名为辅的对外形象策略。当然，不同类型的望族在衡量两者孰轻孰重上是有偏差的，工商望族所面对的公众，也就是其商号的市场，自然对于知名度的追求要高一些，而世家文族则相对要低调很多。正如唐氏受访者所谈的，“我们唐家在地方上也做了不少事，但唐家一贯低调，所以在外的影响就不那么大了。”

综合上述分析，无锡地区的望族在20世纪的社会变迁中的地位是重要的，他们是历史的直接介入者与创造者，尽管社会的两次变革，使无锡地区的望族受到了冲击，预示着其分崩离析的命运不可避免，但望族的传统优势和其对环境的适应能力与应变能力实际上要比我们所认为的强大得多。随着望族内部的权力资本的多元化，以及实践策略的不断丰富，望族仍能够维持或提升其社会影响力，尽管结构上已非完备，影响的深远亦今不如昔。特别是，随着市场经济体制的逐步完善，民间力量的不断加强，以及私人财产的再度被承认，无锡社会不仅会产生新的望族，原有的望族将更容易东山再起，续写辉煌。

一位西哲曾经说过，叙述不是简单的一个重建过去的回忆，一个叙述也是一种承诺，对将来作许诺的东西。从这个意义上看，搜寻望族的旧迹和新影带来的不仅是心理上的满足，更有一份责任。囿于时间、精力以及知识储备的有限性，本研究并未涉及无锡望族与周边地区（常州、苏州等地区）望族的比较，因此，本文的结论不具有普适性。而且望族的相关题材内容丰富而庞杂，比如望族与地方自治的研究、望族的婚姻研究、望族的职业流向、望族的生活方式研究等等，期待能在以后的研究中逐步深入和完善。

光芒生于瞬息之间，
唯有真实留在后世。

主要参考文献

一、著作

[1] 保罗·康纳顿. 社会如何记忆. 纳日碧力戈,译. 上海：上海人民出版社,2000.

[2] 布迪厄. 文化资本与社会炼金术. 上海：上海人民出版社,1997.

[3] 布迪厄. 实践与反思——反思社会学导引. 李猛,李康,译. 北京：中央编译出版社,1998.

[4] 杜赞奇. 文化、权力与国家——1900—1942 年的华北农村. 南京：江苏人民出版社,1996.

[5] 福柯. 必须保卫社会. 钱翰,译. 上海：上海人民出版社,1999.

[6] 福柯. 规训与惩罚. 刘北成,杨远婴,译. 台湾：桂冠图书有限公司,1992.

[7] 格尔兹. 文化的解释. 纳日碧力戈,译. 上海：上海人民出版社,1999.

[8] 吉登斯. 社会的构成. 王铭铭,译. 北京：三联书店,1998.

[9] 马尔科姆·沃特斯. 现代社会学理论. 杨善华,译. 北京：华夏出版社,2000.

[10] 乔森纳·特纳. 社会学理论的结构. 邱泽奇,译. 北京：华夏出版社,2001.

[11] 默顿. 十七世纪英国的科学、技术与社会. 范岱年,译. 成都：四川人民出版社,1986.

[12] 米尔斯. 社会学的想像力. 北京：三联书店,1999.

[13] 韦伯. 儒教与道教. 王容芬,译. 北京：商务印书馆,1997.

[14] 亚历山大. 国家与市民社会. 邓正来，译. 北京：中央编译出版社，1999.
[15] 克罗齐耶. 被封闭的社会. 北京：商务印书馆，1989.
[16] 莫里斯·哈布瓦赫. 论集体记忆. 上海：上海人民出版社，2002.
[17] 布迪厄. 文化资本与社会炼金术. 上海：上海人民出版社，1997.
[18] 费正清. 观察中国. 北京：世界知识出版社，2002.
[19] 费正清. 中国：传统与变迁. 北京：世界知识出版社，2002.
[20] 白吉尔. 中国资产阶级的黄金时代(1911—1937). 上海：上海人民出版社，1998.
[21] 许烺光. 宗族·种姓·俱乐部. 薛刚，译. 北京：华夏出版社，1990.
[22] 费孝通. 乡土中国 生育制度. 北京：北京大学出版社，1999.
[23] 费孝通. 江村经济——中国农民的生活. 北京：商务印书馆，2002.
[24] 林耀华. 金翼：中国家族制度的社会学研究. 北京：三联书店，2000.
[25] 林耀华. 义序的宗族研究. 附：拜祖. 北京：三联书店，2000.
[26] 张仲礼. 中国绅士——关于其在19世纪中国社会中作用的研究. 李荣昌，译. 上海：上海社会科学院出版社，1998.
[27] 张仲礼. 中国绅士的收入——〈中国绅士〉续编. 费成康，译. 上海：上海社会科学院出版社，2001.
[28] 周荣德. 中国社会的阶层与流动：一个社区中士绅身份的研究. 上海：学林出版社，2000.
[29] 陈其南. 中国人的家族与企业经营//文崇一，萧新煌主编. 中国人：观念与行为. 台湾：巨流图书公司，1992.
[30] 庄孔韶. 银翅：中国的地方社会与文化变迁. 北京：三联书店，2000.
[31] 江庆柏. 明清苏南望族文化研究. 南京：南京师范大学出版社，1999.
[32] 李友梅. 组织社会学及其决策分析. 上海：上海大学出版社，2001.
[33] 唐军. 蛰伏与绵延——当代华北村落家族的生长历程. 北京：中

国社会科学出版，2001.
[34] 王沪宁. 当代中国村落家族文化：对中国社会现代化的一项探索. 上海：上海人民出版社，1999.
[35] 王铭铭. 村落视野中的文化与权力. 北京：三联书店，1997.
[36] 杨念群. 中层理论——东西方思想会通下的中国史研究. 南昌：江西教育出版社，2001.
[37] 张静. 国家与社会. 杭州：浙江人民出版社，1998.
[38] 翟学伟. 中国人行动的逻辑. 北京：社会科学文献出版社，2001.
[39] 陈支平. 近500年来福建的家族社会与文化. 北京：三联书店，1991.
[40] 郑振满. 明清福建家族组织与社会变迁. 长沙：湖南教育出版社，1992.
[41] 谢立中. 西方社会学名著提要. 南昌：江西人民出版社，1998.
[42] 倪梁康. 面对实事本身. 上海：东方出版中心，2000.
[43] 薛君度等. 近代中国社会生活与观念变迁. 北京：中国社会科学出版社，2001.
[44] 冯贤亮. 明清江南地区的环境变动与社会控制. 上海：上海人民出版社，2002.
[45] 熊月之等主编. 明清以来江南社会与文化论集. 上海：上海社会科学院出版社，2004.
[46] 丁钢主编. 近世中国经济生活与宗族教育. 上海：上海教育出版社，1996.
[47] 钱杭. 血缘与地缘之间. 上海：上海社会科学院出版社，2001.
[48] 钱杭，承载. 十七世纪江南社会生活. 杭州：浙江人民出版社，1996.
[49] 何怀宏. 选举社会及其终结. 上海：三联书店，1998.
[50] 冯尔康等. 中国宗族社会. 杭州：浙江人民出版社，1994.
[51] 科尔曼. 社会理论的基础. 北京：社会科学文献出版社，1990.
[52] 苏国勋. 理性化及其限制——韦伯思想引论. 上海：上海人民出版社，1988.

[53] 吉登斯.结构化理论.国外社会学,1991,(5).

[54] 陈爽.近年来有关家族问题的社会史研究.中国史社会史研究动态,1998,(2).

[55] 常建华.二十世纪的中国宗族研究.

[56] 崔之元."混合宪法"与对中国政治的三层分析.战略与管理,1998,(3).

[57] 郭松义.八十年代以来中国大陆婚姻、家庭史研究概述.[日]佐竹靖彦主编,辛德勇整理. 中国史学.第六卷.1996.

[58] 贺雪峰,仝志辉.论村庄社会关联——兼论村庄秩序的社会基础.社会学,2002,1996,(9).

[59] 李猛.迈向关系——事件的社会学分析:一个导论.国外社会学,1997,(1).

[60] 李路路.制度转型与分层结构的变迁——阶层相对关系模式的双重再生产.社会学,2003,(2).

[61] 钱杭.中国当代宗族的重建与重建环境.中国社会科学季刊(香港):第一卷.1994,(2).

[62] 宋时歌.权力转换的延迟效应——对社会主义国家向市场转变过程中的精英再生与循环的一种解释.社会学研究,1998,(3).

[63] 孙立平."过程—事件"与当代中国国家—农民关系的实践形态.清华社会学评论,2000,(1).

[64] 孙立平.实践社会学与市场转型过程分析.社会学,2003,(1).

[65] 王汉生.改革以来中国农村的工业化与农村精英构成的变化.中国社会科学季刊:秋季.

[66] 赵力涛.家族与村庄政治(1950—1970).雅虎网.

[67] 周弘.银翅—金翅的本土研究续篇:1920年至1990年中国的地方社会与文化变迁.新疆师范大学学报,2000,(1).

[68] 杨善华,刘小京.近期中国农村家族研究的若干理论问题.中国社会科学,2000,(5).

[69] 陈锦江.清末现代企业与官商关系.王笛,张箭,译.雅虎网.

[70] 马敏.官商之间——社会剧变中的近代绅商.雅虎网.

二、英文资料

[71] Arrow, Kenneth. The Limits of Organization. NY: Norton, 1974.
[72] David Bloor, Knowledge and Social Imagery. 2nd ed. University of Chicago, 1991.
[73] Frank Kleemann. Between Job Satisfaction: Motivations and Career Orientation of German. Electronic Journal of Sociology, 2002.
[74] George Duby. History Continues. Chicago: The University of Chicago Press, 1994.
[75] James W. Pennebaker. Collective Memory of Political Events, Lawence Erlbaum Associates, Publishers, 1997, Mahwah, New Jersey.
[76] Maurice Halbwachs, Lewis A. Coser. On Collective Memory. Chicago: The University of Chicago Press, 1992.
[77] Marita Sturken. Narratives of Recovery: Repressed Memory as Cultural Memory.
[78] Weber, Max. The Religion of China. The Free Press, 1951.
[79] Zhou, Xueguang, Stratification Dynamics under State Socialism: The Case of Urban China. 1949-1993. Social Forces, 1996.
[80] Boudon, R. & Bourricaud, F. Dictionnaire Critique de la Sociologie. Paris: Presses niversitaires de France, 1932.
[81] Cosier. Functions of Social Conflict. New York: Free Press, 1956.
[82] Freedman. Chinese Lineage and Society: Fukien ang Kwangtung. The Athlone Press, 1966.
[83] Weber, Economy and Society. (2 vols.) Edited by Roth, G. & Wittich, C. Berkley: University of California Press, 1968.
[84] Eisenstadt. Tradition, Change and Modernity. New York, 1973.

三、地方性资料

[85] 康熙无锡县志.
[86] 秦缃业. 无锡金匮县志. 1881.
[87] 侯鸿鉴. 锡金乡土地理. 1906.
[88] 华察. 锡金乡土历史. 延祥乡三公生祠记//梁溪文钞. 1906：卷二
[89] 王永积. 锡山景物略.
[90] 黄印. 锡金识小录.
[91] 古金图书集成：职方典.
[92] 无锡地方志资料汇编.
[93] 薛明剑.《无锡指南》. 1921.
[94] 无锡年鉴：第一回. 1930.
[95] 无锡乡土教材：1～4 册. 1934～1936.
[96] 无锡文史资料：1～4,13,18,24,131 辑.
[97] 陈枕白. 往事与回忆. 油印本.
[98] 无锡县志大事记资料. 油印本.
[99] 钱孙卿. 孙庵私乘.
[100] 荣德生. 乐农自订行年纪事.
[101] 朱敬圃. 乐农自订行年纪事续编.
[102] 无锡工商概况.
[103] 唐君保谦哀启. 油印本.
[104] 程君敬堂哀启. 油印本.
[105] 钱钟汉. 无锡五个主要产业资本系统的形成与发展.
[106] 无锡市志：1～4 册.
[107] 无锡史话. 南京：江苏古籍出版社,1988.
[108] 无锡名联. 苏州：古吴轩出版社,2003.
[109] 无锡通史. 南京：江苏人民出版社,2003.
[110] 荣德生与兴学育才. 上海：上海古籍出版社,2003.

[111] 荣氏梅园史存.苏州：古吴轩出版社,2002.
[112] 郁有满.无锡帮会志.大世界出版公司,1999.
[113] 吴文化名人谱.哈尔滨：黑龙江出版社,2003.
[114] 锡山秦氏宗谱.
[115] 锡山秦氏诗钞.
[116] 锡山秦氏文钞.
[117] 华氏宗谱.
[118] 荡口新义庄事略.
[119] 唐氏家谱.
[120] 海笑编.五世其昌的工商望族.
[121] 唐星海先生一百周年诞辰纪念册.
[122] 唐君远先生百年诞辰纪念刊.
[123] 朱康复编.唐骧廷、程敬堂与丽新布厂.
[124] 锡山徐氏宗谱.
[125] 钱基博编.堠山钱氏丹桂堂家谱.
[126] 钱基博.无锡光复志.
[127] 锡山钱王祠神牌谱.
[128] 蒋士栋,丁福保.锡金游庠同人自述汇刊.
[129] 孙鼎烈编.孟里孙氏家谱.
[130] 私立无锡国学专修学校十五周年纪念册.
[131] 钱钟汉.《无锡光复志》拾遗.
[132] 钱钟鲁.无锡钱绳武堂沧桑史.
[133] 妇女杂志.1915—1917.
[134] 新无锡.1928—1929.
[135] 锡报.1928—1929.
[136] 钱穆.八十忆双亲 师友杂忆.上海：三联书店,1998.
[137] 太湖望族.江苏文史资料编辑部,1992.
[138] 顾毓琇全集.列宁教育出版社,2002.
[139] 百龄自述.江苏文艺出版社,2000.

[140] 行云流水.北京：清华大学出版社，1998.

四、工具书

[141] 无锡名人辞典：1～4编.海口：南海出版社.
[142] 中国大百科全书·社会学卷.
[143] 无锡年鉴：1～4.1988.
[144] 无锡词典：上海：复旦大学出版社，1990.

作者在攻读学位期间公开发表的论文

1.《广告语之文化内涵》,《中国文化修辞学》,上海：古籍出版社,2001年版
2.《迎接女性学的第三次浪潮》,魏国英主编:《女性学理论与方法》,吉林人民出版社,2002年6月版
3.《解读小康》,邓伟志、徐新,《解放日报》,2002年10月版
4.《社会统计应用中的误区》,《社会》,2003年3月版
5.《和谐发展》,《跨世纪的五年上海妇联1998—2003》,上海人民出版社,2003年5月版
6.《城市化进程中的上海农村妇女地位》,《面向21世纪的上海妇女发展》,中国妇女出版社,2003年12月版
7.《离婚革命》,邓伟志、徐新著,上海人民出版社,2003年版
8.《当代中国城市病》,邓伟志主编,中国青年出版社,2003年版
9.《试析流行广告语之文化内涵》,《中国高教与科研》,2003年第4期

作者在攻读学位期间所作的项目

1.《城市化与上海农村妇女》,2001,上海妇联课题
2.《上海市妇女发展九五规划监测》,2001,上海妇联课题
3.《上海工程移民的比较研究》,2003,全国课题
4.《上海市社会事业资源整合思路研究》,2004,上海社科课题
5.《上海市社会事业发展思路研究》,2004,发改委课题

致　谢

在本文成稿时，我首先要感谢我的导师邓伟志教授，他的幽默睿智、宽厚平和，为我攻博阶段提供了相当大的自由学术空间；感谢沈关宝教授，正是在他的课题带领和鼓励下，使我进入了望族研究领域；感谢仇立平教授，在百忙之中，为我的论文提供了宝贵的修改思路；感谢社会学系有为的教师们，正是在与他们的多次探讨中，形成了我目前论文的思路；感谢那些接受我的访谈，并为我提供大量素材的望族后代，以及相关研究者，正是他们的信任和无私奉献，使我得以顺利完成论文。最后，我要特别感谢我的家人，如果没有他们，我的资料搜集工作将困难重重，如果没有他们，我将家务缠身，难以安心写作，也正是他们的鼓励和支持，使我有信心在电脑中的文章及资料两次丢失的情况下，两度重写。